魚の自然誌

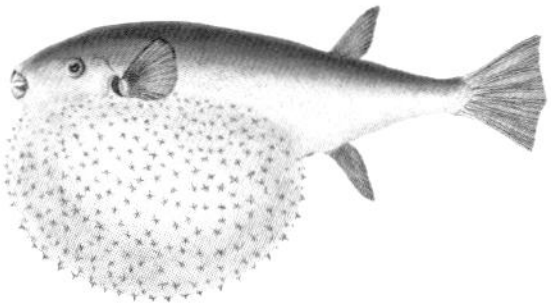

Eye of the Shoal
A Fishwatcher's Guide to Life, the Ocean and Everything

光で交信する魚、
狩りと体色変化、
フグ毒とゾンビ伝説

ヘレン・スケールズ 著
林 裕美子 訳

築地書館

①——パラオでダイビングをする著者

②―ヤイトギンポ *Glyptoparus delicatulus*（クック諸島アイツタキ島）
太平洋南部のアイツタキ島へ行ったときには、海が荒れて視界が数センチしかなくなったこともあったが、岩にしがみつきながら指の爪より小さなイソギンポが小さな穴から顔をのぞかせるのを眺めていた
▼プロローグ

③―卵鞘《らんしょう》から孵化《ふか》したばかりのハナカケトラザメ *Scyliorhinus canicula*（イギリス、デボン州）　トラザメ類の卵鞘の両端からは巻き毛のような紐が長くのびていて、これで海藻などにつなぎ止められる
▼プロローグ

③

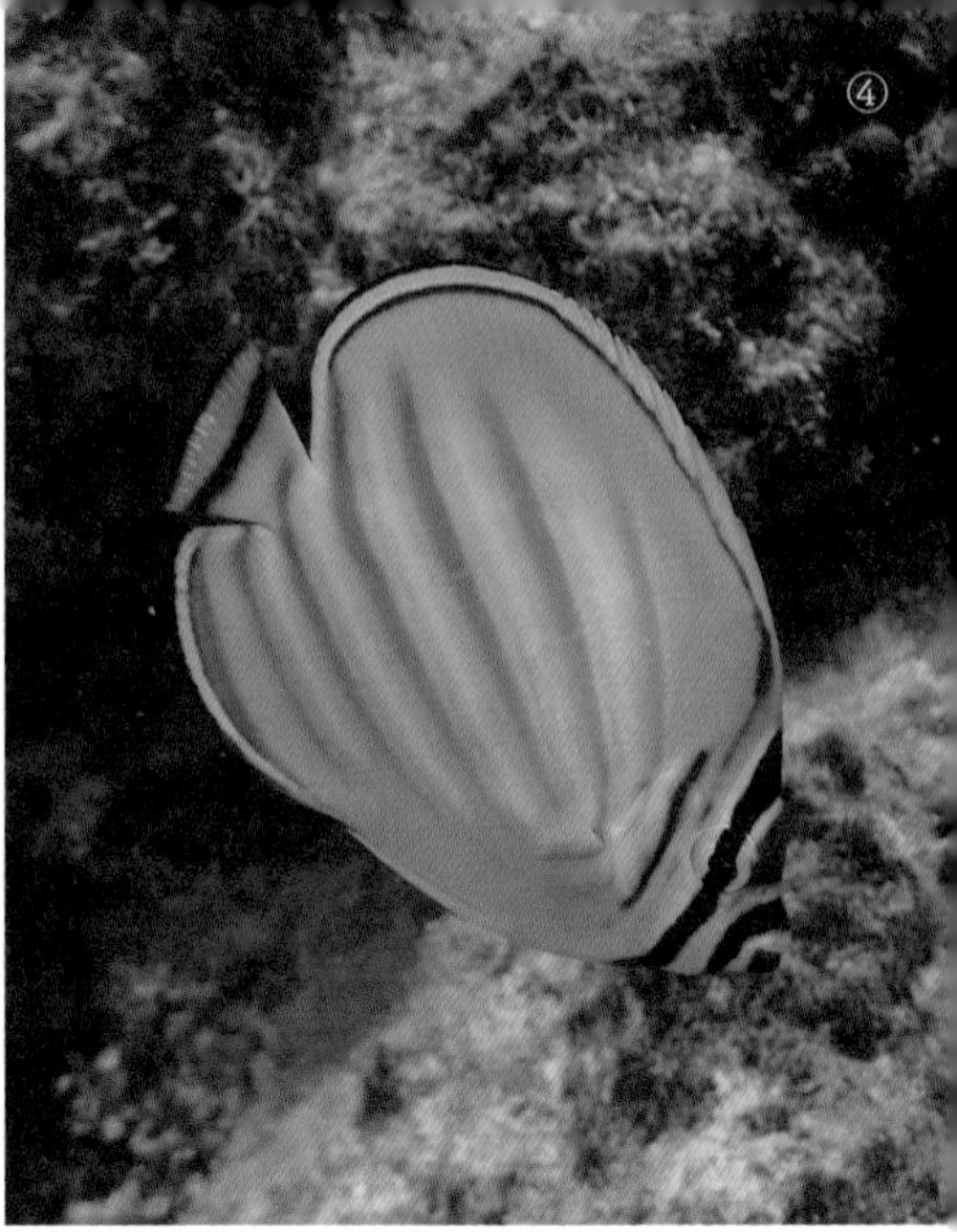

④——ハナグロチョウチョウウオ *Chaetodon ornatissimus*（クック諸島ラロトンガ島）　チョウチョウウオの仲間は見分けやすい。ハナグロチョウチョウウオは大型（二〇センチほど）で、白地に黄色の縞が入り、頭部には目を通る黒い筋がある　▼第3章

⑤——ミズタマハゼ *Valencienna sexguttata*（フィジー、バヌアレブ島サブサブ）　ハゼ類は海底にいるものが多い。ミズタマハゼも常に海底にいて、砂を掘って餌をとっている　▼第3章

⑥——ホウセキキントキ *Priacanthus hamrur*（クック諸島ラロトンガ島） キントキダイの仲間はどれも夜行性だ。博物学者ウォレスは、夜行性の動物は暗いくすんだ色をしていて夜の闇に溶けこむと書いている

▼第3章

⑦——フタスジリュウキュウスズメダイ *Dascyllus reticulatus*（西オーストラリア州、ニンガルー） 成魚と幼魚で異なる体色や模様をしている魚種も多い。フタスジリュウキュウスズメダイは、成長すると後ろの黒い帯が不鮮明になる

▼第3章

⑧——タテジマキンチャクダイ *Pomacanthus imperator*（クック諸島ラロトンガ島） 青と黄色のシマウマのような縞は、捕食者が獲物の形を見分けにくくする効果がある。また、目の部分にある黒い目隠しのような模様は、捕食者に目を突かれるのを防ぐ ▼第3章

⑨——ニザダイ科シマハギ *Acanthurus triostegus*（西オーストラリア州、ニンガルー） ニザダイ類は尾のつけ根に性質《たち》の悪い刃《やいば》のような突起があり、鮮やかな警戒色を身にまとっているものが多い ▼第3章

⑩―イナズマヤッコ *Pomacanthus navarchus* の成魚（パラオ）　幼魚はほかのキンチャクダイの仲間の幼魚と同じように、濃紺色の地に白い筋が同心円状を描き、幼魚の段階で魚種を見分けるのが難しい　▼第3章

⑪―ニシキテグリ *Synchiropus splendidus*（パラオ）　体色の鮮やかな青色は、皮膚にある色素胞と呼ばれる特殊な細胞でつくられる。現在、青色の色素胞は、ハナヌメリ属の一種と近縁のニシキテグリでしか見つかっていない　▼第3章

⑫―モンダルマガレイ *Bothus mancus*（クック諸島ラロトンガ島のラグーン）　待ち伏せ型の捕食魚は変装して身を隠しながら、獲物が気づかずに近づいてくるのを待つ。皮膚が蛍光色のまだら模様に覆われていると、海藻が多くてクロロフィルに富んだ背景の岩礁に溶けこむことができ、さらに見つかりにくくなる　▼第4章

⑬―クロソラスズメダイ *Stegastes nigricans*（フィジー）　サンゴ礁で手間ひまかけて世話をした海藻農園を侵入者に荒らされないように守っている　▼第6章

⑫

⑬

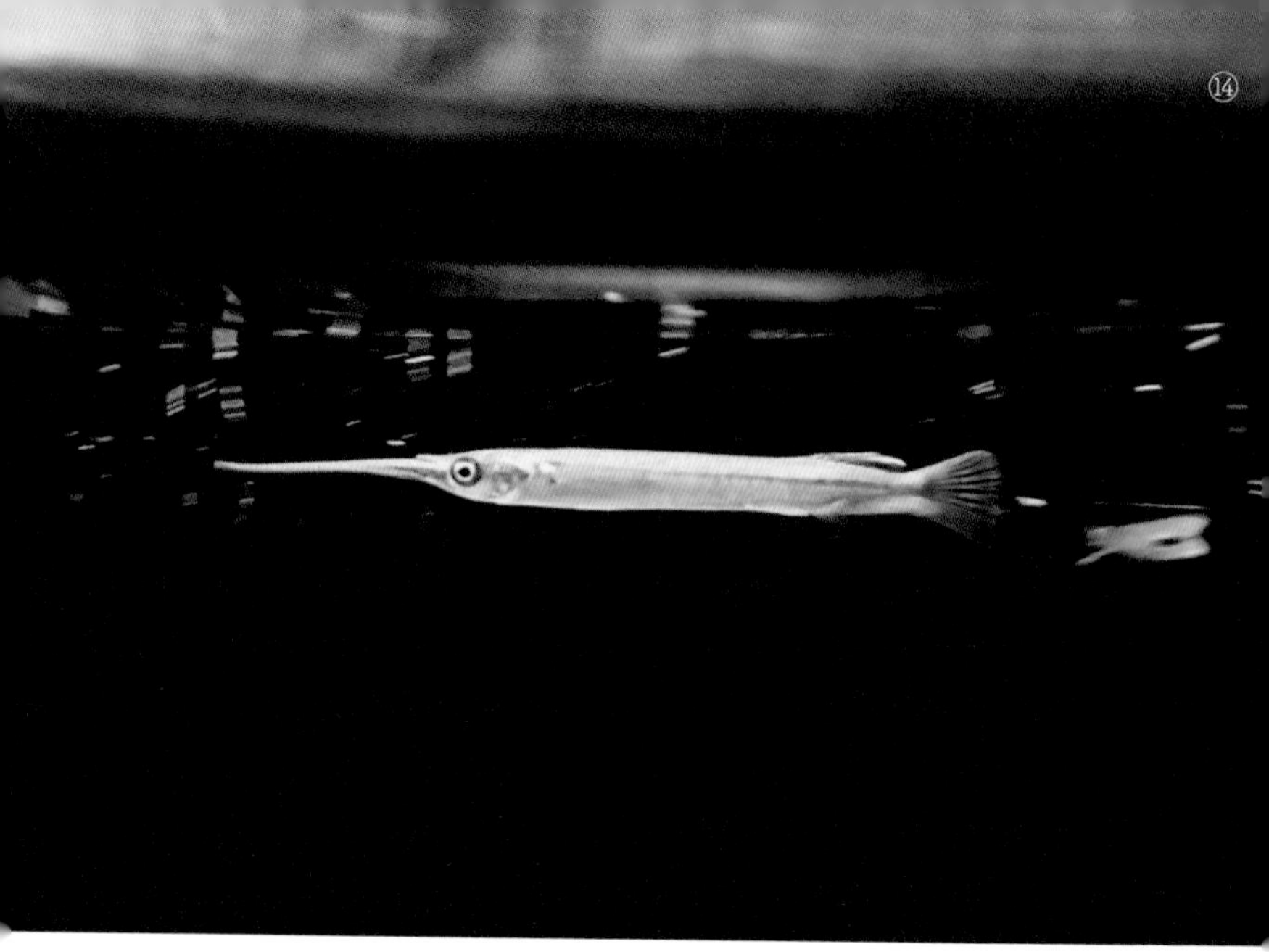

⑭

⑮

⑯

⑭——サヨリ科の一種 *Hemiramphidae*（パラオ） 魚たちが顎をつき出し始めてから一億年が経つ。多くは餌を食べるときに顎をつき出したあと引っこめるが、サヨリは下顎を棒状にのばしたままだ ▼第6章

⑮——メガネモチノウオ *Cheilinus undulatus* の若魚（パラオ） 南シナ海のスワローリーフでは毎日海に潜って集団で産卵していたメガネモチノウオと過ごし、顔の模様で魚を見分けようとした。高級魚として乱獲され、現在は絶滅の危機に瀕しているかもしれない ▼第5章

⑯——テッポウウオ *Toxotes jaculatrix*（パラオ） テッポウウオは三メートル離れている獲物を確実にしとめるために、水と空気のあいだを光が屈折することも計算した位置へ水を放つ。水を発射したあとは、落ちてくる虫を確保するのにぴったりの場所に移動する ▼第6章

⑰——オニオコゼの仲間 Synanceiidae（フィジー）オコゼ科の魚は海藻の生えた岩に変装していて、まわりの環境と見分けるのは難しい。写真中央の岩の先端部全体がオニオコゼ

▼第７章

⑱——クモウツボ *Echidna nebulosa*（クック諸島ラロトンガ島） ウツボの中には捕食性のハタと協力して狩りをするものがいる ▼第10章

⑲——スジモヨウフグ *Arothron manilensis*（西オーストラリア州、ニンガルー） 全身が小さな棘《とげ》に覆われていて、膨らむと棘が起き上がる ▼第7章

⑳——イサキ科コショウダイの仲間 *Plectorhinchus multivittatus*（西オーストラリア州、ニンガルーの岩礁） イサキ類は喉の奥にある二番目の歯列（咽頭歯《いんとうし》）をこすり合わせてブーブーと音を出すことから、英語では「grunt《グラント》（ブーブー言うこと）」と呼ばれる ▼第9章

魚の自然誌——光で交信する魚、狩りと体色変化、フグ毒とゾンビ伝説

セリアと、ピーター、ケイティー、マディーのために、
ニンガルーの思い出をこめて

EYE OF THE SHOAL
A FISHWATCHER' S GUIDE TO LIFE,
THE OCEAN AND EVERYTHING
by
Helen Scales

This translation is published by arrangement with Bloomsbury Publishing Plc.
through Tuttle-Mori Agency, Inc., Tokyo
Japanese translation by Yumiko Hayashi
Pubulished in Japan by Tsukiji-Shokan Publishing Co., Ltd., Tokyo

目次

chapter 3

色彩の思わぬ力——体色の意味するもの

chapter 4

海のイルミネーション——光を発する魚たち

chapter 5

群れを解析する——生き残りの戦略

chapter 10

魚の思考力……311

本文中の〔　〕は訳者による注です。

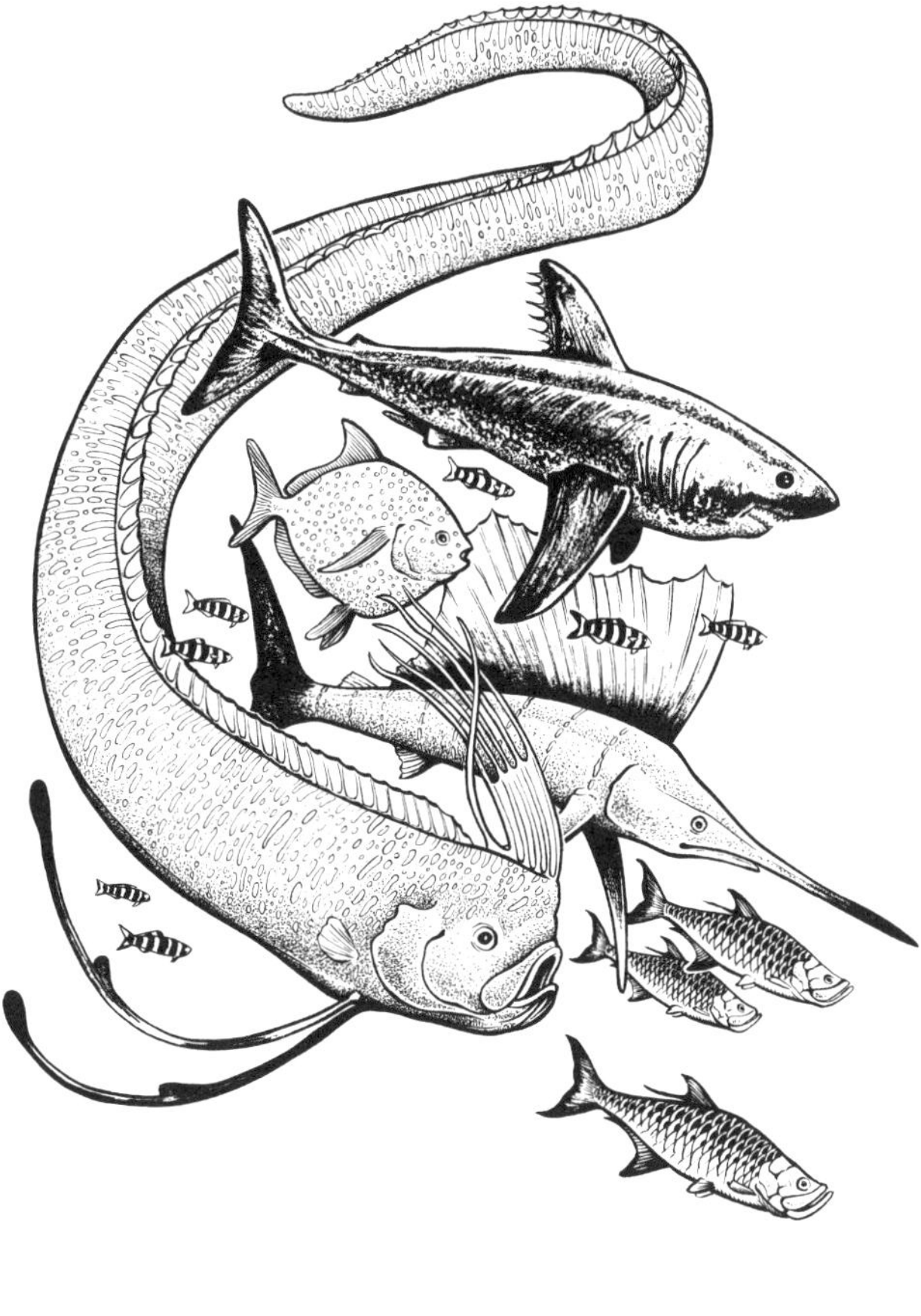

プロローグ　世界を旅する魚類学者

アマゾンの熱帯雨林で日が落ちると、群れていた魚たちは、静かな川のよどみで夜を過ごすために動きを止める。群れていたのは親指ほどの小さな魚で、目の上には赤い筋が走り、体には金色の縞があって尾は二股に分岐している。水辺には高い木が茂り、底に沈んだその落ち葉の中に身をひそめたつもりだったが、その落ち葉の中の一枚が「私は魚ではありませんよ」というメッセージを発していることに、どの魚も気づかなかった。そしてその一枚の落ち葉が群れている魚に忍び寄る。まわりに散らばっている落ち葉と同じように茶色く、黒いしみまである。体の片方の端には、落ち葉が木につながっていたことを示す葉柄《ようへい》まである。しかし漂っていったと思ったら、目にもとまらぬ速さで顎を大きく開いて、何も気づかぬ魚たちの一部をひと飲みにした。次の瞬間、コノハウオはまた落ち葉の姿に戻った。

アマゾン川の別の場所には、真珠光沢のある大きな鱗《うろこ》に包まれたテトラの一種のコペラ〔*Copella arnoldi*〕がいる。鰭《ひれ》の先が赤い雄は、伴侶になってくれる雌が近づいてくるのを、具合よく木が茂る岸辺の水中で辛抱強く待つ。雌が伴侶になることを承諾してくれたら、二匹は手を携えて水中から跳びはね、鰭にある吸盤でお目あての木の葉にへばりつく。雌はそこで一度に一二個くらいの卵を産み、雄はそれに精子をふりかけ、二匹でまた水の中に転がり落ちる。跳ねては落ちるということを繰り返し、その葉に少なくとも二〇〇個の受精卵をぎっしり並べる。そのあと疲れはてた雌は泳ぎ去るが、雄はその場にとどまり、卵を食べようとする敵の手の届かない葉の上の卵の世話をする。卵が乾いてしまわないように一分おきに尾で水をかけるのは雄の役目だ。日が水の中に差しこむときに光は空気と水の境界で屈折するのだが、光の性質を心得た魚は物理学など知らなくても、光の屈折率を計算に入れて水中から卵が見えている場所のすぐ近くへ向けて水を噴射し、飛ばした水は確実に卵にかかる。二日すると卵が孵《かえ》り、稚魚は水中に落ちて泳ぎ去る。

卵から孵化《ふか》したばかりの稚魚は、運が悪いと腹をすかせたヨツメウオに見つかることがある。「四つ目」魚と呼ばれていても実際には頭のてっぺん近くにカエルのような目が二つあるだけなのだが、それぞれの目が水平に二分されていて、角膜と瞳孔も左右二つずつある。瞳のレンズは人間と同じように上面が平らで、下面はほかの魚の目と同じように湾曲している。体は細長くて色はうすく、漂いながら水面の上と下の世界に目を配る。下半分の目は水中に向けられて捕食者が来ないか見張り、水面から出した上半分の目は水際に落ちてくる昆虫やコペラの稚魚を探す。

こうしたアマゾンの奇妙な生き物は、ありふれた魚の中から特にめずらしいものを選んだわけではない。世界中の水中には、淡水にも浅海にも深海にも、興味をそそる魚がいくらでもいる。

アフリカ東部のタンガニーカ湖には、雌が口の中を育児室に使うシクリッド類[1]がいる。雄と雌が産卵のために出会うと、雌が卵を産んで雄が精子をかけ、雌は卵塊を丸ごと口の中へ吸いこむ。そして受精

1——英語ではキチリッドと発音できる綴り（cichlids）の魚だが、シクリッドと読む。読めない言葉が出てくるとイライラするので、念のため〔日本語訳ではカタカナを使うので問題ない〕。

卵は口の中で孵化して、外の世界で生活していけるようになるまで稚魚は雌の口の中で成長する。しかしこれは、近くに「カッコウナマズ」〔*Synodontis multipunctatus*〕がいない場合に限られる。白い体に黒い斑点をあしらい、髭《ひげ》を生やしたカッコウナマズは、名前のもとになった翼のある動物と同じ行動をとる。シクリッドが卵を産んでいるときに脇から割りこんで、シクリッドの卵に自分の卵をまぜこむように産むのだ。標的になった雌のシクリッドは口の中でナマズの仔を育てることになり、ナマズの仔は狭い口の中でシクリッドの稚魚を食べつくす。

一方、アフリカ大陸の沖に浮かぶマダガスカル島の地下深くの洞窟には、長さが一センチもないうすいピンク色の、目のないハゼの仲間が生息している。そして、およそ七〇〇〇キロメートル離れたインド洋の反対側のオーストラリア西部の砂漠の地下にも、同じように白っぽくて目のないハゼがいる。最近行なわれた遺伝子解析の研究からは、これら二カ所のハゼが近縁な種類だとわかり、進化的には兄弟ということになった。洞窟に生息する魚が、これほど離れた場所に泳いで分布を広げるということはありえない。生活の場は洞窟の中だけで、日の光の中に出ていくという危険はおかさない。目がないので捕食者を警戒することもできないし、皮膚に色素がないので紫外線から身を守ることもできない。だから、これほど離れた場所に分布しているのは、大陸が移動したからだとしか説明のしようがない。かつて南方にあった古い超大陸にこれら二種の祖先種が生息していて、その超大陸に亀裂が入ってオーストラリアとマダガスカル島に分かれた。島と大陸に引き離された洞窟と魚は、そのあと一億年くらいのあいだ陸地ごと反対方向へとゆっくり漂い続けている。

そして、日の光が届かなくなる大洋の水深一〇〇〇メートルくらいのトワイライト・ゾーン（薄暮層）には、奇妙な魚がいるだけでなく、魚の中でいちばん数が多いものが生息している。背中の棘《とげ》を光らせながら泳ぐ小さなサメもいれば（おそらく深海の様子を知らない侵入者に噛みつかれないように）、頭の両側にあるポケットに光る粘液を入れている魚もいる（なぜそんなことをするのか誰にもわからない）。またこうした深海には、手のひらに乗るくらいの大きさで鋭い歯を持つハダカイワシ類やヨコエソ類もいる。どちらも腹を青く発光させるので、下を通る捕食者からは姿が見えない。なかには、ホタルのように光を点滅させて通信を行なう種類もいる。

これら二つのグループの魚たちがトワイライト・ゾーンの魚のほとんどを占めていることが深海調査からわかってきて、現生のものを全部合わせると数百兆匹、もしかすると数千兆匹という数になると考えられている。これは、ほかのどの脊椎動物よりも数が多い（これに続くのが家禽《かきん》のニワトリで二四〇億羽になる）。日暮れから夜明けまでの時間帯にハダカイワシ類やヨコエソ類の大きな群れは、くねくねと動く餌のプランクトンが夜になって海面へ上昇するのに合わせて深海から数百メートル上昇する。地球上で見られるいちばん大規模な動物の移動であり、時計のような正確さで毎日決まった時間に世界中の海で移動が起きる。

地球でもっとも成功を収めた生き物

魚類は地球の生命史上でもっとも成功を収めた生き物のひとつに数えられ、地球の表面の一〇分の七におよぶ海域や淡水域で勢力をふるう。海の深さ（平均して四キロメートル）を勘案すると、生き物が生活する空間の九〇～九九パーセントを海が占める。[2] 魚類はこの水の王国に数億年にわたって君臨してきた。海を支配する種類は時の流れとともに移り変わったが、魚がいなくなったことはなかった。

魚をほかの動物群と区別する定義はそれほど厳密なものではなく、第1章でその点を詳しく見ていく。大まかに言って、魚類は鰓《えら》呼吸をする水生の脊椎動物ということになるが、例外と言ってもよい種類が数多くいる。とりあえず例外は脇へおくとしても、魚は脊椎動物の中で数も種類も明らかにいちばん多く、背骨のある動物の半分は魚と言ってよい。魚類はだいたい三万種類いて、鳥類、両生類、爬虫類、哺乳類を合わせた数と同じくらいの種数になる。

大きさは、二〇メートルもあるジンベエザメから八ミリメートルの小魚[3]まで大小さまざまで、形も変化に富む。ヘビのように細長い形もあれば、丸い風船のようなもの、弾丸や魚雷のようなもの、平らなホットケーキのようなものや、四角い立方体のような魚もいる。体色は、鮮やかな万華鏡のような魚もいるが、多くは銀色か砂のようなベージュ色で、透き通っているものもいる。動きが素早いものもいれば、まったく動かない魚もいる。寿命は短いもので一週間、長いものになると一〇〇年、二〇〇年と生きる。洞窟に生息しているものは目が要らなくなり、落ち葉のふりをして漂うように泳ぐものもいる。変化を好まないほかの動物と比べると魚はきわめて柔軟性に富み、適応が早いので、水という液体の世界で生活するために独特な適応をとげてきた。魚と言ってもひとくくりに語ることはできない。

しかし、こうした魚の素晴らしさを目にする機会は少なく、広く知られているとは言いがたい。波の下に身を隠し、水平線のはるか向こうで生活しているからだ。海岸や川岸では潮や水位が常に変わるため水に濡れている陸地と濡れていない陸地の境界線があり、魚の世界と人間の世界は、この境界線で仕切られている。太古の時代から、勇者や好奇心がきわめて強い者だけが自らこの境界線を越えて生き抜いてきた。

数千年のあいだ、人間は魚をおもに二つの目的で利用するために水から引き上げて人間世界に持ちこんできた。まずもって魚は食料になる。魚を捕まえて食べることは人間の意識に深く根を下ろした行為で、英語では「魚」と「釣る」は同じフィッシュ（fish）という言葉で言い表わす。シカ（deer）を捕まえることを「ディア」とは言わないし、イノシシ（boar）を捕まえることを「ボア」とは言わない（ウサギ〈rabbit〉を捕まえるときは「ラビッティング」とは言うが）。古くから野生の魚を追ってきたからだろうか。日本の沖縄諸島にある洞窟を調べていた考古学者は、土の中から三万年前に貝殻でつくられた釣り針を発掘している。また、中国の北京の近くで見つかった四万年前の人骨を化学分析したところ、この初期の人間は川や湖で獲れた魚をたくさん食べていたことがわかった。

今では世界中の漁場で水揚げされる魚は年におよそ一兆〜三兆匹にのぼる。これだけいれば、地球上の全人口の三分の一のタンパク源をまかなえる。漁師でも特に小規模な漁業をしている人たちは、魚の生活と密接にかかわりながら生きている。しかし大半の消費者（特に経済的に豊かな国の消費者）にとっては、日々の食べ物とその産地についての情報のあいだに深い溝ができつつある。イギリスの幼児の五人に一人は、細長く切った魚のフライは鶏肉だと思っている。食べ物として魚に接するときには、魚

2——英語の名詞には単数形と複数形があるが、魚は一匹でもたくさんいても「fish《フィッシュ》」になる。古い学術用語には、ひとつの分類群の中の複数種を指す「fishes《フィッシーズ》」という複数形が見られるが、私は使い慣れない。厳密さを追求する人たちには申し訳ないが、本書では一匹であろうとたくさんであろうと、fishという単語に統一した（日本語訳では、場面に応じて「魚」「魚群」「魚たち」などとした）。

3——二〇一二年まではインドネシアの泥炭の湿地に生息するパエドキプリス・プロゲネティカという魚が世界最小の脊椎動物だと考えられていたが、パプアニューギニアでもっと小さいカエルが発見された。体長は八ミリメートルなので、だいたい小指の爪の幅くらいしかない。

は死んでから時間が経っている場合が多く、頭、鰭、内臓や骨はすでに取りのぞかれていて、ビニールできれいに包まれていたり缶詰になっていたりする。ステーキを見ても、モーと鳴きながら草を食《は》んでいるウシを思い浮かべることがないのと同じように、ポロポロと身がほぐれる白やピンクの魚肉を見ても、生きた野生の魚の姿を思い浮かべるのは難しい。

しかしイメージの乖離《かいり》はウシより魚の方が著しい。ウシがどのような姿をしているかは誰でも知っているのに、多くの魚の姿はなじみがうすい。イギリスではタイセイヨウダラが毎年七万トン（一人当たり一キロぐらい）消費されているが、体は両手を広げても足りない二メートルもの長さで、キラキラと光る赤銅色の斑点に覆われ、顎にはヤギのような白い髭がある魚をタイセイヨウダラだと見分けられる人は、実際に食べている人の三人に一人にすぎない。また、イギリス人の五人に一人は、しみだらけの平らな体の上面に並んでいる目とねじれた口のある魚（シタビラメ類）や、銀色の弾丸のような体形をしている口の大きな魚（カタクチイワシ類）を知らない。

食卓にのぼる代表的な魚でさえこのありさまなので、たまに皿に乗って出てくるあまり知られていない魚になると、名前をあてるのは難しい。マトウダイにはモヒカンのように棘が生えていて、銅色の皮膚には大理石のような模様があり、体の両側には金色の縁どりのある大きな斑点が一対ある。ホウボウ類は赤い体の両脇に三本の「指」があり、これで海底の食物をさぐりあてる。

人間の世界を泳ぎまわる魚には、食用になるものだけでなく伝承や民話に登場するものもいる。世界中の文化で語りつがれる魚の物語をひもとくと、海で生活する生き物に対する深い思いや葛藤があることが見て取れる。神話では、魚は人間に富、繁栄、再生、知恵をもたらす存在にもなるが、逆に、魚に身をやつした悪霊が、洪水、嵐、地震のような気まぐれな厄災をもたらす存在としても語られる。神や女神やその取り巻きが、時には自らの意思で魚に姿を変えたり、あるいは罰を受けて足を魚の尾に変えられたりすることがある。もともとの人魚伝説は、どこの国でも陰湿であまり楽しい話ではない。のけ者にされた女が水中へ逃げて人魚に身をやつし、人を呪って、苦しめるために海に誘い出して死にいたらしめる。アンデルセンの『人魚姫』では、体の半分だけ魚でいることに耐えられなかった人魚が、舌を抜かれることに同意し、尾ではなく足で歩くと割れたガラスの上を歩くような激痛が走ることも受け入れて人の姿になった。

こうした人魚の物語では、魚となじみになったり魚を好きになったり、あるいは魚に共感したりするような感情を持つのは難しい状況だと描かれることが多い。魚は口もとに笑みを浮かべることもなく、無愛想にむっつりと口をつき出して表情を崩さないので、人間が理解できる感情がないように見える。生きている魚にふれてみても、スーパーマーケットの商品棚に横たわって並んでいる死んだものと同じように冷たく感じられることが多いだろう。泳いで逃げられる生き物のあるべき姿とはかけ離れているのだ（これから見ていくが、すべての魚の血が冷たいわけでも、変温なわけでもない）。私は、魚が脇を泳ぎ去るときにぬるぬるした体がさわるかもしれないのが怖くて泳がない人を、何人か知っている。そのような恐怖を克服するには、すぐ脇を泳いだはずの見えない魚の姿を想像するのではなく、顔を水につけてこちらから魚を観察してやればよい。

魚をめぐるツアーに出かけよう

本書は魚の生活を見てまわる水中の旅になる。魚とは何なのか、謎の世界で何をしているのかを知るための探検をしたい。不思議な魚の物語のベールをはがし（いくつか物語を詳しく紹介する）、冷淡な生き物だとか、理解不能な生き物だとかという風評から解き放たれ、本当の姿を知ってもらおうと思う。魚は私たちが接することのできる最高に魅力的な生き物であり、世界中どこでも出会える素晴らしい動物だということを知ってほしい。

魚がどのような生き物なのかをおおまかに説明して（第1章）、さまざまな魚を一通り見て歩くツアーを終えたら（第2章）、魚をきわめて繁栄させることになった特性や、これほど数が多い生き物になった特性を一つひとつ見ていく。魚はどのように体を動かすのか、どのように餌を集めるのか、ほかの動物の餌食にならないためにどのような工夫をしているのか、といったことだ。歌を口ずさむ魚もいれば、会話する魚もいる。光や体色を使ってほかの生き物にどのように信号を送るのか、どのように身を隠すのかも見ていく。こうした体の特徴や行動の多くは魚独特のもので、そうした特徴がいくつもあったからこそ水界の主《ぬし》になれたのだ。

魚のことを見直してもっと深く知るためには今が絶好の機会だと言える。なぜかと言えば、まずひとつには、魚という動物についての知見がかつてないほど蓄積していることがあげられる。調べるための新しい道具や新しい手法を使って研究者はめざましい成果を上げている。深海に生息する生き物の生活をのぞき見るためにロボットを遠隔操作し、類縁関係を読み解いて近縁性をさぐるのに分子的な手法を用いる。泳ぎまわる魚と一緒に広大な海を旅してまわるための極小の追跡装置もある。

しかし、かつてないほど人間の影響もひどくなっていて、魚はみな苦しんでいる。カナダのブリティッシュ・コロンビア大学で行なわれた「私たちを取り巻く海」プロジェクトの最近の発表によれば、一九九六年ごろに「漁獲量のピーク」が過ぎたと推測できる。そのころまで人間は、漁業という名のもとに世界中の海で天然の魚を毎年獲りまくっていた。大きな船を持つ漁師が増え、魚を獲る新しい道具や技術が登場し、海でも湖でも川でも、漁獲量がどんどん増えた。しかし一九九七年以降は総漁獲高が明らかに減少に転じ、毎年二パーセントくらいずつ減り続けている。しかしそれは魚を獲る量が減ったからではなく、魚がいなくなってきたからなのだ。地球規模で見ると漁業で魚を獲りすぎてしまった。天然の魚の群れはもう立ち直れないほど減ってしまい、昔ほど数が回復することはもはやなくなってしまった。

気候変動の問題もある。気候が温暖になるにつれて海水は酸性に傾き、これに化学物質やプラスチックの汚染が加わって、魚がおかれている状況は悪くなる一方だ。今、人間が魚を守るために立ち上がることが重要で、そうしないと魚の群れやさまざまな種類の魚はいつのまにかいなくなってしまう。本書では魚の乱獲や気候変動の問題には深く踏みこまず、立ち入った解決策を示すこともしないが、最後まで読めば、魚は大切な生き物であり、人間が関心を持つ価値があり、高く評価するに値する生き物だと納得してもらえるだろう。それがもっと大きな問題の解決へとつながっていくと思っている。

もう少し楽しい話にしよう。魚を眺めて過ごすのは人間にとってよい、ということもあるかもしれない。ある研究グループが二〇一五年に、イギリスの国立海洋水族館の五〇万リットルの巨大なアクリルの水槽を訪れた人を追跡調査した。その水槽には人工のコンブやウミウチワに覆われる温帯の岩場の魚が飼育されていたのだが、そのときはちょうど水槽の模様替えをしていた。水槽の魚をすべて取りのぞいたとき、魚が少し戻されたとき、そしてもと通り魚がたくさん泳ぐようになったときに、その水槽を見に来た人たちを対象にして調査が行なわれた。ランダムに選んだ一〇〇人の来訪者を調べたところ、魚の数が多い水槽を眺めた人ほど心拍数も血圧も下がるという結果が得られた。人工的な水族館であっても、魚を見ていれば気持ちが落ち着き心が和むということを、この研究はやんわりと示している。

私が魚に魅せられた日

最初に自然の海で泳ぐ魚を見たとき、正直なところ私は魚にこれほど興味をそそられることになるとは思ってもいなかった。一五歳のときにカリフォルニアの南部を旅行したときのことだった。故郷のイギリスとは大西洋とアメリカ大陸で隔てられていて、それまで出かけたなかでいちばんの遠出になった。休暇にヨーロッパ以外の地を家族で訪れるのは初めてで、見慣れぬ国に滞在するというだけで一大事だった。宿の特大のベッドは妹と二人で使ったのに足があたらないほど広かったし、朝食ではホットケーキを食べたいだけ自分の皿に積み重ねてよかったし、車で道を走れば何時間も一直線の道路が続いた。

そのとき私はどうしてもラッコを見たいと思っていた。ラッコが大好きだったのだ。ラッコのドキュメンタリー番組をいくつも見て、ラッコのカレンダーやTシャツも集めていた。カリフォルニアならばやっと本物を見ることができると思った。左手に青い太平洋、右手にメタセコイアの森を見ながら、海岸沿いの高速道路を北上しているあいだじゅう、海の中に黒っぽい点が見えるたびに、毛むくじゃらの海の動物かどうかを確認するために車を道の脇に止めてほしいとせがんだ。

最初にラッコを見つけたのは夕暮れどきで、岸からそれほど離れていないところにいた。群れ[4]になって海面に浮いていて、眠っているあいだに潮に流されないようにコンブを体に巻きつけるのに忙しそうだった。四本の脚を濡らさないようにしながら海面を転がる様子を見て、私のラッコへの思いはますます強くなった。手をつないで眠りにつくラッコもいるに違いないと空想するほどだった。

野生のラッコを見たいという希望があまりにも簡単にかなったせいだと思うが、海で起きる別の事柄にも関心が向いた。だがそれはラッコほど楽しい話ではなかった。

翌日はモントレー湾の少し南に位置するチャイナ入江と呼ばれる場所の高い崖の上に立って、これまででいちばんきれいだと思われるターコイズブルーの海を見下ろした。大西洋北東部の海しか知らなかった少女にとって、これはかけがえのない体験だった。海と言えば、足を浸すと指の先が濁った緑色の水に隠れてしまう場所しか知らなかったのだ。しかしそのときは水の中にいる一匹のアシカが閉じた円を描いて泳ぐのが見えた。さらに驚いたことに、そのアシカが追っている獲物まで水を通して見ることができた。

アシカが襲いかかるたびに魚の群れは真っ二つに分かれたと思ったらひとつに合体し、渦を巻きながら泳ぎまわった。ニシンやイワシの類いの魚だったのかもしれないが、それはどうでもよかった。見ていると、アシカは時々、魚を一匹だけ群れから追い出し、ゴムのような皮膚の体をくねらせて機敏にスピードを上げてそのはぐれた魚に追いつこうとした。しかしアシカが獲物をしとめることは一度もなかった。魚は、はぐれてもまた仲間のもとへたどりつき、群れに溶けこんでわからなくなった。

この鬼ごっこを見ていて私はその場から動けなくなった。追いかけられても決して捕まらない魚の動きが私をとらえてしまい、目を離すことができなくなったのだ。

4――英語では海の中にいる複数のラッコは「raft《ラフト》（筏《いかだ》の意）」と言う。陸上を駆けまわるラッコの集団は「romp《ロンプ》（おてんば娘）」とか「bevy《ベビー》（かしましい集団）」と呼ぶ。

魚を眺めるいくつかの方法

ただ魚を眺める方法ならいろいろあり、体を濡らさなくても楽しめる。池の端や川岸を歩きながら、水の中を横切る魚影を探してもよいし、餌を食べようと水面につき出す魚の口を探してもよい。ゴム長靴を履いて引き潮のときにイギリスの海岸を歩いた際には、目の上に赤い触角のような突起があるトムポットブレニーが岩の下に隠れているところや、「人魚の財布」と呼ばれる卵から生まれたばかりのトラザメの一種[5]が海藻の中に隠れているのを見つけた（口絵③）。

家に居ながらにして手軽に魚を鑑賞する人も多い。魚の飼育はいつの時代も人気があり、イギリスでは一〇軒に一軒は魚の水槽を持っている。米国では一〇億匹以上の魚が一般家庭で飼育されていると推定されている。一匹や二匹を飼うのではなく、小さな群れで飼うことが多いため、総数はイヌとネコとウサギとハムスターの合計より多くなる。魚は散歩に連れ出す必要もないので、都市部での忙しい生活に合っているということもあるかもしれないが、魚を飼うのが一種の流行になっているのは間違いない。

じつは私自身は魚を飼ったことがない。理由のひとつは外で働いているからで、魚がたくさん泳ぐ海のミニチュアが家にあってそれを眺めていると、ほかに何もできなくなってしまう。しかしもし風水の教えにしたがうなら、水槽にキンギョを九匹大切に飼って、そのうち一匹を黒いキンギョにするのもよいかもしれない。部屋に漂う邪気をその黒いキンギョが吸い取ってくれるので、仕事もはかどってよい成果を出せるだろう。

私が魚を眺める方法としていちばん気に入っているのは、魚と一緒になって水に潜ることだ。スキューバ・ダイビングなら景色のよい場所をハイキングするような気分になるが、陸上とは異なる点がいくつかある。水に潜ると誰かと一緒でもおしゃべりはできないので、うなずいたり、互いに何かを指さしたりといった簡単なしぐさで対話をするしかなくなる。例えば「大丈夫？」「大丈夫よ」といった意味のしぐさを、何かあらかじめ決めておいてもよい。水に潜ると人との会話がなくなるので、自分の考えに没頭できて、瞑想の体験もできる。どこで潜るか、いつ潜るかにもよるが、水中では視界が広く開けることもあるし、視界が悪くて限られた範囲しか見えないこともある。水が澄んで、まるで水がないかのように感じることもあれば、濃いスープのように濁った場所では視野が狭くなって、近くにある小さなものにしか気づかなくなることもある。

ダイバーは、歩いたり走ったりするかわりに、ほとんど力を使わずに漂ったり飛んだりすることが多い（行きたい方向と逆の方向に「水中の風」が吹いていたら、そう簡単ではない）。森の中を歩きながら体を宙に浮かせ、樹冠をはるか上空から眺めるような場面、あるいは、米国のグランドキャニオンの手すりをすり抜けて崖の縁から空中へ足を踏み出し、飛翔する鷹になったつもりで景色を眺めるような場面を想像するとわかりやすい。水に潜れば地球の引力から逃れることができる。一カ所にとどまって動物が脇を通り過ぎるのを眺めることもできれば、一緒に泳ぐこともできる。

頭まで水につかると、水中の生活が乾いた陸上とはいかに違うものであるかがよくわかる。人間を含む陸上の毛むくじゃらの動物は、二次元の世界を歩きまわることしかできない。魚は単に空気のかわり

5――トラザメ科のサメは英語で「catshark《キャット・シャーク》（猫鮫）」と呼ばれるが、ややこしいことに「dogfish《ドッグ・フィッシュ》（犬魚）」とも呼ばれる。

に水で呼吸しているだけではなく、常に変化する潮の流れ、干満、波の動きに生活をうまく合わせてきた。魚が三次元の世界を満喫していることに私はいつも感嘆すると同時に、少なからずうらやましいと感じてきた。水に潜ったときに、砕ける波に合わせてせわしく泳ぎまわる魚の集団を下から見上げたことがあるが、魚は鋭い岩の角に打ちつけられることなく泳ぎまわり、自信にあふれているように見えた（実際に打ちつけられることはない）。サバやニシンの群れが私の脇を泳ぎ去るときに完璧な隊列を組んでいるのも目にした。ほとんどわからないくらい体をひねったり鰭を動かしたりするだけで一カ所に静止できる魚を見て、舌を巻いたこともある。器用に体を弾《はじ》くように動かすだけで水の中を猛スピードで行ったり来たりもできる。私にもできたらよいのにと思う。

人間はこのような別世界では常にお客様でしかありえず、たとえ訪れる機会があっても一回に一時間くらいしか潜っていられないことが多い。潜ったときはいつも潜水用の腕時計に目をやりながら、潜っている時間が長すぎないか、深く潜りすぎていないかを確認し続けなければならない。背負っている空気ボンベの量だけしか呼吸が続かないことも、人間が水中の住人ではないことを思い出させてくれる。圧縮空気を早く吸ってしまうと、水中にとどまれる時間もその分短くなる。

しかし、スキューバ・ダイビングだけが魚の世界を体験する手段ではない。私はボンベを背負わずに、胸いっぱい空気を吸いこんで潜ることも多い。素潜りならば、潜水用具がたてる金属音や耳障りな泡の音で魚を脅かさずにすむので、ずっと近くまで寄っていくことができる。ただ、せいぜい一分くらいしか潜っていられないので、水面に腹ばいに浮かんでシュノーケルで息をしているのがいちばん楽な方法になる。これなら好きなだけ魚を眺めていられる。

世界の海で魚に出会う

ちょうどこの本を書き始めたときに私は長い旅に出た。前に行ったことがある場所に立ち寄り、ずっと行きたかったところへも出かけ、魚を眺めながら魚のことを考えるのに長い時間を費やした。

オーストラリアのニンガルーにも二〇年ぶりに立ち寄った。ここでは、オーストラリアでいちばん長いサンゴ礁が、大陸の西側の海岸にへばりつくように二六〇キロメートルにわたって続く。また行けることを楽しみにはしていたのだが、じつは心配していたこともあった。再訪したのは二〇一六年のことで、この年はあまり嬉しくない環境問題がいくつも報じられ、サンゴ礁の問題も取り沙汰されていた。海水温が高くなったことをきっかけにサンゴが白化してしまう病気が蔓延して、世界各地でサンゴが大量死していたのだ。オーストラリアのグレート・バリア・リーフでも問題になっていた。

ニンガルーは私が最初にサンゴ礁と出会った場所で、ほとんど手つかずの自然のままの美しさに感動した。ザトウクジラが水面を跳ねるのを初めて見たのもここだった。幻のジュゴンも見かけた。ウミガメには潜るたびに遭遇し、私の背丈よりも幅がある黒い鰭を羽ばたかせるように泳ぐマンタにも出会った。サンゴ礁にはありとあらゆる形や色の魚がひしめき合っていて、ラグーンのここかしこには巨大なカリフラワーのような球状のサンゴの塊が見られた。生きたサンゴのうすい層によって数百年かけてつくり上げられた岩塊だった。

再訪したときには二つのことを心配していた。ニンガルーが私の知っているような素晴らしい場所ではなくなっているのではないかということと、近代化の荒波をかぶらないように十分に保護できていいないのではないかということだった。しかし少し泳ぎ出て潜ってみると、以前と同じように生き物にあふれる光景を目にできた。青い金属光沢のスズメダイやブダイの仲間が目の前を素早く横切り、黄色い横縞があるフエダイの仲間が小さな洞穴でうずくまっている。サンゴは密な藪《やぶ》のように、あるいは岩やテーブルのような形に成長し、骨のように白化する兆候は見られず、茶色や緑やピンク色をしていた。深紅のコウイカの仲間がサンゴの上をヒラヒラとスカートを翻《ひるがえ》すように泳ぎ、少し離れたところからは、つやのあるメジロザメの一種が滑空するように泳ぎ去るのが見えた。

私が以前ニンガルーへ行ったのはジンベエザメを見るためだった。この海域ではサンゴが一斉に産卵する夜があり、卵などの浮遊物で海水が濁る。これを年に一度食べにやってくるジンベエザメのドキュメンタリー番組がテレビで放映されたことがある。サンゴの群落が卵や精子を放出し、それを小さな魚が食べ、それをジンベエザメが食べる。ジンベエザメは現生の魚では最大で、大型のクジラをのぞけば海でもっとも大きな生き物と言ってよい。その大きな魚がほかの魚を食べるところを自分の目で見る必要があると思い、地元の保護団体に何か手伝えることがないかと手紙を書いたところ、嬉しいことに、手伝ってほしいという返事がきた。沿岸部を泳ぎまわるジンベエザメの動きや行動を追う調査の手伝いを毎日するかわりに、共同生活をする宿舎の一室を使わせてもらえることになった。

ニンガルーを再訪したときには、水深一〇〇メートルほどの海に船から飛びこみ、巨大な魚影が近づいてくるのに目を凝らした。青灰色の皮膚に白い斑点がある懐かしい姿だった。鼻先には小さな魚の集団を引き連れ、腹には太ったヘビのようなコバンザメの一種がしがみついていた。このとき見たのはほとんどが若いジンベエザメで、頭から尾の先まで五、六メートルしかなかった。きっと、前にニンガルーへ来たときに一緒に泳いだジンベエザメの子どもたちだろう。ジンベエザメが何年くらい生きるのか、はっきりとわかっていない。一〇〇年かそれ以上だろうと言われているが、成熟するのに年数を要することは確かで、大人になるのに少なくとも二〇年はかかると考えられている。

世界の海をめぐる旅では、魚と出会える機会を逃さないようにした。フィジーでは海藻が生える岩を見つめ続けて、岩に擬態しているオコゼの仲間をやっと見分けられるようになった。掃除屋のソメワケベラに爪の掃除をしてもらい、私の体の数分の一くらいの大きさの獰猛《どうもう》なスズメダイの一種に追いかけられた。このスズメダイは、手入れの行き届いた自分の海藻の畑を守るために、一斉に太鼓をたたくような音をたて、私を脅かして追い払おうとした。太平洋南部のアイツタキ島へ行ったときには、海が荒れて海底の堆積物が舞い上がり、視界が数センチしかなくなったこともあったが、岩にしがみつきながら指の爪より小さなイソギンポが小さな穴から顔をのぞかせるのを眺めていた（口絵②）。

まさか出会えるとは思わない場所で魚に遭遇したこともある。オーストラリアの沿岸から数百キロメートル内陸の乾燥地帯には、地球でもっとも古い岩山を穿《うが》った赤い渓谷がある。その斜面を下りていくと、太陽熱で温められていない地下水が地層から流れ出して池になっていた。岸辺にはシダ類が生え、水面に覆いかぶさるように茂る木の中でオオコウモリがキーキー鳴いていた。緑色の水に潜ってみると、深さ五メートルほどの池の底ではミノー類が草の茎のあいだを素早く泳ぎまわっていた。

魚の集団に囲まれてまわりが魚だらけになったのは一度や二度ではない。魚の集団と言ってもいろいろある。南太平洋クック諸島のラロトンガ島で日暮れどきに潜った際には、さまざまな魚種（アイゴ類、ブダイ類、ニザダイ類）がまじった仔魚の大群が私の脇を通り過ぎていき、仔魚たちが餌をとっていたサンゴ礁の干潟では彼らが泳ぐ勢いで水中に砂が舞い上がっていた。そこから北東方向に数千キロのところにあるパラオでは、青い海に浮かんでいたら数百匹というアカモンガラの集団に取り囲まれた。二枚の鰭を波打たせて泳ぐ姿はまるでチョウが横になって飛んでいるようで、何かに驚くと、垂直に切り立ったサンゴ礁の崖の穴に一斉に逃げこんだ。ニュージーランドのツツカカ海岸の沖には大聖堂くらいの大きさの海中洞窟があり、そこでは弓なりの天井部分でブルーマオマオの集団に取り囲まれた。体は紡錘《ぼうすい》形で二股に分かれた尾がある典型的な魚の形をしていて、晴れわたった夏の空の色をした魚だ。私が水に入ると、どれも同じように見える顔がふり向いて私を見つめてから、まわりを泳ぎ始めた。キラキラと輝く生き物の川に落ちた石になった気分だった。

旅先で行った場所や見かけた魚をすべて記録する旅行記を書き始めたと思う読者もいるかもしれない。確かに旅先ではたくさんの魚を見たし、そのとき見た魚のいくつかはほかの旅で出会った魚とともに紹介するが、本書では魚ごとの詳しい説明をするつもりはない。見たことのない動物に出会うといつも興奮するのは確かだが、目にした魚を種数リストに加えていくことだけに目が向いているわけではない。魚を見ることの楽しみは、もっと別のところにある。

重要なのは、探索することで見慣れない事柄に気づくことであり、魚やそれを取り巻く世界について新しい視点から考えることである。生活している様子を見れば、魚が海や川の主役であることが理解できるだけでなく、地球上の生命の真の姿を知ることができる。どのように進化が進むのかも教えてくれる。生態系の仕組みや、生き物の適応性・柔軟性についても教えてくれる。

魚を長い時間観察していると、いろいろな疑問が頭に思い浮かんでくる。群がっている魚はどうしてぶつかり合わないのか。大きな口を開けて丸のみにするような捕食者からどのように逃れるのか。体に謎の模様をまとうのはなぜなのか（誰がその模様の意味を読み取るのか）。アフリカ大湖沼やアマゾン流域のように魚が多い場所では、多くの種類がなぜ仲よく暮らせるのか。

マンタはなぜ脳を温めるのか。致死性の毒を持つフグ類は、なぜ自分自身の毒で中毒を起こさないのか。魚は一日中何を考えているのか。

小さな魚が身を守るためのダンスをすれば捕食者の口の中に難なく入っていけるのはなぜなのか。水が干上がると魚はどうするのか。ナマズはハトの捕まえ方をどのように学ぶのか。大洋を横切ったあと、生まれ故郷の海へどのようにして戻るのか。暗闇でも見えるようにとバクテリアとどのように手を組んでいるのか。

本書では、こうした疑問や、水中に潜って魚の世界を見たときにわき上がる疑問に答えていきたい。魚を見るために、あるいは疑問の答えを探すために、あるいは魚の声を聞いて詳しい生きざまを知るために、大冒険をした科学者も紹介する。綿密な調査計画を練って思いがけない発見をしたフィッシュ・ウォッチャーの話も紹介する。科学は単に疑問に対する答えを羅列するだけの作業ではない。そうした答えに到達するため、あるいは、生き物の世界がどのように機能しているのかをもう少し詳しく知るための、おもしろいが根気のいる、あるいは創造性に富んだ作業であることをわかってもらえるだろう。

魚は探しがいのある動物であり、観察しがいのある動物であり、もっと注意を向けるのに値する存在だということもわかってもらいたいと思っている。ほかの海の生き物とは違い、魚は浜辺に何も優美なものを残さないので（貝殻のように）、人間が拾って愛でることもない。死ぬと宝石のような体の色は褪《あ》せ、腐敗して悪臭を放つ。だから魚の美しさを知るには生きているものを見るにかぎる。

　飼っているキンギョを見る目も変わってくるかもしれない。近くの水族館へ行って水槽を見ていると、前には気づかなかったことを魚がするかもしれない。水辺に魚がいるかどうか水面からのぞきこむのもよい。水に飛びこんで、魚がいるかどうか、何をしているのかを見るのもいいだろう。地球上には三万種も魚がいて、その数は数兆匹にのぼると言われる。これだけの数がいれば、魚を見つけていろいろな思いをめぐらせるのに不自由はしないだろう。

chapter

1 魚とは何か

——魚類学の始まり

数年前までは、魚が実際に存在するものなのかどうか気にかけたことはほとんどなかった。魚を眺めたり、追いまわしたり、調べたりするのに長い時間を費やしてきたので、魚は当たり前に存在するものと思っていた。ところが、「魚なんていうものは存在しない、というのは本当ですか?」と質問されて、私は不意打ちを食らった気分になった。

なんと答えようか考えていて言葉が出ないうちに数秒が過ぎた。私の前にはマイクがあり、三〇〇人の聴衆が私を見つめながら何か役に立つ気の利いた答えが発せられるのを待っていたのに、私の口からは言葉が出てこなかった。

BBC〔イギリス放送協会〕ではテレビ番組のQIシリーズのラジオ版として、座談会形式の「取っておきのもの博物館(The Museum of Curiosity)」という番組を放送していて、それに出演させてもらったときのことだった。番組ではまず、この博物館の学芸員ジョン・ロイドが三人のゲストを紹介する。何か純粋に立派な業績をあげた人(宇宙飛行士のバズ・オルドリンが出演したこともあった)と、芸能人と、学術関係者か誰かあまり世間ずれしていない人を合わせた三人だ。私は三番目のゲストとして出演していた。

ゲストは架空の大きな博物館に何か寄贈するように求められ、なぜそれを寄贈することにしたのかをリスナーに説明するという筋書きになっている。寄贈されるものは、ありえないようだが考えさせられるものが多い。私が出演したときにはすでに、雪男(俳優のブライアン・ブレスド寄贈)、ビッグバン

（宇宙科学者のマーカス・チャウン寄贈）、アイスランドのグリムスボトン火山（音楽プロデューサーのブライアン・イーノ寄贈）、「魅惑的な運命」（コメディアンのティム・ミンチン寄贈）などが架空博物館に展示されていた。そこで私は、博物館に大きな水槽を設置して妊娠した雄がいるタツノオトシゴの群れを展示してほしいと頼んだ。タツノオトシゴは、少なくとも私の頭の中では明らかに魚の一種だったが、そうした知識があるだけではジョンが発した質問にうまく答えることができなかった。

スタジオの聴衆とは向き合うように座っていたので、全員が魚の群れのように私を見つめていた。私の頭は真っ白になってしまい、「魚」という言葉が本当はどれくらい意味のある言葉なのかを説明するのに役立つようなことや、聴衆の興味を引くようなことは何も話せなかったのを思い出す。

ジョンが言いたかったのは、生物学的に見て厳密な魚の定義はあるのかということだったと思う。姿かたちが全然違うキンギョ類やフグ類、ヒラメ類やミノー類、アンコウ類やマンボウ類、こうした魚が本当に魚というひとつのグループに属すのだろうか。それとも、たまたま泳ぐのがうまい生き物を適当に寄せ集めたのが魚なのだろうか。例えばクモとタコは足が八本あるので一緒のグループにまとめるといったように、魚を魚というグループにまとめるためには泳ぐ以外に何か特徴があるのだろうか。

そのとき何を話したかは、ここで繰り返す価値もないほどのことだったので、番組の編集者はありがたいことに、その部分を放送しないようにカットしてくれた。しかし魚について問いかけた部分と、それに対して私が答えた部分については、私には編集の決定権がなかった。

魚類学が始まる

歴史をひもとくと、何が魚で何が魚でないかという問題は、かなり曖昧なまま放置されてきた。ギリシャの哲学者アリストテレスが『動物誌』を著わしたときには幸先のよいスタートを切ったかに見える。紀元前四世紀に書かれたこの本は九巻におよぶ大著で、動物学の書籍としてはもっとも初期のもののひとつに数えられる。アリストテレスは水中の動物の生きざまを詳細に観察していて、それを読めばアリストテレスが魚を確かな実体のあるものとしてとらえていることがわかる。

アリストテレスは当時知られていた動物をいろいろな区分に分けている。まずは血液がある動物とない動物に分け、それぞれを脊椎動物と無脊椎動物とした。[1] そして二分したそれぞれの動物群を属と呼ぶ区分にふり分けていった。水生動物はマラコストラカ（甲殻類）・ズーフィータ（クラゲやカイメンなど）・オストラコデルマ（二枚貝類）・魚の四つに分けられ、いずれも水の中に生息して「足がない」かわりに小さな翼や鰭《ひれ》（通常は四つだが、ウナギのような「ひょろ長い魚」では二つだけ）がある動物とした。魚には毛や羽がなく、すべてではないが多くのものは鱗《うろこ》で覆われている。陸上の四足歩行をする動物と同じように血液があり、赤ん坊を産むものも卵を産むものもいる。アリストテレスは魚の骨格を詳しく調べ、どのように繁殖するかについても、漁師がどのように魚を捕まえるかについても、詳細に解説している。合計すると地中海近辺で見つかる一二〇種ほどの魚を網羅していて、ボラ類、ウツボ類、マグロ類、ブダイ類などの多くは現在も地中海に生息する。

ここで重要なのは、アリストテレスがクジラ、ネズミイルカ、イルカの仲間を独立した区分（クジラ目《もく》）にして魚と区別したことだった。クジラ目も水中に生息する足のない泳ぐ動物だが、肺で空気呼吸することや、子どもを母乳で育てることなど、陸上の動物との共通点がいくつもあり、魚とは明らかに違うことにアリストテレスは気づいていた。

しかしその後、水中はしだいになじみのうすい世界になり、アリストテレスのあと水生生物のありのままの姿を語る人がいない時代が長く続いた。そして二〇〇〇年近くのあいだ、水中の生き物は奇妙な空想上の動物の逸話と混同して語られるようになってしまった。中世になると動物の本は「動物寓話集」と呼ばれた。挿絵をふんだんに使った分厚い本には、読者に正しい生き方を教えるための古くから伝わる寓話がおもに収録されている。上半身が人間で下半身が魚の人魚は、歌で船乗りを眠りに誘っておいて襲いかかってくる生き物で、世俗的な楽しみに耽《ふけ》らないようにという戒めがこめられていた。登場する生き物の中には本物の生き物を彷彿させるほど似ているものもあった。例えば「セラ」という動物には大きな翼があって、トビウオ類のように水面から飛び出る。セラは船の速さを妬んで競走を挑むが、競い合ってもすぐにまた波間へ落ちてしまう。この話では、魚のように妬みで心をかき乱されると、最終的には暗くて怖い海に落ちこむことになると諌《いさ》めている。

怪物だらけの海の底から、ありのままの海の生き物が姿を現わすのはルネサンスの勃興まで待たねばならなかった。一六世紀の半ばにヨーロッパの学者たちはアリストテレス流の解釈に注目し、水生動物について再びまじめに調べ始めた。こうして魚についての概念が現実の世界に近づいた。

1——無脊椎動物の大半にも血液があるが、血液を循環させるための閉じた臓器や血液の通る血管がない。

一六世紀の魚に関する三冊の稀覯《きこう》本

ケンブリッジ大学付属図書館の希少本収蔵室で私は、鉛筆で必要事項を記入したピンク色のうすっぺらい紙きれの束を図書館司書に手わたした。司書は私の帯出カードをもう一度確認してから、たくさん本を載せたカートを押して持ってきてくれた。私はそれらの本を、灰色の綿のクッションをあてがいながら机の上にていねいに並べた。その中には世界でもっとも古い魚の本の初版本もあり（五〇〇年くらい前の書物）、並べてあるものに値段をつけたら全部合わせると数万ポンド〔一ポンド一五〇円として数百万円〕になるほど価値あるものだった。これらを見ていけば、水中で生活する動物はどのようなものだと考えられてきたのかをたどることができる。

最初に目を通した三冊は、三人の西欧人が一五五〇年代の三年間に出版したものだった。三人とも似たような経歴の持ち主で、医学を学びながらヨーロッパ中を旅してまわった。三人とも顔見知りで、ローマで出会ったと考えられ、水中の生き物が大好きだった。

フランス人のピエール・ブロンは一五五三年にラテン語で『水生動物図解（De Aquatilibus）』を出版した。横長の小さな革表紙の本で、パラパラ漫画のように私の手の上に乗るが、パラパラとページをめくりながら読む類いの本ではない。狭いページには全部で一一〇種の水生動物についてのラテン語の説明とイラストがぎっしりつまっている。正確に描写されている種類（トビウオ類、マグロ類、ウツボ類、ヤツメウナギ類など）もあれば、実在する魚を漫画のように描いたものもある。フグの絵は、実物を見たことはないが風船のように膨れて満月のようになる魚という話だけを聞いて描いたと思われるような出来

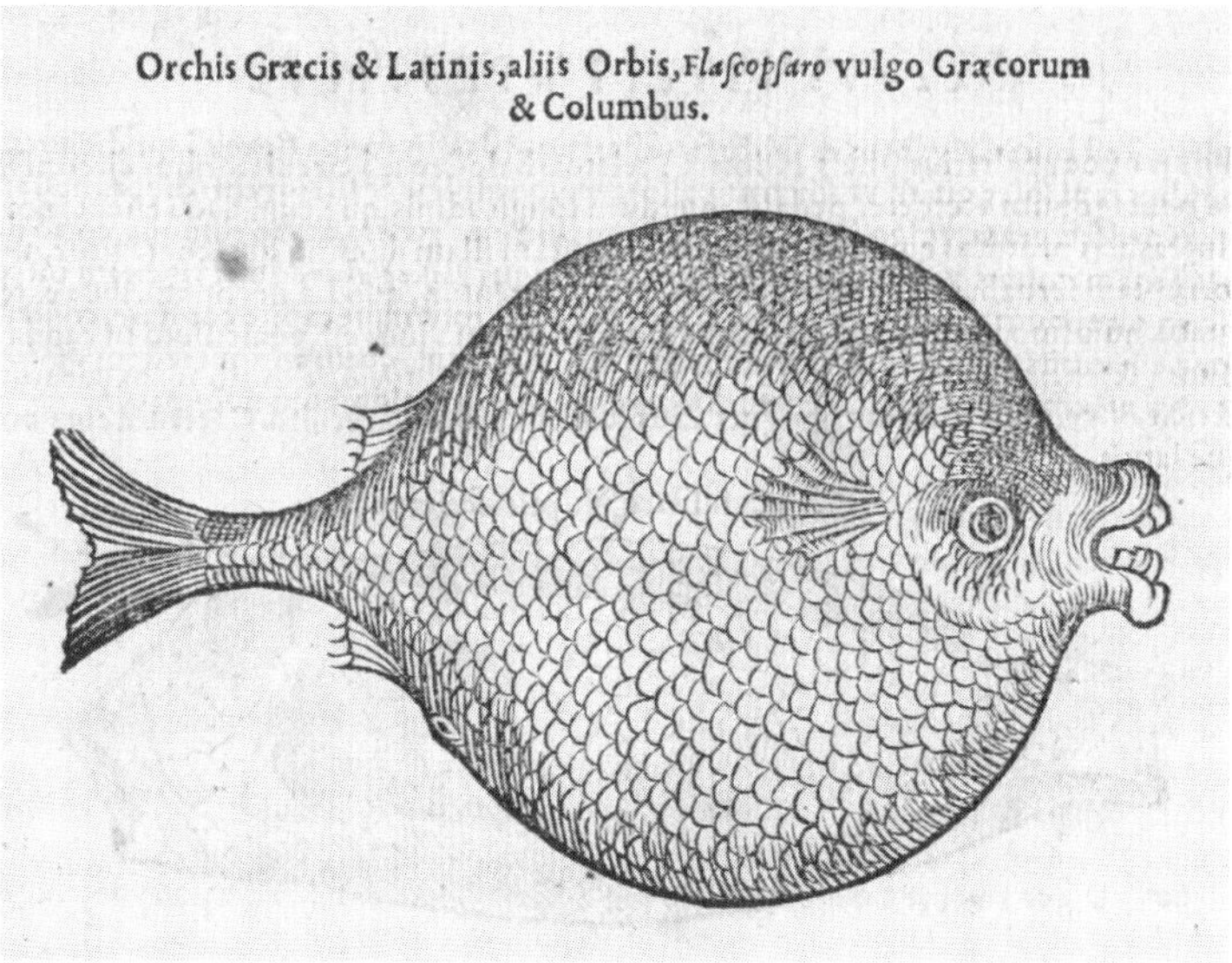

フグ　ピエール・ブロンの『水生動物図解』（1553年）より

ばえだった。

ページをめくっていくと、水中にいる生き物はすべて魚だという理論にブロンは傾倒していたことがわかってくる。それでもブロンは水中の生物を大きく二つに分けた。ひとつ目はアリストテレスの考え方を踏襲した血がない魚で、タコ、貝、ウニ、カニなどが含まれる。

二つ目は血が通う魚で、マグロ、サメなどの魚類とともに、カワウソ、イルカ、クジラ、ミズネズミ、ビーバーも出てくる。カバまで登場して、棒のようにまっすぐなワニを必死に食べようとしている（ブロンはおそらくこの二種を見たことがあるか、少なくとも、エジプトへ行ったときに話を聞いたのだろう。しかしワニの体がなぜあれほど硬直しているのかはわからない）。

この二つ目のグループには、さまざまな海の怪物も含まれていて、おそらくは中世の動

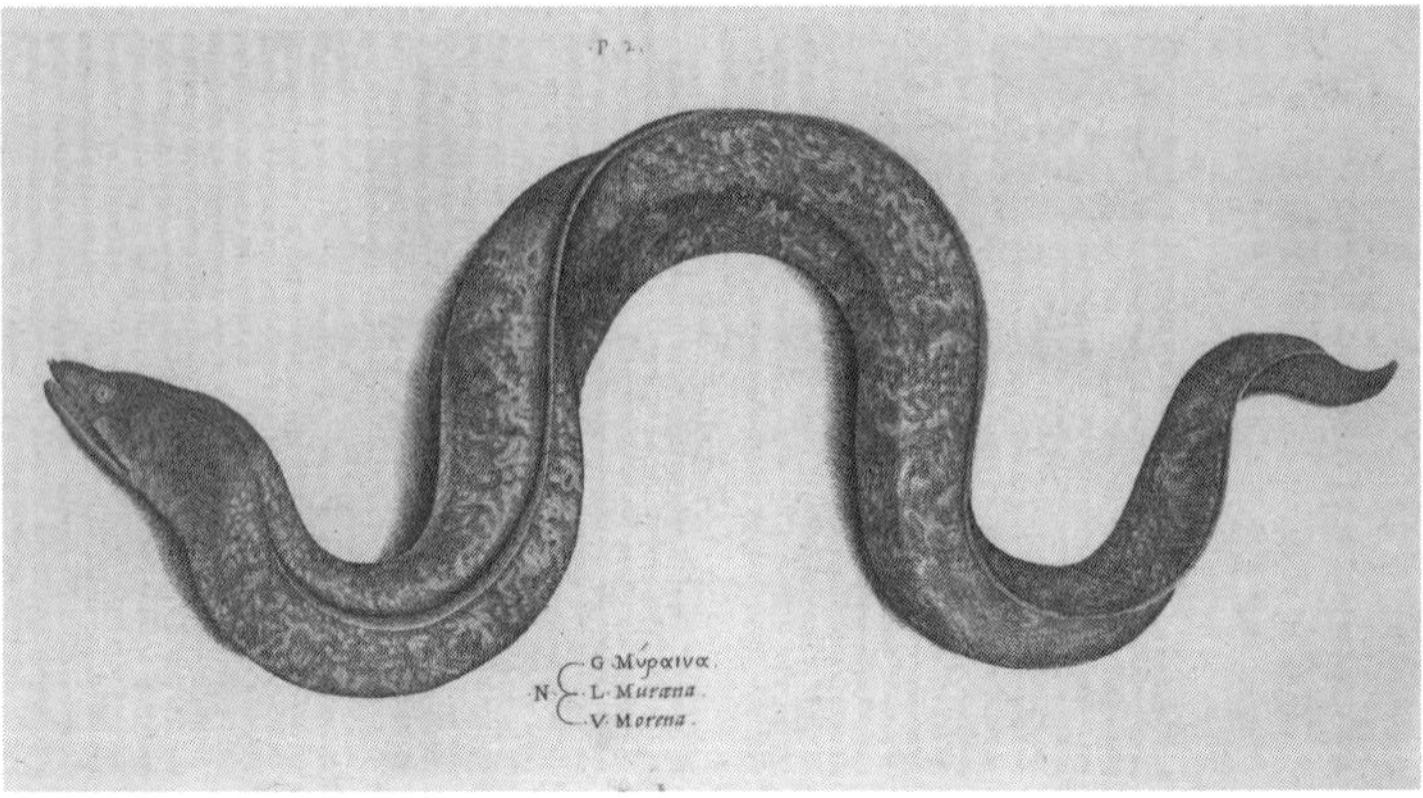

ウツボ　ヒポリトス・サルビアニの『水生動物の歴史』（1554年）より

物寓話集から拾い集めたものだろうが、大きな魚を頭からかぶって聖職者のようないでたちで歩きまわる紳士面をした魚司祭も登場する。

ブロンは魚類学の創始者としても知られているのだが、その本のたった一年後には、ほかにも二冊の魚の本が出版された。一五五四年には同じフランス人のギヨーム・ロンドレがラテン語の『海の魚（De Piscibus Maini）』を出版した。全部で二四四種を紹介しているのでブロンの本よりも種数が多いが、こちらもアリストテレスと中世の考え方が入りまじっている。ロンドレもイルカやワニやさまざまな無脊椎動物とともに、鱗に覆われてヒトの顔をしたライオンのような神話に出てくる野獣もいくつか紹介しているが、自分の目で実際に見たことがないという理由で実在を疑問視している。

その同じ年に、もう一冊魚の本が出版された。ここまで紹介したものの中ではいちばん出来がよい。イタリア人の学者だったヒポリトス・サルビアニが出版した『水生動物の歴史（Aquatilium animalium historiae）』という本で、年代を経てバラバラになった本を綴じている紐をほどいてページをめくったら、九六種ほどの動物の精密な銅版画の図版が収録されていた。ブロンとロンドレの本にちりばめられていた木版画の太い線の図版と比べると、サルビアニの版画の魚たちは生きているようで、体を膨らませたフグが本から私を見上げていて、両手で持ち上げればば手ざわりがわかるようだった。ウッボは本のページをくねくねと動いているように見える。

このようにブロン、ロンドレ、サルビアニの三人は、その一八〇〇年前にアリストテレスが始めた科学的な研究や魚の楽しみ方に新しい息を吹きこんだ。しかし、魚とは正確なところ何なのか、ほかの動物との違いは何なのかという問いには答えられないままだった。それでもとにかくこれらの本が出版されたことによって、魚類学が古い時代から続く動物学の研究分野として認められることになり、そのあと別の本が出版されるまでは、これら三冊の本が重要な魚類図鑑として広く影響力を持った。そして一世紀以上あとになって新しく出版されたその本は、すべての魚の書籍の中でもっとも悪名高いものとして知られる。

ロンドン王立協会を苦境に立たせた本

その問題の『魚の歴史（De Historia Piscium）』は、表紙に名前があるイギリス人のフランシス・ウィラビイが没して一四年ほどあとの一六八六年に出版された。ウィラビイの友人でもあり、かつて師でもあったジョン・レイが本を完成させるための作業のほとんどをこなした。二人はケンブリッジ大学で知り合い、その数年後に自然史を塗り替えるような本を出版するための素材を集めるという壮大な野心を胸に、ヨーロッパ中を旅してまわった。その本は本物の生き物を詳細に観察して書かれることになっていた。

レイが植物を担当し、ウィラビイが鳥と昆虫と魚を担当した。一六六三年から一六六六年にかけて二人はイギリス、フランス、ドイツ、オランダ、イタリアを船や馬や馬車にゆられて旅してまわった。行く先々で標本を集め、本や絵を買い、ほかの学者が動物を解剖して体の内部を調べる現場に立ち会った。

ところが二人がイギリスに戻ってすぐに、標本を整理している最中にウィラビイは胸膜炎（肺の炎症）によりたった三六歳で死去してしまった。そこでレイがあとを引きつぎ、友の作業を完結させることにした。最初に鳥類の『三冊組の鳥類学（Ornithologiae Libri Tres）』が一六七六年に出版された。そしてレイは次に魚類に取り組んだ。

こうして、ウィラビイの発案で始まった出版事業には、レイの自然界に対する考え方が色濃く反映されることになった。作業を始めた当初からレイは、水生動物について知られている事実（つくりごとも含めて）を網羅した百科事典をつくるつもりはないと言っていた。ということは、半人半鳥や魚司祭はもはや含まれないことになる。レイは魚の定義をアリストテレスの定義に合わせた。つまり、水の中だけで生活している、足や毛がない動物ということになる。この定義なら、クジラ目は乾いた陸上では生きていけないので含まれることになったが、カバとワニは省かれた。また、カニ、貝、クラゲなどほかの無脊椎動物をすべて省くという大きな前進も見られた。かくして本物の魚と見なされるためには背骨を持つことが必須の条件になった。

これらの方針に加え、レイは「種数の増大」と呼ばれていた問題を解決するためにたいへんな労を費やした。観察記録が曖昧だと同じ動物に違う名前がいくつもつけられ、種数が増えて混乱のもとになる。この異名の問題は現在でも尾を引いている（今日知られている異名がいちばん多い動物はホッキョクタマキビ（*Littorina saxatilis*）と呼ばれる北大西洋に生息する巻貝で、少なくとも一一二八種類の学名がつけられた）。レイは外見の特徴に注目して混乱を収拾しようとした。また、読者には魚をよく見て正しい同定をするように求めた。それゆえこの本は世界初の魚を同定するための図鑑になり、慎重に選んで収録した魚種は四二〇種にのぼった。

『魚の歴史』を刊行する際には、ロンドン王立協会が一〇〇部購入することを条件に、オックスフォードの司祭が印刷費用を個人的に出資すると最初は約束していた。しかし最終的には王立協会が印刷費を負担することになり、これがもとで、まだ設立されてから三〇年も経っていなかった学術団体である王立協会[2]がもう少しで破産するところだった。

こうした事情にもかかわらずレイは出版に向けて原稿の準備を進め、王立協会の会員が一〇カ月かけて文章を練り直したり、魚の名前を見直したり、誤植をなくしたり、特に図を増やすのを手伝った。図を入れるかどうかレイはまったく決めていなかったのだが、読者が自分で釣った魚を正確な魚の絵と見比べながら同定するのがいちばんよいと確信するにいたった。挿絵を新たに用意するのは費用がかかりすぎたので、レイと王立協会の会員は、すでに出版されている本の中でいちばん出来のよい絵を選ぶことにした。選んだ絵は本から切り抜かれ、彫刻師集団にわたされ、一ページ大の図版が一八七枚作成された。

しかし、このように複製した図版でも出版する本に載せるには費用がかさみすぎた。本を完成させる財源を確保するために、魚の図版について一魚種一ポンドの寄付をするよう王立協会の会員やほかの著名な学者に頼んだ。そして魚種名の隣には寄付者の名前が印刷されることになった。

2——王立協会の最初の正式名称は「自然界についての知見改善ためのロンドン王立協会」だった。

大学図書館で『魚の歴史』を開くと、詳細な魚の図版や、よく知られた魚の名前がたくさん目に飛びこんできた。トビウオ類の図版はサルビアニの本の複製であることは明らかで、脇にS・ピープスという名前が印刷されていた。この魚の本が一六八六年に出版されたころにサミュエル・ピープスは、一〇年にわたる日記を完成させて名が知られるようになっていた。当時ピープスは王立協会の会長で、本の制作には寛容だった。ピープスの名前は、シュモクザメ類や「青鮫（たぶんウバザメ）」など八〇枚の図版に登場する。図版のスポンサーには、ほかにも化学者のロバート・ボイル、蒐集《しゅうしゅう》家のハンス・スローン、建築家のクリストファー・レンなどが名を連ねた。

寄付額は合計で一六三ポンドになったが、これでは最終的にかかる費用に遠くおよばず、残りの三六〇ポンドは王立協会が支払わねばならなかった。その費用のほとんどは版画の制作に費やされた。本は五〇〇部印刷され、一冊およそ一ポンドで販売された。また、良質の紙を使ったものはそれより高い値段で販売された。本が売れれば経費は簡単に回収できたのだが、王立協会はレイの豪華な魚の本の需要を見誤り、大量に売れ残ってしまった。その結果、同じ年に本を出版したかった別の科学者が出版を見送ることにしている。

負債を抱えた王立協会は、万有引力の理論と、その理論によって惑星や彗星などの天体の動きを説明したアイザック・ニュートンの金字塔となる研究をまとめた『自然哲学の数学的諸原理（Principia）』の出版支援をあきらめざるをえなかったのだ。王立協会のかわりにニュートンの友人で王立協会会員だったエドモンド・ハレーが名乗りを上げて出版のための費用を立て替えたので、画期的な自然科学の本が出版されることになった。

エドモンド・ハレーは定期的にやってくる彗星の出現を正確に予見したことでよく知られ、その彗星はハレー彗星と呼ばれているが、魚についても多大な貢献をしている。数年にわたって世界各地の学術探検隊の指揮をとり、海外から王立協会へ魚の図や説明を書き送っている。釣り鐘型の潜水探査艇も発明して、一七一四年に「水中で生活する技術」という題の記事を学術雑誌に投稿し、その装置で一時間半ほどテムズ川に潜って川底の魚の観察も行なっている。そしてニュートンの本が出版された一六八七年には、五〇ポンドの王立協会の給料のかわりに『魚の歴史』を五〇冊受け取っている。

レイとウィラビイの魚の本は財政的には赤字になったが、本自体は悪いものではなく、王立協会が魚類学をとても重んじていることを示すことができた。著名な科学者たちが多大な費用を負担しただけでなく、多くの会員がかかわって本の修正や増補にかなりの時間を割いた。出来上がった本は、慎重な命名が行なわれたという面から大事な科学の進展を示す学術書と認められ、魚はどのような動物なのか、生命の進化系統樹のどこに魚が位置するのかを決めるための大きな一歩になった。

魚を分類する

さらに五〇年後にまた別の魚の本が出版された。こちらも故人だった男の名前で出版されている。ピーター・アルテディはスウェーデンのバルト海北端にあるボスニア湾の海岸沿いの町で生まれ育った。その町で魚についての興味が芽生え、一一歳のときにはすでに魚について調べたり解剖したりしている。そして、残りのあまりにも短い人生を魚のことを調べて過ごすことになった。

当時は医者がいちばん科学に近い職業だったので、アルテディはスウェーデンのウプサラ大学で医学を学んだ。そしてウプサラにいるあいだに、種の命名の研究に革新的な業績を残したことで知られるカール・リンネと親友になった。二人が自然界についての考えを述べ合ったり発展させたりするために一緒に時間を過ごしたのは一七二〇年代後半のことで、リンネの名が知られるようになるかなり前のことだった。

アルテディは海外でさらに医学を学ぶため、そして同時に魚の研究を推し進めるために、一七三四年にスウェーデンを離れた。ロンドンへ行ってハンス・スローンに会い、大英博物館設立に寄与したコレクションの一部をなす魚の標本を調べている。次に医学の学位取得のためにオランダへ行き、そこでまたリンネと再会することになった。

そのときアルテディは貧乏のどん底だったので、リンネはアルベルトゥス・セバを手伝えば少しお金がもらえると教えた。セバは有名な蒐集家で、東インドや西インドから船乗りや商人がセバのために持ち帰った動物標本の図鑑を編纂していた。しかしアルテディが魚を調べるのはこれが最後になった。アムステルダムにあるセバの家で友だちと夜遅くまで過ごしたあと、未明に家へ帰る途中で運河に転落して溺死してしまったのだ。

二日後にリンネは訃報を聞き、アムステルダムに駆けつけた。大家と会ってアルテディの借金を清算し、そのかわりに亡くなった友が書いていた魚の原稿を五つもらい受けた。そして三年後にリンネは、その原稿を編集して一冊の本にまとめ、『魚類学（Ichthyologia）』という題で出版した。[3]

大学の図書館の本の山から私が次に手に取ったのはこの本だった。ペーパーバックの小説くらいの大きさの本で、見返しは大理石のような模様の紙で装丁されている。図やイラストはなく、魚の名前と説明が並ぶ。当時この本は、他《た》に類を見ない魚の本だった。

アルテディはそれ以前の学者と違い、新しい魚の調べ方をした。多数ある魚の名前を整理しようとしたジョン・レイの野望をアルテディも受けついでいたが、さらに一歩踏みこむことにした。私がここまでで紹介した図書館の魚類学の書籍をアルテディは何年もかけて読みこんだ。異なる言語でつけられた魚の名前を解読し、同じ魚につけられている名前を整理し、さまざまな名前を参照しながら、国や執筆者が違っても同じ種類の魚の話をしていることがいかに多いかを明らかにした。

そして、名前を整理した魚種を、長い時間をかけてグループ分けした。まず動物界に綱《こう》という区分をつくり、哺乳類、鳥類、魚類はそれぞれひとつの綱にまとめた。さらに魚類の綱を、骨格が骨なのか軟骨なのか（軟骨の魚はコンドロプテリギー）、鰭に棘《とげ》があるかないか（ある魚は「アカントプテリギー」、ない魚は「マラコプテリギー」）、鰓《えら》が露出しているかいないか（露出していれば「ブランキオステギ」）によって目《もく》という区分に分け、クジラ目もまだ魚と見なされていたので「プラギウリ」という目にして、合計五つの目に分けた。さらにこれらの目を「マニプル」に分け、さらに属に分けたのちに種に分けた。[4]

アルテディの『魚類学』には五二属二四二種の魚が収録されている。西欧の学術界で知られていた世界の魚の確定的なリストとしてはもっとも種数が多い。ヨーロッパ近海で見つかっていない種もいくつか収録されていたので、魚の研究範囲を押し広げることにもなった。スローンとセバが蒐集した標本の

3――海洋学者のセオドール・W・ピーチュの歴史小説『ピーター・アルテディの不可解な死（The Curious Death of Peter Artedi）』では、アルテディとリンネの交友関係（おそらくは恋人関係）が語られる。リンネは威張った無慈悲な天才として描かれ、アルテディの魚の原稿を手に入れてライバルの成果を自分の業績にするために殺人を計画したという設定になっている。小説に書かれた事件の真相は不明のままだ。

4――現代の生物学者も生物を同じように系統づけて分けるが、呼び名が異なる。現在の階級的区分では、上の階級から、界《かい》、門《もん》、綱《こう》、目《もく》、科《か》、属《ぞく》、種《しゅ》となる。

うちアルテディが命名した外国産の魚は、熱帯サンゴ礁のチョウチョウウオ類が七種と、南米産のヨツメウオ属だった。

アルテディは魚を分類する際に、詳細な実物標本の観察も行なっている。ほかの人が調べた内容を言葉を変えて書くだけでは心もとなかったので、自分の目で実物の魚を見なければならなかった。魚類に限らず、それまでのどのような自然史の分野でも誰もしたことがないほど細部を詳細に調べた。鰭の棘、鱗、歯や脊椎骨の数をかぞえ、内臓の絵も描いたので、ひとつの標本を調べるのに何日もかかった。アルテディの本からは、生物種を同定する分類学という根気のいる分野を垣間見ることができる。

アルテディが分類学の世界ではほとんど忘れられた存在になったのとは対照的に、リンネは現代の分類学の創始者として知られる。リンネの新しい秩序に則った生物世界の展望の陰には、先に没した友人がつくり上げた要となる考え方が隠れている。リンネの有名な『自然の体系』は、種は属にまとめられ、属は科にまとめられ、さらに上の階級にまとめられるという、アルテディが考え出した動物の分類体系にしたがっている。リンネは、アルテディが記載した魚種を数種をのぞいてすべてこの本に収録した。

クジラ目を魚の一種と見なすのを最初にやめたのはリンネで、クジラ目は確信を持って哺乳類に分類している。クジラ、イルカ、マナティー、イッカクがほかの水生の脊椎動物と大きく異なることにアルテディが気づいていたのは確かだが、背骨があって水中を泳ぐ動物を同じ分類群にするという伝統から抜け出すことができなかった。それをやっとうまく分離させたのがリンネで、海洋哺乳類という考え方を導入した。そうしたら真の魚は二三〇種になり、今日でもこれらはすべて魚種として扱われている。しかし世界の海には、それよりはるかに多数の魚種が存在する。

それから一世紀のあいだ、数多くの探検家や博物学者が、新種の生物（多くの場合は魚）を見つけて命名したいなどといった野望を胸に、世界中を探検してまわった。北米大陸の川や湖、アイスランドやシベリアの凍りついた海、紅海やインド洋の島々の温暖できれいな水の海域といった場所から、何千種もの新種の魚が科学の世界に姿を現わした。

　動物を捕まえて標本として保存した探検家だけでなく、デスクワークや本の編纂を担当した人たちもいた。多くはヨーロッパに拠点をおき、遠方の浜から怒濤のようにもたらされる新しい標本を解説する論文をせっせと書いたり書き直したりした。なかでもたくさん論文を書いた人がいるのだが、水生動物に関する第一人者としては名前がそれほど知られていない。それでも本を何冊も出版して、魚類学の新しい時代を切り拓いた。

　希少本の部屋へ話を戻そう。魚の本の山は残り少なくなった。残りはあと三冊で、それは記念碑的な二四巻の図鑑の中から抜き出した三冊だった。その二四巻の図鑑は長いあいだ魚類学のもっとも権威ある大著とされてきたもので、今後もそれは変わらない。編纂は一八二八年に始まり、最終的に編纂が終わる一八七〇年まで四〇年あまりを要した。執筆者たちはこの『魚の自然史（Histoires Naturelles des Poissons）』の完成を見ずに亡くなっているが、本は今でも命を永らえている。

　最初に執筆を始めたのはフランス人の動物学者ジョルジュ・キュビエで、当時はパリの国立自然史博物館に在籍していた。キュビエは異なる生物種の体の類似点を研究する比較解剖学の先駆けだった。地球はかつて巨大な爬虫類に支配されていたと最初に言い出したのもキュビエで、生物種は絶滅することもあるし現に絶滅した種もあるとして、懐疑主義的な科学の確立を促した。また、地球上で知られている魚をすべて図鑑に収録したいという遠大な野望も抱いていた。そのためにキュビエは魚の標本をほかの誰よりもたくさん蒐集した。世界中を旅してまわって魚を集める共同研究者のネットワークを立ち上げ、酢漬けにした魚はパリにいるキュビエのもとへと送り届けられた。キュビエはパリに腰をすえ、すべての魚を同定・分類・命名する作業を担当し、『魚の自然史』に着手した。

生きているように見える魚の図版を満載したその一冊を私は開いてみた。銅版画の図には手作業でフルカラーの色が塗られ、どの図も現代版の魚類同定図鑑の図版と遜色ない。私が知っている魚も次々と登場する。大きな丸い目をした赤いイットウダイの仲間、オレンジ色の体に白い帯が走るクマノミの一種、そして立派なメカジキ類やバショウカジキ類は、観音開きの二ページにわたって描かれていた。

一八三二年に没するまでキュビエは、次々と出版した書籍に数百種にのぼる魚の詳細な説明を書き続けた。そのあと、キュビエの教え子だったアシル・ヴァランシエンヌが一人であとを引きついだ。二人が出版した本は二二巻になり、四五一二種の魚を収録したので、アルテディのときから一〇〇年も経たないうちに魚種の数は飛躍的に増えたことになる。しかし、これでもまだ大著は完成していなかった。一八六五年には別のフランス人の動物学者オーギュスト・デュメリルが、キュビエとヴァランシエンヌには収録しきれなかったチョウザメ類、ダツ類、サメ類をつけたして、さらに二巻を出版した。それまでにつくられたなかでも最高の魚図鑑の最後の二巻だったが、これらが付け加えられたことで、本当は新種の魚の探索はまだ始まったばかりだという印象を与えることになった。

生命の樹の中の魚の枝

図書館の希少本の部屋をあとにして金属製の狭い階段をのぼり、一五〇年前の世界から現実の世界に戻ることにする。そして、それほど貴重ではない本が保管されている書棚を開け、魚についての最新の本を探した。

米国人の魚類学者ジョセフ・S・ネルソンの六〇〇ページの『世界の魚（Fishes of the World）』がいちばん新しい。この本には魚の種類の一覧はない。一覧をつくるには数が多すぎたからだ。そのかわり、これまでに発見されて命名された魚のうち全部で二万七九七七種についての図が収録されていて、今後の調査で見つかるであろうものも含めると、大まかに見積もって魚類は少なくとも三万二五〇〇種になると書かれていた[5]。図を眺めながらページをめくっていく。黒い細い線で描かれた絵は大きな分類群（おもに目と科）の特徴だけを描いたもので、どれも魚に欠かせない特徴を備えているのがわかる。もちろんさまざまな姿をした魚がいるのだが、基本となる特徴は共通している。目が二個あり、口といくつかの鰭がある。この鰭は魚のグループによって位置が異なる。目は点のように小さいものもあれば、地球儀のように大きなものもあり、たまに目がまったくないものもある。口は小さくすぼめたものもあれば、

5——現在知られている魚の種数については、ほかの本にもいろいろな数字が出ているが、どの本も三万種前後としている。まだ知られていない種の数をどのように推定できるのか不思議に思うかもしれないが、すでにわかっている数をもとにして予測を立てる手法がある。

大きく開いた口もあり、受け口や、しかめっ面に見えるような口もある。そして鰭は、ふつうは体の後部の尾鰭、体の両側に胸鰭が一対、体の上部の背鰭、体の下側の腹鰭、それと、体の下側の後方に尻鰭がある。鰭はきれいな三角形をしていたり、角が丸い扇形だったり、長いリボンのようなものもある。尾鰭は鋭く二股に分かれているものもあれば、優雅な三日月形のものもある。

この魚の本には、ほかの古い学術書にはなかった重要な記述がある。『世界の魚』には、魚の名前を線で結んだ大きな進化系統樹があるのだ。

家族の祖先をたどる家系図と同じように、進化系統樹は生き物が互いにどのようにつながっているかを示す。人間であろうと魚であろうと系統樹からは祖先の物語が読み取れ、ある生物種が別の種へと長い年月のあいだにどのように進化したのかがわかる。以前出演したBBCラジオの番組でこの魚の進化系統樹を思い出せばよかった。そうすれば、魚なんていうものは存在しないというのは本当ですか?と聞かれたときに、いいえ確かに存在します、と答えられた。進化系統樹を見れば、なぜ存在するのかがわかるからだ。

簡単に言えば、私たちが魚だと思っている動物はすべて互いに関係があるということで、魚はすべて生命の樹の一カ所につながっている。樹冠全体に魚がまばらに出現することはなく、系統樹の枝を一本落とせば、そこに魚類がすべて含まれる。

初期のこうした図は、生き物のどこが同じでどこが違うかを比べて、姿かたちにもとづいて作成された。外見も体の内部もよく似ているものは、大きく異なるものより近縁であるとされた。そうすると、水中に生息する、背骨、鰓、鰭の形をした手足のあるすべての動物を魚としたアリストテレスの考え方に立ち戻ることになる。このほかにも、魚にはそれ以外の動物にはない特徴がある（このような特徴の多くを本書の残りの部分で見ていく)。

現在は遺伝子解析という手法を使えるので、魚類に類縁性が見られるという考え方は確固たるものになっている。どんな魚でもよいので体の一部をとってDNAの配列を解析する機械(シークエンサー)にかければ、遺伝子配列の多くがほかの魚と同じであることがわかる。共通の祖先種の魚から遺伝子配列を受けついでいるからだ。遺伝子で見るかぎり、クラゲやヒトデといったほかの生き物よりも魚どうしの配列の方が似通っている(無脊椎動物のクラゲは英語で「ジェリー・フィッシュ〈ゼリー状の魚〉」、ヒトデは「スター・フィッシュ〈星形の魚〉」と言うが、これはまぎらわしい。背骨はないし、どう見ても「フィッシュ〈魚〉」ではない)。

しかし、ささいなことではあるが、問題がひとつ残る。この問題をたどっていくとふり出しに戻り、水中を泳ぐ生き物はすべて「フィッシュ」なのかどうかという問題につき当たる。魚の進化の系統樹を半分ほど根元の方へ下りていくと、背骨があって陸上に生息する四本足の動物を指す「四肢動物」との表示がある枝が見つかる。初期の魚の本から排除されたワニやカバなどさまざまな動物がこの枝に含まれる。こうした動物がまだ系統樹の魚の枝に残っているのだ。

そこで系統樹の魚の枝を手でつかんでふってみると、魚だけでなく、ヒキガエル、コウモリ、ガラガラヘビ、ペリカン、キリン、シロクマ、ヒトといった動物がほかにもいろいろ転がり出てくる。こうした動物は、ほかの哺乳類、両生類、鳥類、爬虫類の仲間とともに魚の一群に分類されていて、すべてひっくるめて四足類になる。

生物種を見分ける生物学者が「魚」という用語についてぼやく理由はこのためだ。魚は単一系統群の動物ではない。例えば軟体動物などは、生命の樹の枝を一本落とせば、そこに巻貝も、イカも、タコも、ほかの軟体動物もすべて含まれるので単一系統群である。昆虫や花が咲く植物もそれぞれ一本の単一系統群の枝だが、魚は違う。一本の枝がすべて魚になるようにするには、四足類の枝を切り落とさなければならない。このため魚という分け方は側系統群になる。生物学者たちが不平を言うので密かに系統樹の枝を刈りこんでまわると、人為的あるいは恣意的な操作をしたと言われてしまうので、そのようなことをするわけにはいかない。

側系統群の魚は多系統群の生き物より人為的あるいは恣意的に分類されている度合いが少ないと言われる。多系統群の生き物は系統樹のあっちこっちに散在しているので、それらをひとまとめにしようとすると、系統樹の枝をいくつも切り取ってこなければならなくなる。例えばゾウとサイとカバは厚皮動物と呼ばれるが、たまたま皮膚が厚い動物群だったというだけのことで、哺乳類の中でこの三つはまったく近縁ではない。しかし考えてみれば、多系統群はうっかりできてしまったものなのだ。誰かが間違いに気づけばすぐに遺伝子解析が行なわれ、問題の生物種は正しい分類群に急いで移される。

魚ではないが、今でも多系統群のまま存続している生物集団がいくつかある。恐竜は、鳥類が恐竜から派生しているので、名称の誤りに苦しむことになった。生物学的な正確さを期すならば、鳥類は恐竜と呼ばれるべきで、もしそれが嫌なら、ティラノサウルスやステゴサウルスのような恐竜は「非鳥類型恐竜」とでも呼んだ方がよい。同じように考えると、魚は「非四足類型脊椎動物」になる。しかしふつうは鳥類・恐竜・魚類で問題はない。

分類学の規則に厳密にしたがうなら、人間は陸生のほかの四足類とともに魚類に分類される。しかしそれでは何かと都合が悪い。ネルソンは『世界の魚』で、このような多系統群的な傾向があることを認めたうえで、一生のあいだ鰓を持ち、鰭の形をした四肢を有する水生の脊椎動物を単純に魚類と分類することにこだわっている。ネルソンも述べているが、魚類という語は正直なところ便利な用語なのだ。魚類から四足類が生まれたということで折り合いをつけさえすればよい。魚の中には、ずっと水に入らなくても生きられるよう進化したものがいて、そこから両生類が生まれ、そのあと爬虫類や鳥類や哺乳類が生まれた。ほかの魚は水中にとどまり、それぞれに独自の進化を続けた。そのようなことが、どのように、いつ起きたのかを知るためには、生命の樹の魚の枝をもっとよく調べなければならない。そうすれば、魚とは正確には何を意味するのかもわかるだろう。

海の女神セドナ——イヌイットの伝承

はるか北の地の集落にセドナという娘がいて、多くの男がセドナに結婚を申しこんでいた。しかしセドナはその申し出をすべて断り、遠くの国から狩人がやってくるまで独身を通した。その男は食料や毛皮をたくさん与えると約束したので、セドナはその男と結婚することにした。

二人がその男の住む島で暮らし始めると、男はじつは人間ではなく鳥人であることがわかった。セドナは怒ったが、島から出ることができなかった。それを伝え聞いた父親は、セドナを助けにやってきて鳥人の男を殺した。父親とセドナがカヤックで島を脱出しようとしたところ、ほかの鳥たちが父親の行ないを知って追いかけてきた。鳥たちは翼を羽ばたかせて激しい嵐を引き起こし、父親はそれにおびえてしまった。そこでセドナを氷が漂う海の中へ放りこんで鳥をなだめようとした。セドナは船べりをつかんでよじのぼろうとしたが、父親はセドナの指を切り落とした。このとき切り落とされた指がクジラやアザラシや魚になった。そのあとセドナは海の中で生活するようになり、水中のすべての動物を支配した。体は人間だが魚のような尾がある。海をのぞきこめば、長い髪を海藻のように水に泳がせるセドナが見えるかもしれない。

イヌイットの人たちはセドナを畏《おそ》れ敬う。食料にしている動物が足りなくなると、シャーマンが魚に姿を変えて海の底へセドナに会いに行き、からまった髪をとかしてきれいな三つ編みに結い上げる。これをセドナは喜び、深い海の底から動物を放して人間が捕まえられるようにする。

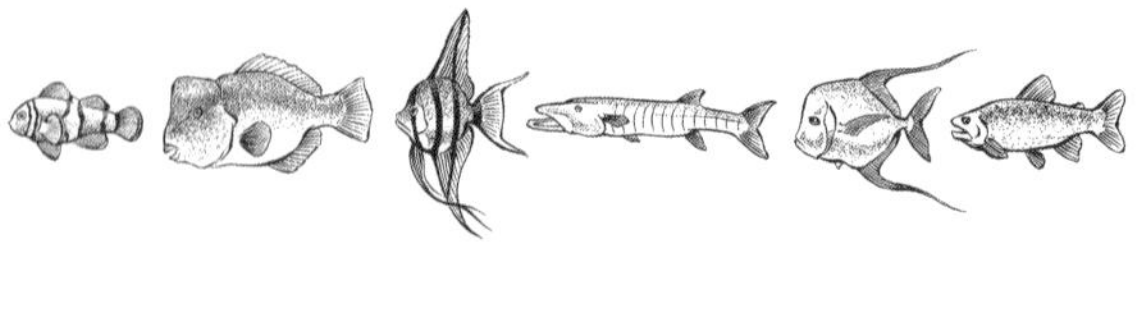

chapter

2 深みをのぞく

——進化の系統樹をたどる旅

チャールズ・ダーウィンは、ビーグル号の航海を終えてイギリスへ戻った翌年の一八三七年七月に、ノートを手に取って小さな枝だけの木を描いた。その木のてっぺん付近の枝分かれした枝にA、B、C、Dと記号をつけ、その横に「と思う」と書き加えた。

そのあとダーウィンが『種の起源』を出版するまでに二二年の歳月を要したが、そのときに描いた枝だけの木が、進化の道筋を目に見える形で示す最初の図になったようだ。それよりかなり前から生命の樹という考え方は存在したが、その木がどのようにできたのかを初めてすっきりと説明したのがダーウィンだった。

時代は瞬く間に過ぎて二〇一六年になり、ネイチャー・マイクロバイオロジー誌に「新しい生命の樹についての考え方」という題の論文が載った。遺伝子配列をもとにした研究成果で、最近までは見つけようがなかった数十種にのぼるバクテリアやほかの微生物が紹介されている。ダーウィンが描いた見栄えのよい木の枝とはほど遠い形をした、海藻の葉状体が好き勝手に成長しているような図が添えられている。しかし、どちらの木も根底にある考え方は同じだ。ある生物は別の生物から生まれてきて、すべての生き物はつながっている。

いちばん古い時代の生き物は木の根元に位置し、自然選択によってほかの系統の生物が枝分かれして枝を上へとのばしていった。これを覚えておくことが、進化の系統樹を読み解くときに重要な鍵になる。根元の幹につながる枝の分岐部には、分かれた先の枝の両方に共通の祖先種が位置することを知ってお

現生種がいる12の動物群の関係を推定して描かれた魚の進化の系統樹

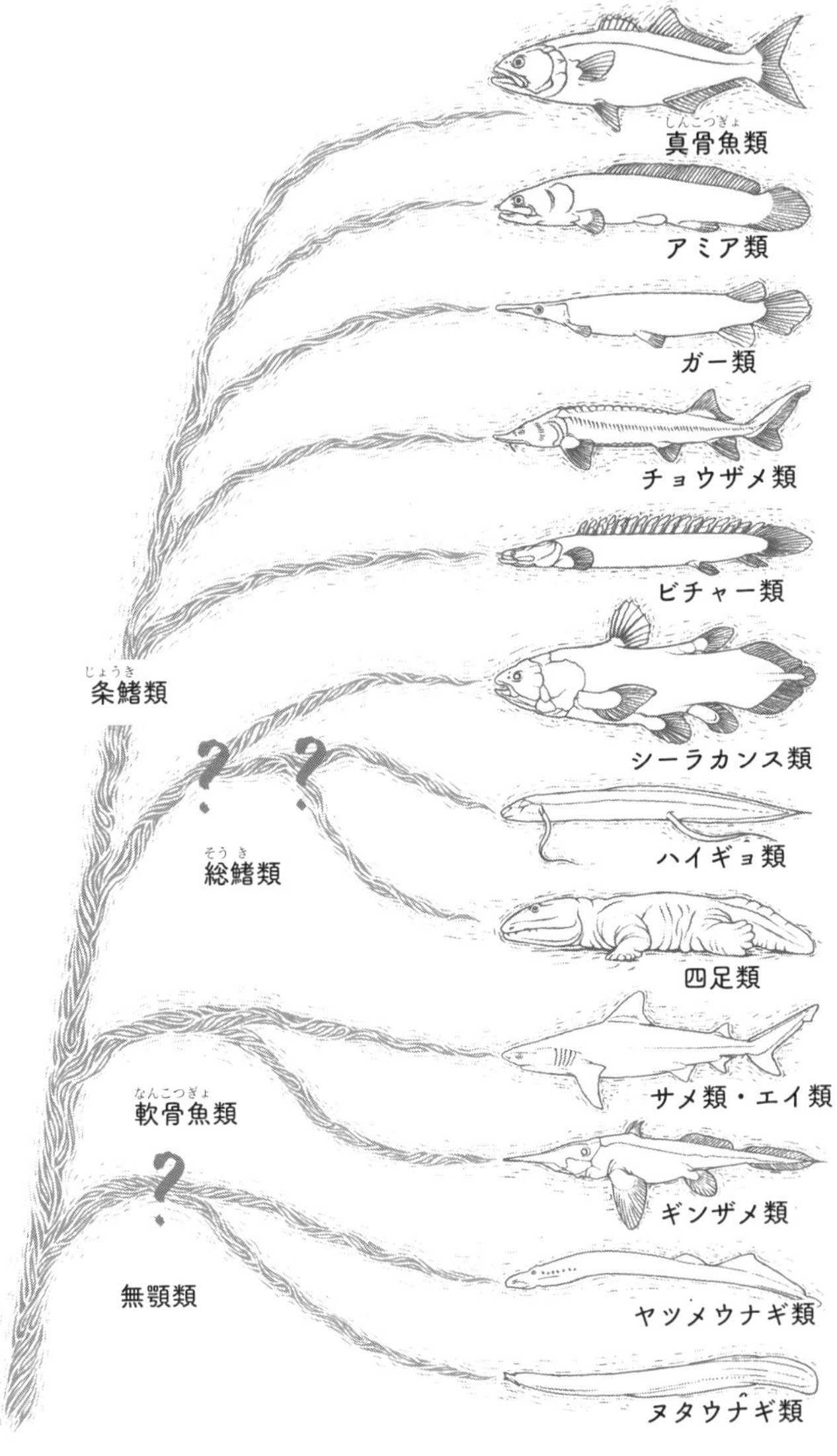

くことも大切だろう。人の家系図で言うと、従兄妹《いとこ》たちには共通の伯父や祖父母がいるのと同じことになる。そのような祖先種がどのような姿をしていたのか、あるいは、いつごろ生存していたのかは、進化の研究で判明することはめったにない。また、単一の個体が祖先だったわけでもなく、生物の集団が分裂して、それぞれが徐々に進化した結果、別の種になっていった。

生命の樹の魚の位置を見ると枝が密集しているのがわかる。魚の進化系統樹には最終的に三万種の魚が含まれることになるだろう。ネルソンの『世界の魚』に描かれる系統樹ですら数ページが割かれていて、それには七上綱《じょうこう》〔分類学上の綱のひとつ上の階級〕六二目《もく》の魚類が含まれる。しかし数が多いからといってひるむことはない。さまざまな魚の生活を見て歩くのに、それほど複雑な系統樹は必要ない。余分な種を含まない枝や小枝を一二本だけ考えればよいのだ。そうすると魚類の系統樹が大きく刈りこまれてしまったように感じるかもしれないが、必須の系統はこれら一二グループに含まれるので重要な点を見落とすことはない。

この進化の系統樹をこれから見ていくことにするが、地面から木に登るように枝が広がる先へと見ていくのではなく、枝のいちばん先から始めて、そこから地面へと木を下りていくように見ていこうと思う。この一二グループに属するもののほとんどは多かれ少なかれ今でも生息している魚種で（系統樹には絶滅した種も含まれているが、それについてはあとで述べる）、枝分かれする部分には、そこから上の複数の枝に共通の祖先種がいる。下へおりるほど古い時代の祖先種がいるので、魚の系統樹の探索を続けると、過去の時代へと旅をすることになる。つまり木を下りていくと、はるか古い時代に生きていた魚のグループに直接つながる系統の現生種に出会う。だから、枝の先から木を下りていく旅は、いちばん最近分岐した魚のグループから始めることにする。現在いちばん重要な魚のグループでもある。

生命の樹で最初に出会う魚のグループ――真骨魚類《しんこつぎょ》

どんな魚でもよいので魚を一匹思い浮かべてみよう。頭の中を泳ぐのは真骨魚類である場合が多いだろう。真骨魚類は魚の進化の系統樹を下りていくと最初に出会うグループで、圧倒的な種数を誇る。真骨魚類は全魚種のおよそ九六パーセントを占め[1]、これゆえ、姿かたち、行動、生息する環境が多岐にわたるのも無理はない。

水さえあれば、そこには真骨魚類がいる。例えば庭の池ではキンギョが泳ぎ、ハワイには唇を岩にひっかけながら滝を登るハゼの仲間がいる。ヒマラヤ山脈の高山には人間の大人くらいに成長する大きなナマズの一種がいて、人間が食べられることもある。銀色に輝くイワシ類やニシン類の集団は、メカジキ類、バショウカジキ類、マグロ類やカマスサワラといった大型の肉食魚に追われながら大海を泳ぎまわる。

地球上の海でいちばん冷たい、南極大陸のまわりの氷の海に生息する真骨魚類もいる。零度付近の水温の海に生息するコオリウオ科の魚は、体が凍りつかない仕組みを何か備えているのだろうと、長いあいだ生物学者たちは考えていた。極地の海は塩分が高いので凍らないが、生き物の体の組織はそのような高い塩分濃度に耐えられない。米国カリフォルニア州スタンフォード大学のアーサー・デブリースは、

1――これまで真骨魚類にはさまざまな分類学的な階級が与えられてきた。今は一般に亜科と目のあいだのどこかに位置すると考えられている。

一九六〇年代にコオリウオ科の魚の血液中に、氷の結晶が成長するのを抑える糖タンパク質が含まれているのを発見した。魚版の耐凍性を発見したことになる。その後、似たような分子がほかの多くの真骨魚類からも発見されている。カジカ類、ヒラメ類、ニシン類、タラ類はいずれも独自の耐凍物質をつくる遺伝子を持っていて、水温が低下するとその遺伝子のスイッチが入る。

魚の中でもっとも深い海域に生息するのも真骨魚類になる。海面から数千メートルの深淵には、海底で長い鰭《ひれ》を三本の足のように使うチョウチンハダカ類がいて、目の前を獲物が通り過ぎるのを待ちかまえている。アシロ類とクサウオ類はそれよりもっと深いところにいて、脊椎動物の中でもっとも深い海に生息する種類になる。どちらのグループの方が深いところに生息するかという点では、もっとも深いとされるマリアナ海溝の底に達しない水深八〇〇〇メートル付近の海底で両種とも見つかっているので、正直なところ僅差で勝負がつけられない状況だ。どちらも柔らかくて透明な鰭があり、あまり機能しないと考えられる小さな落ちくぼんだ目を持つ。アシロ類の中には、あまりにも目が小さいので「のっぺらぼう」と呼ばれるものもいる。

水がわずかしかないところでも真骨魚類は生き延びるすべを身につけてきた。米国の中央部には地球上でもっとも暑い砂漠とされるデスバレーがあり、その石灰岩層にある地下湖のひとつには、そこにだけ生息するキプリノドン類の一種〔*Cyprinodon diabolis*〕がいる。一九七〇年代に研究者が個体数を数え始めたところ、三五匹から五〇〇匹あまりのあいだで生息数が変動していることがわかった。いちばん最近の調査では一一五匹で、この魚は世界でもっとも希少種であるという心細い栄誉を手にしている。二〇一六年四月には、柵で囲ってあった地下湖に酔っ払いが入りこみ、池に飛びこんで嘔吐したあげくに数匹の魚を踏みつけ、少なくとも一匹が死んだ。さらに悪いことに、酔っ払いが立ち去ったあとには下着のパンツが二枚残されていた。

真骨魚類の中には、水が少なくなっても移動しながら生き延びることができる種類もいる。東南アジアのヒレナマズの仲間（英語で「歩くナマズ」〔*Clarias batrachus*〕）は、生息している池が干上がってくると、鰭で陸地を這って池をあとにし、別のもっと湿った場所を探す。メダカのようなマングローブ・キリフィッシュ〔*Kryptolebias marmoratus*〕は、水がまったくなくても、木の穴や、カニがあけた穴、ヤシの実の中などに隠れて、皮膚から酸素を吸収しながら数カ月は生き延びる。体が熱くなりすぎると、空中に跳びはねて体を冷やす。

いちばん大きな真骨魚類はマンボウだろう。体は平たい円盤形で直径が三メートルにもなり、重さが二トンになるものもいる。[2] 英語では「泳ぐ頭」とも呼ばれ、尾がなく、長い背鰭と尻鰭を左右にぴくぴく動かしながら泳ぐ。英語の標準名の「太陽の魚」は、海面に横になって浮いて日光浴をする姿にちなんでつけられた。この様子から、のんびりとした穏やかな性質の魚だと考えられてきたが、二〇一五年に東京大学の中村乙水らのグループがマンボウの体に水温と深度を計測するデータロガーと小さなカメラを取りつけたところ、マンボウはクラゲを追って冷たい深海に勢いよく潜水したあと、冷えた体を温めるために水面に横たわることが明らかになった。

2——最近までマンボウ類は四種いると考えられてきて、よく知られていたのがマンボウ（*Mola mola*）だった。しかしオーストラリアのマードック大学のマリアン・ナイエガードが、四年間探し続けた末に二〇一七年に五種目を見つけ、カクレマンボウ（*Mola tecta*）と名づけた。

魚の進化の系統樹では「真骨魚類」はもっとも外側にある枝になる。本質的にはなんら完璧な動物ではないのだが、「完璧な骨」を有する魚と呼ばれる（真骨魚類を意味する英語の「teleost」という語は、古代ギリシャ語で「完璧」や「成長しきった」を意味する「teleios」と、「骨」を意味する「osteon」を合体させたもの）。真骨魚類は、進化の系統樹でいちばん最近になって分岐した枝を占有することになった。

前述したようなさまざまな魚種は共通の特徴があるので、同じ分類群に属する。「完璧な」骨は、祖先種の骨より密度が低いが、内部を横断するように筋交いがあり、このため軽いが頑丈な骨になっている。背骨は体の前部から後部までつながっていて、尾のつけ根部分の尾柄《びへい》の手前で終わる。この背骨と尾柄のつながり具合のために、類縁関係が離れた祖先種の魚ほど尾をしなやかに動かすことができない。[3] しかし、だからこそ真骨魚類は速く泳ぐことができるとも言える。体全体を左右にくねらせるのではなく、尾を水中で力強くばたつかせることによって大きな推進力を得る。

たいていの真骨魚類はきわめてうすくて軽い鱗《うろこ》で体を包む。この鱗はコラーゲンと、ヒドロキシアパタイトというカルシウム主体の無機物質でできていて、人間の骨の大部分もこの無機物質でできている。鱗は頭の先からしっぽまで家の屋根瓦のような重なりをつくって成長し、これが真骨魚類の硬いが柔軟性のある体の鎧《よろい》になっている。

真骨魚類の顎の骨も特徴のある並び方をしていて、食物を吸いこむときに口を前方につき出せる。この口の動かし方ゆえに魚種ごとに食物の種類を変えることが可能になり、真骨魚類は何でも食べられるようになった。プランクトンを食べるものもあれば、海藻を食《は》むものもあり、ほかの魚（生きていようが死んでいようが）を食べることができ、木の葉を食むものもあれば、土をすすったり、植物の種を噛み砕いたりもできる。このあと紹介する魚はもっと食べ物の種類にうるさい。多くは厳格な肉食主義者なのだ。

真骨魚類は数十ものグループに分けられる。ピラニア類、テトラ類、カラシン類、ペンシルフィッシュ類は一六〇〇種以上、コイ類、ミノー類、ドジョウ類、ナマズ類（マウンテン・キャットフィッシュ、ベルベット・キャットフィッシュ、バンブルビー・キャットフィッシュを含む）は三〇〇〇種以上、タラ類は五五〇種以上、カレイ類は七〇〇種以上、ウナギ類は八〇〇種以上いる。

本書に登場する魚は、真骨魚類の中でいちばん大きな二つのグループに属するものが多い。そのうちのひとつ（スズキ亜目）には、暗闇で発光するヒイラギ類、水鉄砲を撃つテッポウウオ類、魚ではなく落ち葉になろうとするリーフフィッシュ類、すぐに大騒ぎをするニベ類といったさまざまな魚が含まれる。サンゴ礁で見られる魚の多くも含まれる（ハタ類、チョウチョウウオ類、キンチャクダイ類、ヒメジ類、フエダイ類、メギス類）。

ベラ類、スズメダイ類、シクリッド類は、口や歯が鳥の嘴《くちばし》や動物の出っ歯に似ていることが名前の由来になっているブダイ類（英語では「オウムダイ」）やアイゴ類（英語では「ウサギウオ」）とともに、

3——だから死んだ魚で誰かを懲らしめたいなら、真骨魚を使うことを勧める。

もうひとつの大きなグループ（ベラ亜目）に属する。シクリッド類は世界各地の淡水に生息するが、もっとも有名なのはアフリカ大湖沼に見られる一群だろう。二〇〇〇万年前から一〇〇〇万年前にかけての時期にアフリカの地溝帯に地殻の新しい裂け目ができ、そこに水がたまってマラウィ湖、ビクトリア湖、タンガニーカ湖になった。シクリッド類はそこに最初に生息した魚種のひとつで、その後、地球上のほかの地域では見られない一七〇〇種にのぼる固有種が生まれた。なかにはとてつもない速さで大きな進化をとげたものもいる。ビクトリア湖は一万二五〇〇年前には完全に干上がっていたと考えられているので、それからあとの年月のあいだに五〇〇種ほどの固有種が出現したことになる。

　完璧な骨を持つ魚がこれほどたくさんいるなら、見つけた動物が真骨魚類以外のものであることを見きわめる方が簡単だろう。そうした魚に出会うためには、魚の進化の系統樹の枝をもうひとつ下へおりる必要がある。

　例えばセント・ローレンス川やミシシッピ川といった米国東部にある川の静かなよどみを探すと、進化から取り残された孤独な魚に出くわす。水の中の植物の根のあいだや朽木の下をよく探す必要があるだろう。体は円筒形で、茶色がかったオリーブ色のまだら模様があり、成魚は五〇センチくらいになる。尾にオレンジ色の縁どりのある斑点があれば若い雄だ。背中の端から端まである背鰭を波打たせて、前でも後ろでも好きな方向へ進むことができる。

これはアミアという魚で、真骨魚類の親戚筋のグループのひとつとして、かろうじて生き残っている現生種になる。アミアと真骨魚類には、およそ二億年前の三畳紀の終わりに泳ぎまわっていた共通の祖先種がいて、アメリカ、ヨーロッパ、アジア、アフリカの海や淡水で繁栄を誇っていた。しかし今は、たった一種が北米の川や湖沼の隅っこに生息しているだけになった。

体の構造を見ると、アミアはほかの魚とは異なる独自のグループを形成する（アミア目）。水から酸素を吸収する鰓《えら》、空気のつまった風船のような浮袋（水に浮くための体内装置のような作用をする器官）、小孔や溝が並んでいて液体で満たされている側線《そくせん》（水の動きや振動を感じ取るための器官。詳細は後述）など、真骨魚類と共通する特徴もあるが、私たちにはなじみのうすい特徴がほかにたくさんある。例えば浮袋は水に浮くためだけでなく、空気呼吸をするのにも使われる。これは進化の系統樹のもう少し下の枝でも見られる特徴で、ひとつ下に位置する枝のガー類にも見られる。

北米大陸の草が生い茂る浅い川や湖沼では、アミアだけでなく、かつては世界中に分布していた別の魚の生き残りであるガー類も見つかることがある。ガー類は七種が知られていて、およそ二億六〇〇〇万年前に生息していたアミアとの共通祖先種から分岐して進化した。ガー類には連結したガラス様の鱗があり、米国の先住民はこの鱗で胸当てを覆ったり、矢尻をつくったりしてきた。いちばん大きくて凶暴なのがアリゲーターガーで、長い吻《ふん》の先に鼻の穴が二つあき、二メートルにもなる魚なのに爬虫類にそっくりな姿をしている。口の中には歯が二列に並び、すぐに抜ける点が本物のワニ（アリゲーター）とは異なるが、少し離れると見間違いやすい。二〇一〇年には生まれ故郷の米国から遠く離れた香港の湖で数十匹のアリゲーターガーが泳いでいるのが目撃された。本物のワニが現れたと地元では大騒ぎになり、行政当局がすぐに駆除した。これほどまで大きく成長するとは思わず水槽で飼っていた人たちが、もてあまして湖に放したと考えられている。

進化の系統樹をもう少し下って出会う魚は、その卵がいちばん珍重される。上から四番目の進化の枝には二七種のチョウザメ類が含まれる。魚竜や首長竜と一緒にジュラ紀の海を泳いでいたチョウザメ類の祖先種は当時からほとんど姿を変えておらず、汽水域のラグーンを恐竜が歩く足音を聞いていたかもしれない。チョウザメ類には鱗のかわりにギザギザの鱗甲《りんこう》がある。鼻先は筋肉質で上方に曲がり、電気信号を感じ取る小孔が多数あき、髭《ひげ》を四本垂れ下げている。

チョウザメ類は北半球にしか生息しない。大西洋から太平洋にいたるヨーロッパからアジアにかけての川や海に生息していて、運がよければ、米国のアミアやガー類が生息する水域でも見つかる。人間がキャビアと呼ばれるチョウザメの卵の味を覚えてから、どこの生息域でもチョウザメは苦戦を強いられている。中国東北部に源を発して北太平洋のオホーツク海に流れこむアムール川に生息するダウリアチョウザメの卵はキャビアとして好まれる。カスピ海、アゾフ海、黒海に流入する東欧やアジアの川にいるホシチョウザメも卵が好まれる。この同じ水域にはオオチョウザメ〔英名はBeluga sturgeon（ベルーガ・チョウザメ）〕もいて、卵の質は最高と考えられて高値がつく。オオチョウザメの雌は長さが八メートルにもなり、英名が似ている哺乳類のシロイルカ〔英名はBeluga whale（ベルーガ・イルカ）〕よりも大きくなる。オオチョウザメの卵巣は体重の四分の一を占め、一度の産卵で数百万個の卵を産む。最大のオオチョウザメは一九二四年にロシアで捕獲されたものだ。体重は一・二トン、腹の中のキャビアは二四五キロもあった。今日の一般市場でそれだけのキャビアを購入しようとすると、少なくとも一〇〇万ポンド〔一ポンド一五〇円として一億五〇〇〇万円〕、場合によっては二〇〇万ポンド〔同三億円〕という高額な買い物になる。

二〇一〇年にチョウザメ類が世界でいちばん絶滅が危惧される動物群にあげられた理由のひとつは、キャビアの需要が高いからだった。このときは二七種のうち二三種が絶滅の危険があるとされた[4]。長い鞭のような尾を持つ「シルダリア・チョウザメ」〔*Pseudoscaphirhynchus fedtschenkoi*〕は、特に絶滅のおそれが高いと考えられている。いちばん数が多いとされている種は米国太平洋岸に生息するシロチョウザメだ。体の長さは六メートルにもなり、北米では最大級の淡水魚だが、その半分の大きさにしか成長しないことが多い。産卵のために川を遡るまでの長い時間を岸に近い海で過ごす。

現在のチョウザメ類が抱える問題には、卵がねらわれることに加えて、産卵場所へ移動するときにダムが行く手を阻むことと、水質汚染がますますひどくなっていることがあげられる。チョウザメ類は、こうした問題に対処するすべをほとんど持たない。成熟するのに数十年かかることもあり、雌は五年に一度くらいしか産卵しない。成長がもっと早い種と比べると、チョウザメ類は数が再び増えるまでに時間がかかる。優れている点は寿命が一〇〇年以上にもなることで、少しでも生き残っている個体がいて野生環境下で自由に泳ぎまわれる状況にあれば、遅かれ早かれほかの個体と出会って産卵する機会に恵

4——国際自然保護連合（IUCN）の絶滅が危惧される動植物のレッドリストにもとづく。キャビアを入手しようとする人たちは雌が産卵するまで待たずに腹を切り裂いて卵を取り出す。キャビアを持続的に生産しようという動きも少ないながら見られる。

まれる。

チョウザメ類の進化の枝（チョウザメ目）には、生存が脅かされている近縁な種が二種いる。片方は米国に生息し、もうひとつは中国に生息する（少なくとも以前は生息していた）。シナヘラチョウザメはすでに絶滅してしまったと専門家は心配している。生きた個体が最後に確認されたのは二〇〇三年で、生物学者の研究グループが二〇〇九年にチベット高原から上海にいたる揚子江を探したが見つからなかった。このときの調査では、シナヘラチョウザメの可能性がある川底の盛り上がりを二つソナーで確認しただけに終わった。

米国のミシシッピ川流域の湖や水路が交錯する川に生息するヘラチョウザメは、中国の仲間より多少ましな状況にある。二メートルの体の三分の一は幅の広い吻で（それが船のオールのような「ヘラ」の形をしていることが名前のゆえんになった）、鱗のない皮膚の下に星形の骨がレースのように並んで体形を保っている。この奇妙な形に突出する吻の使い道が科学的に解明されたのは最近のことだ。吻全体には感覚器官が収まる「えくぼ」があり、それで弱い電場を感じ取っている。ヘラチョウザメが吻を水中でふると、近くにいるミジンコ類のうごめきを信号として感知でき、口を跳ね上げ戸のように大きく開けて、そのミジンコ類をまとめて食べる。

北米ではヘラチョウザメを以前くらいの数に増やすための努力が続けられている。もともとは五大湖全体と、少なくとも米国の四州に分布していたが、今はそれらの地域にはいない。ダム湖の多くには人為的に育てたヘラチョウザメが放流され、釣ってもよいことにはなっているが、近くにチョウザメが産卵できる場所はない。産卵には、流れが速く、藻類の少ないきれいな礫《れき》の川底の川が必要になる。また、米国にいるヘラチョウザメはすでに年老いたものばかりで、それらもさらに年をとり続けている。

ミッシングリンクの探索――魚と両生類をつなぐ生き物

魚の進化の樹をもう一段下りると、長いあいだ分類学者をいちばん悩ませてきたグループに出会う。ビチャー[5]は、笑みを浮かべたような顔の、小さなヘビのように見える魚だ。鑑賞魚の業界ではドラゴンフィッシュと呼ばれて一二種が知られているが、野生のものを見たければアフリカの川や湖沼へ行って探さねばならない。透明な鱗に覆われ、小離鰭《しょうりき》と呼ばれる切れこみのある長い背鰭を持ち、幅の広い扇のような胸鰭を使って泳ぐ。呼吸にはおもに二つの肺を使い、空気を口から吸いこんで、頭のてっぺんにある空気孔から吐き出す。未発達の鰓があるが、水の動きがない水中では水面に上昇して空気を吸えなければ溺死する。

ナイル川で一八〇二年に最初に発見されたときには、そのような特徴をあわせ持つ奇妙な動物を見たことのある解剖学者は誰もいなかったことから大問題になった。ビチャーは魚と両生類をつなぐ生き物なのだろうか。

さまざまな動物種をつなぐような中間的な種がいないという事実は、ダーウィンを長いあいだ悩ませた問題だった。このような「ミッシングリンク」と見られる化石、あるいは現生する動物を発見できれば、ある種はほかの種から進化したとする説が裏づけられ、それを生命の樹に配置すれば樹形を整えられる。特に、水中で生活する脊椎動物と陸上で生活する脊椎動物（四足類）をつなぐ動物種と、陸上動

5――英語では「ビシャー」と発音する。

物の祖先がどのように陸上生活に適応したのかということに大きな関心を持っていた。

一九世紀の終わりになると、進化の道筋についての手がかりを得るために、動物の胚《はい》の研究が盛んになった。動物の受精卵が分裂して多細胞の塊になる最初の微小な成長段階では、動物種によって形がはっきりと異なっていたからだ。ビチャーが魚か両生類か、あるいはその中間に位置する動物であるのかを知るためには、ビチャーの胚を手に入れなければならないと科学者たちは考えていた。しかしそれは簡単なことではなかった。ビチャー類はコンゴ川やナイル川の流域に生息していて、こうした地域は今日でも近づくのは難しく、危険をともなう。しかし一世紀以上前に、危険を顧みずに動物学のこの空白を埋めようと決心した男が二人いた。

その一人がイギリス人のジョン・バジェットだ。バジェットは少年のころから熱心な動物学者だった。家であらゆる種類の動物を飼い、ウシやシカ、家で飼っていたシェトランドポニーなども自分で剝製《はくせい》や骨格標本にして、小さな博物館に並べた。近くの動物園にも足しげく通って病気の動物がいないか調べてまわり、もしいたら、そのうち博物館の新たな標本にしたいと考えた。

一八九四年にバジェットはケンブリッジ大学へ進学して動物学を学び始めるが、すぐに野外調査に心を奪われるようになる。最初の探検の機会は一八九六年に訪れた。やはりケンブリッジ大学の学生だったジョン・グラハム・カーと一緒に一年間パラグアイに出かけ、湿地帯で虫の大群に襲われながら（その後バジェットにはなじみの環境になる）、ハイギョ類を集めた。最初のハイギョとの遭遇は難しくなかった。現地の人たちが最初に出してくれた食事がハイギョだったのだ。のちにカーは、そのときのハイギョは「とてもおいしかった」と書き残している。パラグアイから帰国すると、バジェットはケンブリッジ大学の最終学年の試験にかろうじて合格したあと、今度はビチャーを探すための独自の探検計画を練った。

バジェットはまだ知るよしもなかったが、ミッシングリンクの証拠となるビチャーの胚を求めて、同じ時期に別の捜索隊がアフリカへ出発している。米国ニューヨーク州のコロンビア大学のネイサン・ハリントンは、一八九八年にエジプトに四カ月滞在してナイル川でビチャーを探した。成熟した個体を見つけたので、雌から採卵して雄の精子の中につけるという手法で卵を人工授精させようと何度も試みたが、まったくうまくいかなかった。調査地からエジプトへ戻る途中にハリントンは熱病にかかり、一八九九年に二九歳という若さで亡くなった。

ジョン・バジェットもナイル川へ行くことを考えたのだが、一八九八年一〇月に、友だちの勧めにしたがって、アフリカ大陸の反対側にある、当時はイギリスの植民地だったガンビアという小さな国へ行くことにした。かなり内陸にあるガンビア川沿いの地域で八カ月を過ごし、雨ばかり降るなかでハリントンと同じように研究を行なったものの成果は得られなかった。しかしこのとき、めずらしい夜行性の動物の捕まえ方が上達し、繁殖期を正確に言いあてられるようになった。再びアフリカへビチャーを探しに来るなら、いつがよいかが正確にわかったことになる。

その最初の探検の終わりにバジェットはビチャーを二匹捕まえた。イギリスへ持ち帰ると弟のハーバートが大切に世話をしたので、それから三年間生き続けた。飼育下でビチャーは求愛行動を示したものの、稚魚は生まれなかった。

前の探検で感染したマラリアによって繰り返し起こる熱発作が一九〇〇年には見られなくなり、バジェットはガンビアへまた出かけていった。今回は六月の雨季のさなかに行った。この時期にビチャーが交尾するのがわかっていたからだ。しかし三カ月のあいだ探したにもかかわらず、ビチャーの胚を見つけることができなかった。そこで一九〇二年には東部アフリカのウガンダとケニアへ行ったが、やはり手ぶらで帰国している。

そしてその翌年、やっとバジェットにも運が向いてきた。また船で西アフリカへ舞い戻り、外輪船でニジェール川を遡った。これはとてもたいへんな旅だった。「ずっと雨が降り続け、すべてのものがカビと錆だらけになった」とバジェットは日記に記している。「この蒸し風呂の中では気持ちが落ちこみ、耐えがたいほどだった」

そして、この四回目の大変な探検でやっと探していたものを見つけたが、それと引き換えに払った代償も大きかった。バジェットは一九〇三年八月二六日にナイジェリアでビチャーの卵をうまく受精させることができ、透明な球状の卵が生きた細胞の塊へと分裂していくのを顕微鏡で観察することができた。その二日後に昔の友だちだったグラハム・カーに手紙を出し、細胞分裂した胚は「驚くほどカエルの胚に」似ていたと書き送った。分裂は完全で（受精卵は一部だけが分裂するのではなく、全体が二分割した）、大きさが同じで（分裂した二つの細胞の大きさが同じ）、細胞数が増えた胚はカエルの胚で見られるのと同じような折りたたみ構造ができた。しかし、保存した胚を携えて帰国する準備を始めたときには、またマラリアの症状が悪化していた。

一九〇四年一月九日にケンブリッジに戻ったときには、多数のビチャーの胚の図をていねいに描き終えていたのだが、黒水熱の最初の兆候が表われた。これはマラリアの合併症のひとつで、赤血球が破裂して中身が血液中に放出される。そして一〇日後、自分の発見をロンドン動物学会で発表するはずだった日に、ジョン・バジェットは帰らぬ人となった。

バジェットが探し求めて最終的に死と引き換えに残したものは、保存した受精卵や胚の多数の標本と、詳細な図だけだった。文字原稿やメモ類は何もなかった。そして四年後に別の研究者であるオックスフォード大学のエドウィン・ステファン・グッドリッチが、それまでビチャーについて得られていた知見をすべて集めて調べ、ビチャーはカエルの直接の祖先ではなく、とても奇妙な魚にすぎないと発表した。初期発生がカエルに似ていることや、切断された手足を再生させる能力などの独特な特徴の多くは、魚類の進化系統樹の枝の中でカエルとは別に進化したものであるとした。

そして、はるか時代が下った一九九六年にはDNA配列の解析が行なわれ、ビチャーは魚とカエルをつなぐミッシングリンクではなく、もっとも初期の条鰭《じょうき》類（棘《とげ》のような「条」が鰭のつけ根から突出して、その条のあいだに皮膚の膜が張られた鰭を持つ魚類）[6]であることが明らかになった。かくしてビチャーとその胚についての関心はうすれることになったが、魚の進化の系統樹のもうひとつ下に位置する枝の別の不可解な魚のグループには、そのあと長いあいだ魚類学者の関心が集まった。

浮袋が先か肺が先か――ハイギョ

ハイギョは長年にわたって別の動物と間違えられてきた。一八一一年には歯の化石がカメの甲羅の破片と間違えられて報告された。一八三三年には、古代魚の研究では最高の権威と見なされていたスイスの研究者ルイ・アガシーが、別のハイギョの化石をサメの一種の体の一部と同定した（のちに訂正して

6――条鰭亜綱《あこう》のこと。ここまで見てきた魚をすべて含むもっと大きな分け方で、進化系統樹のずっと上の方にある。

いる）。一八三六年にはアマゾン川の河口で生きたハイギョが初めて見つかり、腸《はらわた》を抜いた標本に肺の断片が残っていたことから、ヨーロッパの専門家たちは爬虫類だと考えた。翌年、別の種類がアフリカで発見され、心臓の構造から両生類だとされた。

それから三〇年間は、ハイギョについて専門家のあいだで議論百出となる時期が続いた。ロンドン自然史博物館を創設して「恐竜」という用語を発案したことで知られるリチャード・オーウェンは、ハイギョには魚類としての特徴があると確信して、爬虫類であるとする説を退けた。「鰓でもない、浮袋でもない、（中略）鰭でもない、皮膚でもない、目でも耳でもない。鼻だけ見ればわかる」と書き記している。爬虫類の鼻には開口部が二カ所あるのに対して、魚類には出口のない袋しかないことをオーウェンは知っていて、ハイギョにはそのような袋が見えたと思いこんだのだ。[7]

現在知られている六種のハイギョ類の生息場所は、アフリカ、南米、オーストラリアの、水の流れが遅い沼沢地あるいは淡水の池や湖に限られる。どのハイギョも細長いウナギのような体形をしていて、時には長さが二メートルに達する。腹鰭と胸鰭がスパゲティーのような紐状のものもいる。いまだ機能する鰓を持っているのはオーストラリアハイギョだけで、ほかの種はどれも一対の肺からしか酸素を取りこめない。だからピチャーと同様にハイギョも水に溺れる可能性がある。しかしその半面、水なしでも生存できることを意味する。アフリカと南米のハイギョは泥に自分で穴を掘り、中を粘液で満たして潜りこんで長い乾季を耐え忍ぶ。このような状態なら最長で四年生存できる。やっと雨が降るとハイギョは泥の中から這い出てきて、見つけたものは何でも食べるのだが、目覚めたばかりでまだ眠たげな別のハイギョを食うことも多い。寿命も長い（少なくとも飼育下では）。一九三三年にオーストラリアで捕獲された野生のハイギョは、「おじいちゃん」と名づけられてシカゴ水族館で飼育されていたのだが、二〇一七年に死んだ。

七種目のハイギョがいるかもしれないと騒がれた時期もあった。オーストラリア初のハイギョが見つかった数年後の一八七二年のある朝、ブリスベン博物館のカール・スタイガーが朝食にハイギョを食べたことで、クイーンズランド州北部には別の種類がいるかもしれないということになった。そのハイギョは長さが四五センチあり、大きな鱗で覆われ、吻は扁平でカモノハシの鼻面にとてもよく似ていた。スタイガーは食べる手を止め、別の人に奇妙な魚をスケッチさせて特徴をメモしたあと、魚をたいらげた。そのスケッチとメモはフランスの博物学者フランソワ・ルイ・ドゥ・ラポルトに送られ、ラポルトはそれを、北米のアリゲーターガーに似ているが新しいハイギョの一種（*Ompax spatuloides*）と同定した。次の標本が見つかることはなかったが、六〇年後のシドニーの新聞に送られた手紙の中にその奇妙な動物がもう一度だけ登場した。手紙はスタイガーの食事はつくり話だったことを暴くもので、そのときスタイガーが食べたのは、ボラの体、ウナギの尾、カモノハシの嘴、オーストラリアハイギョの頭を縫い合わせたものだった。

今でもハイギョ類については世界中のさまざまな分野で横断的な研究が進められていて、化石、進化、発生、遺伝子配列、ほかにもさまざまな分野で顔を出す。しかしまだわからない点がいくつもある。そのような疑問のひとつが、魚は肺を先に進化させたのか、浮袋が先なのかという点だ。血管が密集して

7――本当のところ、ハイギョには口につながる鼻孔が一対あり、ここから吸いこんだ水は、水中の臭い分子と結合する感覚器のある皮膚層の上を流れる。ほとんどの真骨魚類の鼻は出口のない袋形で、二つの鼻孔から水を吸いこんで、そこからまた水を出す。

いて空気を取りこむことができる器官である肺を先に進化させ、そのあとに空気がもれ出ない浮きとして使える器官に変えたのだろうか。あるいは、浮袋を改良して肺にしたのだろうか。それとも、肺と浮袋は進化の過程で別々に出現したのだろうか。

魚の胚では、浮袋も肺も消化管のくぼみからできる。浮袋と肺の両方をあわせ持つ魚はいないので、スーパーマンとクラーク・ケントのように、どちらかが他方の改良版である可能性が高い。

浮袋はここまでで見てきた魚のすべてが持っていたので、魚っぽい器官だと思っているかもしれない。しかしハイギョ類は浮袋を持たないので、本当は肺の方が歴史的には古いことがわかる。

数年前に米国ニューヨーク州のコーネル大学のサラ・ロンゴが行なった研究はこれを裏づける。ロンゴは、ハイギョ、ヘラチョウザメ、チョウザメ、アミア、ガー、ビチャーを次々と丸ごとCTスキャナで調べた。[8]この手法によってそれぞれの魚の血管の詳細な配置が明らかになり、肺を持つ魚（ハイギョ、アミア、ビチャー）と浮袋を持つ魚（ヘラチョウザメ、チョウザメ、ガー）の重要な共通点が明らかになった。[9]肺も浮袋も一対の肺動脈につながっていることを見出したのだ。肺動脈は人間では心臓から肺へと血液を送る血管にあたる。チョウザメやガーでは、この血管が痕跡程度しか残っていないので、これまで見つからなかっただけだった。浮袋が、もっと古い時代の魚の肺がつながっているのと同じ血管につながっているとわかったことで、先に肺が進化したのちに環境に適応するために浮袋が進化したことを示す証拠がまた増えた。

魚の進化の系統樹のハイギョ類が位置する枝には、近縁な現生魚の系統があと二つある。ハイギョ類と合わせた三系統はどれも、鰭が葉状の魚（総鰭《そうき》類）として知られ、筋肉質の鰭が骨質の組織を介して腰と肩の部分で背骨とつながっている点が、鰭に条線がある魚（条鰭類）とは大きく異なる。このあと見ていくように、どのグループが最初に分岐した枝なのか正確なところはわかっていないが、どのグループも魚の歴史にとって重要であることは間違いない。

どちらが人間に近いのか——シーラカンスvsハイギョ

シーラカンス類は、数百万年前にすでに絶滅したと考えられていた魚としてとてもよく知られていた。ところが一九三八年に南アフリカ共和国の生物学者マージョリー・コートニー＝ラティマーが、いつものように地元の船着き場へ行って、漁師たちが底引き網でどのような魚を獲ってきたかを調べていたら、奇妙なものを見つけた。大きな藤色の魚で、体には虹色に輝く銀色の模様があり、尾は三枚に分かれ、大きな筋肉質の鰭が四枚あった。マージョリーは、この二メートルもある魚をもらって手押し車で持ち帰り、死んだ魚を保存できる場所がないか探した。その発見は、まるで生きた恐竜のヴェロキラプトルが辺境の砂漠からさまよい出てきたかのようで、降ってわいた一大事になった。その後、やはり南アフリカ共和国の魚類学者だったJ・L・B・スミスがこの魚のために全く新たに属を新設して、彼女にちなんでラティメリア属と命名した。

今では、少なくとも二種のシーラカンス類が、深海に沈下した火山の斜面の穴に生息していることが

8——CTスキャナは、生体を傷つけずに高解像度で体内の断面の画像を撮影する医療機器。断面の画像を統合して三次元の画像をつくることができる。

9——アミアの「肺」は浮袋を改良したものだと考えられていた。

よく知られるようになった。マージョリーが見つけた種は、コモロ諸島のまわり、マダガスカル島沖、モザンビーク、南アフリカ共和国に生息し、二種目は一九九八年に別の生物学者マーク・アードマンがインドネシアの魚市場で見つけた。この二種は、かつて世界中の海や淡水域に少なくとも八〇種は生息していたシーラカンス類の生き残りになる。[10]

この二種が再発見されてからシーラカンスの生活が明らかになってきた。雌は野球のボールくらいの大きさの巨大な卵を体内で育て、稚魚は卵の中で三年のあいだ成長してから生まれてくる（卵胎生と呼ばれる成長様式）。そして成魚になると深さ二五〇メートルくらいの海底の洞窟の中で群れて生活するので、これほど長いあいだ研究者に知られずにいたのもうなずける。夜になるとさらに深い場所へ移動し、水深五〇〇メートルくらいのところで魚やイカを獲って食べる。最初は、筋肉質の鰭を使って海底を這いまわると考えられていたが、小型潜水艇が撮影した映像からは、トカゲの足の動きと同じように対《つい》になった四枚の鰭の対角にあるものを交互に動かしながら水中を泳ぐことがわかった。しかしシーラカンス類は、両生類や爬虫類、あるいは四本の足があるほかのどのような動物の先祖でもなかった。類縁性を見るためには、総鰭類の別のグループと、ハイギョと近縁なもうひとつ別のグループの魚を見ていく必要がある。

およそ三億八〇〇〇万年前のデボン紀には、シーラカンス類やハイギョ類とともに、扇鰭《せんき》類と呼ばれる、鰭が葉状の荒くれ者の魚たちのグループがもうひとつあった。[11] ハイギョとよく似た姿のものは鰭を使って外洋を泳ぎまわっていた。そうでないものは鰭のかわりに足や腕があり、巨大なサンショウウオのような姿をしていた。沼地や湿地植物のあいだを這いまわり、頭を持ち上げて後ろをふり返ったり、八本の指を繰ったりできた。

こうした動物たちは、すでにはるか昔に死に絶えていて、関連する化石群を考古学者たちが調べて特徴を明らかにし始めたばかりだ。いちばん最近の化石は、カナダの最北端のエルズミーア島で二〇〇四年に見つかったティクターリクになる。ハイギョと小型のワニをかけ合わせたような姿をしていて、たぶん浅い水際をうろうろ歩きまわり、大きな捕食魚から逃れるときや、陸上を這ったり走りまわったりし始めた昆虫を捕まえるときには猛スピードで動いた。

デボン紀に生息していたティクターリクや近縁の動物群からは、水中の生活から陸上の生活へと移行する動物種のつながりがみごとにわかる。ダーウィンなら大喜びで一日中野外調査をしただろう。骨格の形を見ると、四足類の祖先はあるとき突然進化したのではなく、こうした葉状の鰭を持つ魚が水際からさらに内陸へと生活を適応させていくなかで、段階を追いながら徐々に出現したことがわかる。考古学者たちが探し求めていた「魚ガエル」、あるいは水中から陸上への移行については、このような動物たちを通じて明らかになってきた。

大昔にこうした移行期の魚がどのように水から這い出たのか正確なところはわかっていないが、現生の魚の最近の研究からは、おもしろい新しい手がかりが得られている。ジョン・バジェットが生涯をかけて発見したあの奇妙なビチャーからも情報が得られた。ビチャーは四足類の直接の先祖にはあたらな

10——シーラカンス類は今後絶滅するおそれがある。小規模漁業でたまに捕獲されることから、国際自然保護連合はシーラカンス二種を絶滅危惧ⅠA類と絶滅危惧Ⅱ類に分類している。シーラカンスを食べると長寿になるという愚かな考え方をする人たちからの需要も増えている。

11——扇鰭類はすべて絶滅している。エウステノプテロン、イクチオステガ、アカントステガといった獰猛《どうもう》な種類が含まれる。

いが、絶滅した魚がどのように四肢を使って歩くようになったのかを明らかにする手がかりをくれた。

海水面が低下すると、ビチャーは胸鰭を使って這いまわるようになった。二〇一四年にカナダのモントリオールにあるマギル大学のエミリー・スタンデンは、ビチャーがわりとすぐに歩行能力を発達させることを見出した。水を満たしたふつうの水槽と、水を少ししか張っていないので泳ぐことができない別の水槽でビチャーを数匹飼育してみたところ、一年後には、水が少ない方の水槽のビチャーは歩くのがうまくなった。泳いでばかりいたビチャーより頭を高く持ち上げ、鰭でしっかりと地面をつかむようになり、足を滑らせることもなくなった。そればかりでなく、歩きまわる生活スタイルに合わせて骨や筋肉も変化した。同じような体格の変化は陸上生活に適応したティクターリクや近縁の動物の化石の骨にも見られる。それまでは魚の運動能力にこのような柔軟性があることは知られていなかった。このことは、常に変化する環境に魚がどれくらい柔軟に対応できるのか、どれくらい早く適応できるのかを示している。

シーラカンス類とハイギョ類のどちらが四足類にいちばん近縁な現生動物なのかは、まだまったくわからない。分類学者たちは数十年にわたって生命の樹の枝をずっとつけかえ続けていて、それは最新の遺伝子解析が行なわれるようになった今も続いている。二〇一三年にはシーラカンスの全DNA配列が解明されて謎の全容が明らかになったはずだが、それでもわからない事柄は多い。比較するのに使う動物群（外集団）を何にするかということが課題のひとつになる。板鰓《ばんさい》類（サメ類やエイ類）を外集団にして二つの研究チームが別々に調べたところ、ハイギョ類と四足類が姉妹群ということになった。それで問題が収まったかに見えたのだが、二〇一六年に別の解析結果が発表されて状況が変わった。日本の研究グループが外集団として真骨魚類を使って解析したところ、シーラカンス類が四足類と近縁ということになったのだ。しかし、同じ日本の研究グループの二〇一七年の研究で新たな展開があった。今度はガーとアミアを外集団に使って調べたら、また以前のようにハイギョ類が四足類と近縁になった。これもまたそのうちに変わるかもしれないが、今は、あの泥を食べながら肺呼吸をするハイギョ類が人間にいちばん近縁な魚ということになっている。人間とハイギョ類の共通の祖先が生息していたのは、大まかに言って四億年前になる。

なぜサメは長寿なのか

魚の進化の系統樹に戻ろう。一二ある魚の枝の九番目の枝まで下りてきた。この枝は四億五〇〇〇万年前に幹から枝分かれした。この枝には、ほんのわずかとは言えないくらいの数の現生種が含まれ、真骨魚類に次ぐ大きな分類群なのに、ここで取り上げられるようになるのを辛抱強く待っていた。板鰓類を正式に紹介しよう。板鰓類は英語で「エラスモブランチ」と言い、これはギリシャ語で「打ちのばされた金属製の鰓」という意味になる。打ちのばされた金属は柔らかくて曲げやすいので、このグループの魚たちの柔らかい軟骨の骨格にちなんでつけられたのだろう。

今日の海を泳ぎまわったり海底で休んだりしている板鰓類は一〇〇〇種類くらいいる。そのだいたい半分がサメ類で、体は丸みをおびていてその横面に鰓がある。ホホジロザメ、ネズミザメ、アオザメ（ネズミザメ目のさまざまな種類）、ヨシキリザメ、ヨゴレ、メジロザメ（メジロザメ科のサメたち）のように、よく耳にする名前も多い。ほとんど詳細が知られていない種も多数ある。たとえば、「神経質ザメ〔*Carcharhinus cautus*〕」「優雅ザメ〔*C. amblyrhynchoides*〕」「内気ザメ〔ウチキトラザメ属〕」「盲目ザメ（目が見えないのではなく、深い海の中から明るい日の光の中に連れてこられると小さな目を閉じるのでこの名になった）〔和名はシロボシホソメテンジクザメ〕」「縞馬ザメ〔和名はトラフザメなのでトラの縞〕」「鰐ザメ〔ミズワニ〕」「ニヤついた猫ザメ〔*Holohalaelurus grennian*〕」「泣き面の猫ザメ〔*H. melanostigma*〕」「牛ザメ〔カグラザメ属〕」「蛙ザメ〔和名もカエルザメ〕」などがある。

板鰓類のもう半分はエイ類やガンギエイ類で、どれも体は平べったく、体の下面に鰓と口があり、息をするための噴気孔が上面にある。例えばアカエイ類、シビレエイ類やタイワンシビレエイ類、「サファイアエイ〔*Notoraja sapphira*〕」「マンチカンエイ〔*Rajella caudaspinosa*〕」「扇エイ〔シムプテリギア属〕」「スライム・エイ〔*Dipturus pullopunctatus*〕」などがいる。菱形をした洋凧《ようだこ》形のものもいれば、きれいな円形をしたものもいる。多くは海底や河床[12]にへばりつくように静止して体のほとんどを砂にうずめ、一対の突出した目だけを砂から出す。イトマキエイ類やトビエイ類のように、大きな胸鰭を翼のように羽ばたかせて広い外洋を泳ぎまわるものもいる。

サメ類の中にも平たい種類がいて、エイ類と同じように海底で腹ばいになる。オオセ類は体表のまだら模様と苔《こけ》のような髭で背景となる岩礁に溶けこみ、獲物がそばを通り過ぎるのを待つ。ノコギリザメ類は長い鼻面の縁に歯が生えていて、それで海底に隠れている獲物を掘り出す。ノコギリエイ類と外見はそっくりだが、鰓の位置で見分けることができる。つまり、ノコギリエイはエイの仲間なので鰓は体の下面にあり、ノコギリザメはサメの仲間なので鰓は体の側面にある。

私はスキューバ・ダイビングを始めた当初からサメに会いたくてしかたがなかった。サメを怖いと思ったことはない。たまに大きな野生動物に出会うと興奮するが、故郷のイギリスで見かけるのはせいぜいシカくらいだった。また、サメはすべて危険な野獣で、人間の肉と見れば食らいつくと信じている友だちや家族に、それは間違っていることを知らせたいとも思っていた。

中米のベリーズへ二カ月間のダイビング調査に行ったときには、これでやっとサメに会えると確信していたのだが、岸辺に近い岩場に毎日二、三回潜ってからは希望を失いかけていた。しかし調査を終えて帰路に就く数日前に、ちょうどよい場所にちょうどよいタイミングで潜ることができた。なかなか出会えなかったために、出会えたときの満足感はひとしおだった。しかし、このようになかなか出会えないのは数十年にわたる乱獲の証しだと頭の隅ではわかっていた。

最初にサメに出会ったのは、ふだんよりもかなり速い流れに乗って水の中を飛ぶように移動するドリフト・ダイビングをしていたときだった。前方に大きなアカエイがいるのが見え、その隣の砂の中で平和にうたた寝をしていたのがコモリザメだった（泳いでいなくても窒息しないサメもいることが、少なくともこのサメを目撃したことからわかる）。脇を通り過ぎるときに見ると、そのサメは私より少し大

12——ほとんどの種類が海で生活するサメ類とは違い、アカエイ類の多くは淡水にも生息する。

きく、灰色で滑らかな体表をしていて、目は小さく、丸みをおびた鼻面からはきれいに手入れされた口髭が垂れ下がっていた。私に気づくと頭を持ち上げ、尾をゆっくりと波打たせながら流れに乗って泳ぎ去った。

コモリザメはおもに夜活動し、海底に隠れているカニや貝がいないか夜通し岩場をくまなく調べてまわる。ほかの板鰓類と同じようにコモリザメにも、生き物が発する弱い電場を感知するための感覚孔がある。獲物を探していないときには、ただ海底に寝そべっていることが多い。活動量を少なくすることでエネルギーの消耗を最低限に抑えることができ、あまり餌を見つけられなくても生きてゆける。サメ類は真骨魚類に比べると代謝率が低い。酸素の消費量が少なく、使うエネルギー量も少ないので、食べる餌の量も真骨魚類よりはるかに少なくてすむ。例えばホホジロザメは、漂流している死んだクジラで腹を満たすと、そのあとおそらく六週間くらいは何も食べずに過ごせる。ネズミザメなら、同じ大きさのサメの少なくとも四倍の餌を食べなければならない。コモリザメはサメの中でもエネルギー効率が抜群によい種類で、これまで調べられたサメの中で代謝率がいちばん低い。二〇一六年に行なわれた研究では、アオザメ類のように動きの速いサメと比べると、一時間につき体重一キロ当たりの酸素消費量が八〇パーセントも少なかった。

このようなエネルギー節約の仕組みは板鰓類の体のつくりのいたるところで見られ、板鰓類の繁栄の要となる特徴になっている。骨格は、人間の鼻や耳の柔らかい組織と同じ軽い軟骨にして軽量化した。また、巨大な肝臓に脂肪分をためこむことによって、真骨魚類の浮袋と同じように体を浮かせる機能を持たせ、遊泳効率を大幅に改善した。空気中では体重が一トンもあるウバザメは、浮力が大きい肝臓のおかげで、水中で重さを量ると三・三キログラムしかない。二〇世紀になると、ビタミンAを採取するため、あるいは航空機用の質の高い潤滑油にも使える油脂を採取するためにウバザメの肝臓がねらわれた[13]。深海ザメの肝臓の油脂には、化粧品や痔の治療クリームに使われるスクアレンが豊富に含まれるため、今でもさまざまな種類が捕獲対象になっている[14]。

板鰓類の皮膚も浮力をさらに上げるために役立っている。体表は真骨魚類のような鱗ではなく、凹凸のある小さな歯状突起（歯を大きく変化させた器官）で覆われる。これが水との抵抗を減らし、水中を滑るように泳ぐのを助ける。水をかき分けるのが容易になるだけでなく、泳ぐときにたてる音も小さくなるので獲物に近寄りやすくなる。

超効率的な生活を送る板鰓類は寿命が長い。ノコギリエイ類の寿命は四〇年、ツノザメ類は一〇〇年、そして二〇一六年にはニシオンデンザメがもっとも長寿な脊椎動物だと判明した。北極海の深海に生息する七メートルにもなるサメで、皮膚は灰色のまだらで背鰭はとても小さく、姿はサメというより巨大なアザラシのように見える。その目を調べたところ、きわめて長寿だとわかった。一九六〇年代に行なわれた水爆の大気圏内核実験では、爆発の余波が海洋全体に広がり、それ以降、わずかな量の放射能が海洋生態系に残っている。この放射能の痕が眼内レンズに刻まれているニシオンデンザメがいることから、研究者が調べたところ、ニシオンデンザメは少なくとも二七〇年、運がよければおそらくは四〇〇年近く生きることがわかった。このように長い寿命をゆっくりと生きるので、多くのサメは何事も急が

13——現在、ウバザメは欧州連合（ＥＵ）の法律で保護されている。
14——スクアレンは健康によいかどうかほとんどわかっていないのに、健康食品としてカプセル入りのものも販売されている。

ない。ホホジロザメは一〇代になって性的に成熟し、ニシオンデンザメが最初に求愛活動をするのは一五〇歳になってからなのだ。

板鰓類がやっと数を増やす気になると、番《つがい》になる相手を見つけて交尾する。真骨魚類のようなほかの魚は交尾をしない[15]。たまにダイバーが偶然にサメの交尾の現場に居合わせて求愛の儀式を垣間見ることがある。ナンヨウマンタは交尾の準備ができた一匹の雌を先頭に、数十匹の雄があとを追いかけるように連なって泳ぎまわる。雌は体をひねったり向きを変えたりしながら泳ぎまわり、水面から跳びはねることさえある。どの配偶者候補がいちばんたくましく追いすがってくるか見ているのだろう。最終的に一匹の雄を選び、その雄の口が自分の胸鰭のひとつにふれるようにすり寄る。すると雄は小さな歯（食べるときには使わない歯）で胸鰭を噛んでつかむ。別の雄が近寄ってその雄を押しのけようとしても、しっかりと噛んでいれば体を雌の下に潜りこませることができ、腹を雌の腹に密着させることができる。

板鰓類の雄の例にもれず、マンタの雄にも多少形は違うが一対の腹鰭（交接器と呼ばれる）が体の下面から垂れ下がっている。細長い睾丸のように見えるが、これがペニスのような働きをして精子を雌の体内に送りこむ。シーラカンスと同じようにマンタも卵胎生で、受精卵は雌の体内にとどまる。一年の妊娠期間のあと親と同じ姿をしたマンタの仔が一匹だけ、あるいは双子で生まれる。大きな鰭に包まれるようにして生まれるので、毛布にくるまれた赤ん坊のように見える[16]。

シュモクザメ類やヨシキリザメなど多くのサメは胎生で、哺乳類と同じように胎盤から臍《へそ》の緒を通じて栄養や酸素を胎児にわたす。体の形が出来上がった少数の仔を産む点も哺乳類と同じだ。

板鰓類の三つ目の繁殖方法では、鞘《さや》に入った卵を海底に産む（この産卵方式は卵胎生に対して卵生と呼ばれる）。皮革のような手ざわりの卵鞘《らんしょう》は「人魚の財布」としても知られ、巨大なラビオリのような形をしていて、仔ザメが孵《かえ》ったあとの鞘は浜に打ち上げられることが多く、卵鞘の大きさや形からサメの種類がわかる。トラザメ類の卵の殻の両端からは巻き毛のような紐が長くのびていて、これで海藻などにつなぎ止められる。オーストラリア各地の海に生息するポートジャクソンネコザメは、産卵したあと螺旋《らせん》形の卵の殻を口でくわえて岩の間に押しこむ。そして一〇カ月後に二〇センチほどの仔ザメが孵《ふ》化《か》する。

一〇種ほどの板鰓類は、受精しなくても卵が孵化するという四つ目の繁殖方法を採用している。雌のウチワシュモクザメ、トラフザメ、ナヌカザメの一種〔*Cephaloscyllium ventriosum*〕、テンジクザメ類やノコギリエイ類は、いずれも雄がいなくても産卵することが知られている。受精していない卵でもときおり胚まで成長するものがあり、母親と遺伝的に同一の仔ザメが生まれる。雄を見つけるのが難しいときにこの方法に切り替えると、うまく仔を残せる。昆虫にはこの手法を採用するものが数多くいて、爬虫類、鳥類、両生類でもときおり見かける〔哺乳類では、今のところ最新のクローニング技術を使わなければできない〕。

どのような形で生まれるにしても、板鰓類が生息していくうえで重要な点は体が大きくなることだ〔当たり前のようなことだが〕。アカエイ類の多くは少なくともマンホールの蓋くらいの大きさがあり、それより大きくなるものもある。二〇一五年にタイの川で捕獲されたイバラエイ属の一種〔*Urogymnus dalyensis*〕は直径が二・四メートル以上、鼻の先から尾の先までは四メートルもあった。ゾウを玉にして

15――ほんの少数の例外をのぞいて、魚の雌は水中に産卵して、それに雄が精子をふりかけて体外受精させる。
16――「マンタ」という呼び名はスペイン語の「毛布」という語に由来する。

平らにのばしたような質感になる。尾の先の針は長さが三八センチあり、形が変化したこの巨大な歯状突起（板鰓類の皮膚に見られる歯のような構造物）には毒があった。広く信じられているのとは裏腹に、アカエイ類の毒針は防御用で、攻撃するために使うものではない。

サメ類の中でもカラスザメの一種〔*Etmopterus perryi*〕はとても小さく、ポケットの中に入ってしまうくらいの大きさしかないが、多くのサメは成熟すると体が大きくなる。三大サメとしては、ジンベエザメ、ウバザメ、メガマウスザメがあげられる（長さは七～一二〇メートルになる）。そしてサメ類の半数は、仔ザメが生まれて海へ泳ぎ出すまでの期間が、人間の平均的な幼児期より長い。

板鰓類が含まれる魚類の進化系統樹の枝には、別の魚類も含まれる。深海には、ウサギのような頭で口先がとがり、小さな口には餌をかじる歯が並び、リボンのような尾を背後に引きずりながらさまよう魚がいる。英語では「ネズミの尾」や「ウサギ魚」と呼ばれることもあるが、たいていの場合はギンザメと呼ばれる。[17] およそ四億二〇〇〇万年前のシルル紀に板鰓類から枝分かれした。ギンザメ類の多くは頭部が奇妙に変形していて、鼻面などは、誰かが手でつかんでひねったような形をしている。ギンザメ類の雄の頭には、出したりひっこめたりできる器官があり、交尾するときに使う。先端部の形は雌の頭部にあるくぼみにはまりこむようになっていて、事態が進展しておもしろくなってきたときに雌が泳ぎ去るのを防ぐ。

米国太平洋岸のノースウェスト地域の海岸で夜に海に潜ると、英語で「天使魚」と呼ばれるギンザメ類を見かけることがあるかもしれない。大きな緑色がかった目をしていて、キラキラした銅金色《どうがねいろ》の体の表面は白い斑点に覆われ、三角形の胸鰭をくるくるとまわしながら外海をゆっくりと泳ぎまわる。数年前、ワシントン州のピュージェット湾で、研究者が真っ白なアルビノ〔先天性白皮症〕のギンザメを発見した。色素がまったくない魚が見つかるのはきわめてめずらしい。本当に天使だった。

顎のない魚の生き残り――ヤツメウナギとヌタウナギ

魚の進化の系統樹の根元に近づくと残るグループは二つになるが、どちらかを先に説明すればよいというような単純な話ではなくなる。系統樹でもじつはいちばん問題が残る部分で、脊椎動物全体とも関係する。

これら最後の二つのグループは、見かけはウナギと似ている（とは言っても、系統樹の根元付近まで来ると、細長い真骨魚類のウナギとは縁遠い）。体の片方の端には丸い口があり、もう片方の端には平べったいヘラのような尾がある。そしてどちらのグループも嫌なやつとして知られる。ヤツメウナギ類の稚魚は問題ない。三八種すべての稚魚は川で生まれ、数年のあいだは泥の中で暮らしながら、流れてくるご馳走を濾過しながら食べている。そうしているうちに、一メートルほどの寄生動物に成長する。海へ移動すると、ほとんどのヤツメウナギ類は宿主になる動物の皮膚に取りつく。たいていは何か真骨魚類に取りつき、取りついたら落ちないようにしっかりとしがみつく。そして、とがった舌で宿主の魚の皮膚に穴を穿《うが》ち、血を吸ったり肉を食いちぎったりする。最終的には宿主から離れ、次の獲物を求めて泳ぎ去るが、被害にあった宿主の魚は体力を消耗し、できた傷が原因で死ぬ場合もある。

17――ギンザメ類は、多くの化石種が含まれる全頭亜綱の中で唯一、現生種を含む目になる。板鰓類とともに、軟骨魚綱と呼ばれる綱《こう》という分類群を形成する。

魚の進化の樹の根元に位置するもう一群はヌタウナギ類で、柔らかいピンク色の皮膚には鱗がなく、女性用ストッキングに潜りこんだような姿をしている。ヤツメウナギ類と比べても決して優雅とは言えない魚で、こちらは動物の死体を内部から外向きに食べるという上品とは言えない習性がある。魚やクジラの死体が海底で腐敗していたら、その内部には七〇種くらいいるヌタウナギ類のどれかがひそんでいる可能性が高い。死体に開口部があれば問題ないし、なければ自分で穴をあけ、潜りこめるところならどこからでも内部へ侵入する。そして食事を始めると、あとには骨と皮しか残らない。

ヌタウナギ類はほかの魚類とは異なる習性を二つ持っている。まず、大量のねばねばした粘液を分泌する能力で、その量は伝説に残るほどだ。ヌタウナギをバケツに入れると、長い体に並ぶ小孔から透明な粘液を出し、すぐにバケツが粘液でいっぱいになる。二〇一七年には三・四トン分の生きたヌタウナギを輸送中のトラックがオレゴン州で横転し、白っぽいねばねばの粘液のために高速道路が閉鎖された。数千匹のヌタウナギがのたうちまわるなか、緊急事態に対処する業者が高圧洗浄機とブルドーザーを使って後始末をするのに数時間かかった。そのときの輸送の最終目的地は韓国だった。韓国ではヌタウナギを食用にしていて、粘液は卵白のかわりの食材に使う。ヌタウナギの粘液の研究も盛んで、伸縮する糸のようなタンパク質から新しい素材や繊維を開発しようとしている。

この粘液が捕食者の鰓をふさぐので、ヌタウナギ類は身を守れるのだと考えられている。しかし気をつけなければヌタウナギ自身も粘液で窒息する。これを防ぐためにヌタウナギどうしは互いに結び合うようにからまる。これが二つ目の賢い習性で、結び目をくぐるように体を前進させて自分の体の粘液をそぎ落とす。人間が手でつかんでもヌタウナギは同じ行動をとる。手のひらを結び目と見なしてくぐり抜け、捕まえようとする手をすり抜けていく。

これまでヤツメウナギ類とヌタウナギ類は、「持っていない」特徴をもとに、ほかの魚と区別されてきた。どちらも顎がないのだ。顎のない魚の生き残りということになる（後述するように顎のない魚はたくさん知られているが、多くはすでに絶滅している）。完全な背骨も持たない。しかし、軟骨でできた頭蓋骨があり、脊索《せきさく》と呼ばれる硬い神経の筋が背中を走る。それゆえ、どちらも魚の中でもっとも古い分類群だと考えられている。ヤツメウナギ類とヌタウナギ類のどちらが先に進化したかは、たいして重要ではないように思えるが、進化系統樹という大木をめぐる議論の中心的問題なのだ。

脊椎動物の系統が始まったのは、五億年くらい前にヌタウナギ類が現われたあとだと広く考えられてきた。しかし最新の遺伝子研究により、ヌタウナギ類はいちばん古い魚ではなく、ヤツメウナギ類の同胞にあたるという見方が裏づけられた。脊椎動物の進化系統樹のそれぞれの枝で、双方が密接に連関しながら進化してきたことになる。

そうすると、脊椎動物と背骨のない無脊椎動物とのあいだには大きな溝ができる。脊椎動物にもっとも近縁な動物は尾索《びさく》類で、ホヤ類とも呼ばれる。ホヤ類の成体は海底の岩礁や岩に固着して海水を濾過しながら生活している。ところが幼生の若い段階は脊椎動物との類似性が見られ、背中に硬い脊索があるオタマジャクシのような姿をしていて、体をくねらせながら泳ぎまわる。このことからは、ホヤ類が確かに脊索動物の一員であることがわかる。脊索動物は脊椎動物を含む動物界の大事な分類群で、魚の進化系統樹をさらに下りていくと、次に出会う枝がこの脊索動物になる。

ホヤ類と脊椎動物をつなぐ動物の探索は今も続いている。初期の脊椎動物はどのような姿をしていたのだろうか。ヌタウナギ類やヤツメウナギ類や、そのほかすべての魚の共通の祖先ということにもなる。脊椎動物の進化系統樹のミッシングリンクは、魚類の系統樹の根元にいるのだ。そこから系統樹を見上げると、何千種という動物種で構成される枝が見える。硬い骨格を持った魚もいれば、軟骨の骨格の魚もいる。山の中の川に生息する魚もいれば、深い海の底に生息するものもいる。肺を持った魚もいれば、足のある魚もいる。そしてこの系統樹には、魚以外の脊椎動物もいる。陸からまた海へと戻っていったクジラやイルカもいれば、スキューバの酸素ボンベを背中に背負って水中でも活動しようとする人間もいる。しかし、この偉大な系統がどのように出現したのかは、まだ正確なことがわかっていない。

ヒラメが笑顔を失ったわけ——イギリス・マン島、伝承

むかしむかし、うっとりするほど美しいメイナナン島の近くの海に魚たちが集まり、誰が王になるかを話し合いで決めることにした。みんな自分が王になりたかったので、身だしなみを整え、めかしこんで集まった。

ホウボウの一種〔*Chelidonichthys cuculus*〕のキャプテン・ジャークは、立派な深紅のコートを着てきた。サメのグレイ・ホースは相変わらず体が大きくて強面《こわもて》だったが、皮膚をぴかぴかに磨き上げていた。モンツキダラのアーサグも、鬼につけられた皮膚のやけどの痕が黒いしみになっていたのを揉み消しながらやってきた。

サバのブレイ・ゴームは、自分が王に選ばれると確信しながらのし歩いていた。着ていたのは海と空の色をすべて使ったきれいな縞模様の衣装で、ダイヤモンドをちりばめたコートのように見えた。しかしほかの魚たちは、仰々しい衣装を着て偉そうにしているブレイ・ゴームが嫌で、そっぽを向いていた。

結局、王になったのはサバではなくニシンのスケダンだった。新しい王が決まったことを魚たちが祝っていたら、やはり王になりたかった魚がもう一匹到着したが、時すでに遅かった。フリユークという名のヒラメだった。「好機を逃したね。スケダンが王様になったんだ！」と魚たちが叫んだ。ヒラメは、体を赤い斑点で飾るのに時間をかけすぎたのだ。「それじゃあ、私はどう

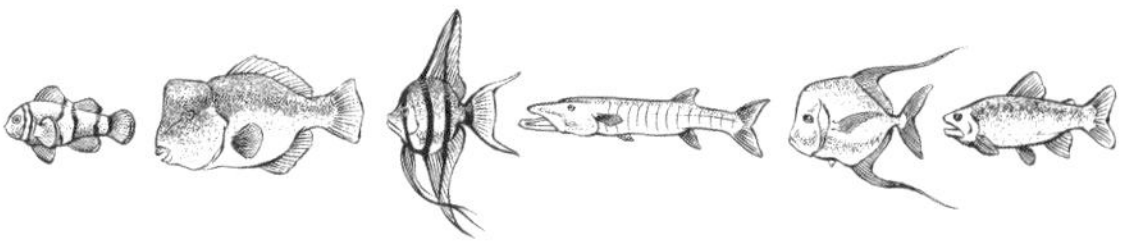

したらよいのだ?」とヒラメが叫ぶと、ガンギエイのスカラグが「これでも食らっていろ!」と言いながら、自分の尾をヒラメの顔に打ちつけた。するとヒラメの口は顔の片側に寄ってしまい、ゆがんだしかめっ面になった。このとき以来、ヒラメの顔は今のようにゆがんでいるのだ。

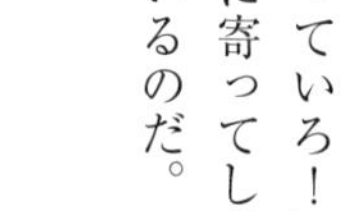

chapter 3 色彩の思わぬ力

——体色の意味するもの

私の目の前にいた魚の体には濃い青色と熟したバナナ色の縞模様があり、目隠しをしているような頭部の黒い模様は宝石泥棒のような印象を与えた。きらびやかさと同時になぜか慎み深さがあり、私がタテジマキンチャクダイを好きな理由のひとつはこのためだと思う。キンチャクダイにしては大型で、私の指の先から肘くらいまである。暗い岩棚の下へ滑りこんでいくと向きを変え、安全な場所から私を見つめ返した。

キンチャクダイは私がいつも出会いたいと思っている魚のひとつで、会えたときには、私の知らない地球上のどこかで元気に生活してくれていたのだと、いつも満ち足りた気分になる。タテジマキンチャクダイには、紅海、モルディブ諸島、フィリピン諸島、オーストラリア、フィジーで出会った。どこへ行っても同じ顔が私を見つめ返してきた。

南太平洋クック諸島のラロトンガ島は山がちの森林に覆われた島で、まわりをサンゴ礁やターコイズブルーのラグーンが取り囲む。満潮になると私は砂浜から水の中を歩いて沖へ向かい（船は必要ない）、潮目が許すかぎりの時間、サンゴ礁のあいだを移動しながら魚を観察して過ごした。

ラグーンは色とりどりの生き物であふれ返っていて、ガラスの壁のない、多数の魚種が入りまじる水族館のようだ。そこを泳ぎまわりながら、できるだけたくさんの魚を見てまわる。初めてサンゴ礁を目にすると、さまざまな色や形の魚が次々と目に飛びこんできて、あまりにも動きが多いために目が眩《くら》むような感覚に襲われる。そこから何か意味のある動きを探し出すのは難しいと思うかもしれないが、魚を見分けたり、種類を調べたりするコツがある。

まずは魚の形を見るところから始めるとよい。よく見かける魚は、分類群の科ごとにそれぞれ特徴のある体形をしている。弾丸形のベラ類、卵形のスズメダイ類、体の横幅が広くて分厚い尾があるハタ類、ほっそりと分岐した尾を持つタカサゴ類などはすぐに見分けられるようになる。決め手となる特徴を覚えるのもよい。赤いアカマツカサ類には大きな目があり、ヒメジ類の顎には髭《ひげ》のような触鬚《しょくしゅ》がぶら下がっていて、テングハギ類の頭部はユニコーンのような形をしている。見分けるための手がかりが手に入ると、同じような形をした魚のグループがあることにも気づくだろう。

動きや泳ぎ方にも特徴がある。小さなスズメダイ類はサンゴが群生している浅瀬で群がりながら泳ぎまわっているが、人間が近づくとサンゴの枝の陰に素早く逃げこむ。イソギンポ類はサンゴ礁の穴に隠れていることが多く、そこから時々顔をのぞかせる。ハゼ類はイソギンポ類とよく似ているが（口絵⑤）、体がもう少し大きくなり、海底の穴でエビ類と同居するものが多い。エビが穴を掘っているあいだ、ハゼは危険がないか見張りをする。ベラ類やブダイ類は、胸鰭《むなびれ》をせわしく動かして水中を進む。モンガラカワハギ類は大きな背鰭と尻鰭を波打たせるように動かして泳ぐ。テンジクダイ類は岩場でじっと静止している姿を見かける。

色や模様を区別できるようになれば魚の種類を知るのに役立つ。斑点や縞などの大胆な模様を身にまとうチョウチョウウオやキンチャクダイの仲間は見分けやすい（口絵④）。英語で「パンダ・チョウチョウウオ」と呼ばれるクラカケチョウチョウウオは、英語で「アライグマ・チョウチョウウオ」と呼ばれるチョウハンと同じように、名前の由来となった動物の目のまわりにある黒い模様と同じような模様があり、見間違えようがない。アブラヤッコは英語で「鍵穴キンチャクダイ」と呼ばれ、濃紺の体に白い楕円形の斑点がひとつある。その斑点に目をあててみれば、向こう側をのぞけるかもしれない。

魚について少し知識が増えて、いくつか種類を見分けられるようになると、名前がわからない種類をあとで調べるために特徴を覚えておこうとするようになるだろう。ラロトンガ島のラグーンで私はそうしていた。「白と黄色のチョウチョウウオで、水滴の形をした黒い斑がある」とか、「体全体は黄色いキンチャクダイで、鰭のふちは鮮やかな青色、目のまわりには眼鏡をかけているような円形の模様がある」というように覚える。あとで図鑑のページをめくれば、それぞれイッテンチョウチョウウオと、コガネヤッコだとわかる。

時には生息地域が限られるめずらしい種類を探すこともある。ラロトンガ島では、深紅の体にハッカ（ペパーミント）のように真っ白な筋が五本あるキンチャクダイがいるかもしれないと気をつけた。これは英語で「ペパーミント・エンゼルフィッシュ」〔*Centropyge boylei*〕と呼ばれる種類で、一九九二年にこの深い岩場で初めて発見されたのだが、世界でまだここでしか見つかっていない。米国ワシントンDCにあるスミソニアン協会の調査では生きた個体が捕獲され、研究に使ったり一般の人が見に行ったりできるようにとハワイのワイキキ水族館に寄贈された。希少な魚を蒐集《しゅうしゅう》する人たちからは、買い取りたいとの申し出が無数にあったが、水族館はすべて断っている。このときは一匹に最高で三万ドル〔一ドル一〇〇円として三〇〇万円〕の値がついた。だから私が自分の目で見てみようとしたというのは、もちろん冗談にすぎない。ペパーミント・エンゼルフィッシュは深い海域でしか見つかっておらず、とても私が潜れる深さではない。

潮が引き始めてラグーンから外海へ水が流れ出し、私はしぶしぶ浜へとゆっくり戻り始めた。まだマスクの前を色鮮やかな魚が素早く泳ぎまわっている。その多くは若魚《わかうお》で、成長するにつれて体の色が変わる。そうした魚の中にめずらしい種類を見つけて思わず笑みを浮かべたので、マスクの中に水が入って鼻から吸いこんでしまった。大きさも形も大きめのブルーベリーのような感じの魚で、明るい黄色の体に黒い水玉模様があって口先がとがり、右へ左へと落ち着きなくお辞儀を繰り返す。せわしく動きまわる子どもが手に持つ小さなヘリウム風船のような動きだが、じつはこれはミナミハコフグの若魚なのだ。成長すると丸みが少なくなって箱のような形になり、鮮やかな黄色はくすんできて、初めは鈍いカラシ色になったあと青くなる。

ムラサメモンガラもラグーンをパトロールしてまわる。大きさはラグビーボールくらいで、そのラグビーボールを横から押しつぶしたような形をしている。体の側面には塗料をエアブラシで吹きつけたような模様があり、それに黄色や茶色の筋が入る。まだ乾ききらない絵具に指で跡をつけたような白い筋も四本ある。金色の目と目のあいだには深いマリンブルーの帯があり、上唇にはそれに似合う口髭のような模様がある。ムラサメモンガラは、このような大胆な模様をまとって卵から孵《ふ》化《か》し、生涯にわたって模様は変わらない。潮が引いてしまったのでやっと立ち上がって浜まで歩き始めると、小さなムラサメモンガラが目に入った。体の大きさに合わせて模様は小さく縮んでいるが、間違いなくムラサメモンガラで、手の指くらいの深さになった水の中を元気に泳ぎまわっていた。

色鮮やかな魚はサンゴ礁にしかいないわけではない。冷たい北太平洋の海域では、ギンザケの成魚が

森林地帯の川へと産卵に向かうときには、体色を銀色から深紅に変える。イギリス南部の海岸の潮だまりでは小さなウバウオの一種〔*Lepadogaster purpurea*〕を見たことがあるが、背中にあるトルコ石色の斑点は、まるで二つの目が私を見上げているかのようだった。北米のサンフランシスコとメキシコのバハ・カリフォルニア州のあいだの海岸には気性の荒いコケギンポの仲間〔*Neoclinus blanchardi*〕がいて、大きな貝殻を棲《す》み処《か》にしている。口内が黄色や赤に彩られた魚で、雄は互いに追いまわし合ったあと、大きな口を雨傘のように広げ、それをつき合わせて闘う。

アメリカ大陸を東へ進むと、ミシシッピ川流域には澄んだ冷たい水の流れる渓流があり、指ほどの長さのペルカ科の小さな魚（ダーター）が二〇〇種近く生息する。ひとつの渓流にしか生息しないものもあり、鮮やかな模様で種類を区別できる。「キャンディー・ダーター」〔*Etheostoma osburni*〕は虹色に輝くヒスイ色の地にオレンジ色の縞がある。「縞ダーター」〔*E. zonale*〕には明るいエメラルド色の筋がある。「斑紋ダーター」〔*E. stigmaeum*〕という種は少なくとも五種に分けられることが二〇一二年の研究で明らかになり、それぞれに体色が異なる。新種には環境保護に貢献した米国大統領にちなんだ名がつけられ、鮮やかなオレンジ色の体に青い斑点や筋がある「スパンコール・ダーター」の学名はエセオストマ・オバマ〔*E. obama*〕になった。[1]

なぜ魚の体が色とりどりなのかという問題は、多くの魚類学者を悩ませてきた。研究を進めた結果、体色は道具として巧みに利用されていることがわかってきている。隠れたり驚かせたりするため、警告を発するため、あるいは求婚するために使われる。太陽光は水中では色が分離したり波長が変化したりするのだが、魚たちは水中の光や色に適応してきた。色とりどりの魚の研究からは、魚の世界がどのように営まれているのか、さらに詳細が明らかになりつつある。魚の体色は驚くほどの速さで進化していて、人間を取り囲む色彩豊かな世界がどのように出来上がったのかを知る手がかりを与えてくれる。

体色を獲物の色に似せる戦略

博物学者でもあり蒐集家でもあったアルフレッド・ラッセル・ウォレスは、一八五七年一二月にインドネシアにあるアンボン島へやってきて船を借り、湾を横切って島の内陸部へと分け入った。これは二万二〇〇〇キロメートルにおよぶ東南アジアをめぐる旅の途中だったのだが、この旅でウォレスは数万種という動物標本を集め、人々や動物の生活を詳しく記録し、ダーウィンとは別個に進化論を構築した。アンボン島の湾の水はとても澄んでいたので、船から海底が見通せた。ウォレスはここで、顔を水につけることなく初めてサンゴ礁を目にした。のちに『マレー諸島』という著書に、「今まで見たなかで、いちばん美しい驚くべき光景だった」と記している。

ウォレスが「こうした動物の森」と呼んだサンゴとカイメンの丘や谷や深い渓谷には、「青や赤や黄色、（中略）見たこともないような斑点や帯や筋があり、（中略）何時間眺めていても飽きない」魚が群がるように生活していた。

その二〇〇年後にウォレスは、なぜ生き物は派手な色をしているのかについての自分の考えを随筆に記

1――バラク・オバマ前大統領が遺した業績のひとつが、太平洋のど真ん中にあるパパハナウモクアケア海洋ナショナル・モニュメントの拡張だった。一五〇〇万平方キロメートルの海域が保護の対象になっていて、ここには多くのサンゴ礁や、絶滅の危機にあるハワイモンクアザラシの生息域がある。

している。生物があれほどめだつ色を身にまとうのは、一見したところとんでもないことのように思える。目を引くいでたちは、近くを通りかかる捕食者を招き寄せるのは確かだ。同じ意味で獲物をねらう動物も、獲物に近づいたり襲ったりするときには姿がめだたない方がよい。にもかかわらず、自然界では鮮やかな体色を身にまとう動物は繰り返し出現し、特に魚ではその傾向が著しい。このような傾向は、安全を最優先させたい動物においてさえ際立っているようにウォレスの目には見えた。

「明るい色でも保護色になることがよくある。大地や空、樹木の葉や花、まわりの環境自体も生き生きとした色彩で輝いている」とウォレスは記している。そのように色豊かな世界に生きていると、動物は身を隠すために明るい色で身を包むようになるのかもしれない。緑色の地にピンクの斑点があるイモムシは、餌にしている草が花をつけた姿に似ている。熱帯の鳥は、オウムにしてもメジロ、ヒヨドリ、ゴシキドリ、ハチクイにしても、生息している常緑の樹木に溶けこむような緑色の羽で身を飾るとウォレスは指摘している。そして極地ではシロクマもホッキョクギツネも、雪や氷の世界に溶けこむために白い毛皮を選ぶ。

サンゴ礁の魚は、鮮やかな海藻やイソギンチャクやサンゴに身を隠すために派手な色をしているとウォレスは考えた。例としてあげた動物にはタツノオトシゴ類やオーストラリアに生息する近縁なヨウジウオ類もいる。「リーフィー・シードラゴン」〔*Phycodurus eques*〕や「ウィーディー・シードラゴン」〔*Phyllopteryx taeniolatus*〕には「奇妙な突起」がある。ウォレスの時代以降、ダイバーや研究者は、身を隠す術にたけたタツノオトシゴ類をほかにも数多く発見した。生息場所に生えている節くれだったウミウチワとおそろいのピンクやオレンジ色の腫れ物があるものもいれば、棲み処にしているサンゴ礁と同じような黄色や紫色の茂みを身につけているものもいる。

クマドリカエルアンコウもサンゴ礁に生息する魚で、これも手のこんだカムフラージュをする。ほとんどの時間を動かずに過ごし、黄色やオレンジ色のカイメンを使って、でこぼこした体の色や手ざわりをその場の様子に合わせて変える。とてもうまく背景に溶けこむので、そこに魚がいることを別のダイバーに知らせようと思ったら、二つの方向から指をささないとわからない。二〇一六年にはモルディブ諸島で真っ白なカエルアンコウが見つかった。海水温が上がってサンゴ礁で白化現象が起きたすぐあとのことだった。水温が高くなってサンゴの透明な組織の中に共生する色のついた藻類がいなくなり、サンゴの色が失われて幽霊のように真っ白になったのだ。カエルアンコウはこの環境の変化に素早く反応したことになる。死滅して白くなったサンゴの上に成長し始めた海藻を模した緑色の突起までつけていた。

タツノオトシゴやカエルアンコウのように動きがゆっくりな魚にとって、色を利用した変装はとても有効なカムフラージュになる。しかし、よく動きまわる魚はどうだろうか。背景になる環境は変わり続けるので、もっとうまいカムフラージュが必要になるだろう。二〇一五年にカリブ海で行なわれた研究では、そこに生息するカワハギの一種〔*Monacanthus tuckeri*〕が稲妻のような素早さで衣装を変える様子が明らかになった。泳いでいる背景が刻々と変わるのに合わせて、少なくとも一六種類ある衣装のどれかを選んでそれに身を包む。衣装は、緑色の海藻の群落用、白っぽいレースのようなウミウチワ用、軟質サンゴの金色の葉状体用などがある。この小さなカワハギは、いつも場に合わせた衣装を身にまとって生活していることになる。

獲物の動物と同じような姿に変装する魚もいる。オーストラリアのグレート・バリア・リーフにあるリザード島のまわりの海に生息している、小さな捕食性のセダカニセスズメ〔*Pseudochromis fuscus*〕は、同じ種類でも体色が黄色のものと茶色のものがいる。そして、スズメダイ類の黄色か茶色い種類を捕食する。スイスのバーゼル大学のファビオ・コーテシが率いる研究チームは、この捕食性の魚が体色をどのように使うのかを知るためにていねいな実験を行なった。サンゴ礁に実験区を設け、まず黄色か茶色のどちらかのスズメダイ類だけを放し、さまざまな組み合わせを考慮しながら、そこに捕食者であるセダカニセスズメの黄色か茶色の多型[2]のいずれかを放した。二週間後にダイバーが潜って調べると、捕食者は獲物と同じ色に変わっていた。さらに飼育実験をしたところ、獲物と同じ体色の捕食者は捕食の成功率が高いことがわかった。捕食者のセダカニセスズメが体色をスズメダイに似せることで、若いスズメダイはセダカニセスズメを年長の仲間のスズメダイと勘違いして警戒しなくなり、近寄っていくのだろう。セダカニセスズメの狩りは、ヒツジの毛皮を着たオオカミの魚版ということになる。

体の色や模様は、背景に何もないところで体の輪郭をぼやけさせる効果もあり、魚が身を隠すのに役立つ。タテジマキンチャクダイの青と黄色のシマウマのような縞は、捕食者が獲物の形を見分けにくくする作用がある。縞のある魚の集団の中にいれば、どこからどこまでが一匹の魚なのかを見きわめるのは難しい。模様で体の特定の部位を隠す魚もいる。タテジマキンチャクダイの目の部分にある黒い目隠しのような模様は、捕食者に目を突かれるのを防ぐ（口絵⑧）。

チョウチョウウオ類は、目の部分にある縞模様を体のほかの部分にある大きな黒い斑点とつなげているものがたくさんいる。斑点は虹色に輝く青で縁どられていることが多く、偽りの目として機能していると考えられ、頭の先端の大切な部分への攻撃をかわす効果がある。斑点を目だと思っていたら、獲物が進むべき方向と逆方向へ逃げ去って混乱する捕食者もいるかもしれない。

しかし、これまで何十年も研究されてきたにもかかわらず、模様についてのこうした説を実証するのは難しいことがわかってきた。魚類、鳥類、チョウや蛾などさまざまな動物がなぜ目玉模様を進化させてきたのかについては、いまだに定説がない。リザード島周辺に生息するスズメダイ類についての別の研究では、尾にある斑点付近に捕食者に噛みつかれた跡を見つけられなかった。このことから、捕食者を混乱させて頭ではなく尾を攻撃するように仕向けるための模様ではないと考えられる。オーストラリア・クイーンズランド州にあるジェームズクック大学のモニカ・ガグリアーノは、斑点は、過去においては生存に役立ったが今は不要になった「体の装飾品の遺物」だと主張している。あるいは、最近の捕食者は目玉模様にうまく対処するようになって、もうだまされなくなっているだけかもしれない。

太陽光と深海の赤い魚

魚の色についてウォレスが書いた随筆を読むと、夜行性の動物は暗いくすんだ色をしていて夜の闇に溶けこむと書かれている。しかし水中で生活する夜行性の動物は黒ではなく、正反対の赤い色をしていることが多い（口絵⑥）。イットウダイ類、アカマツカサ類、キントキダイ類は体が赤く、どれも熱帯海域に生息する夜行性の魚だ。深海に生息する魚にも赤がめだつ。タツノオトシゴに近縁な新種のヨウジウオが最近になって見つかり、西オーストラリア州の深い海域で初めて映像が撮影された。体色はルビーのような赤だった。また、深海の海底山脈にはオレンジラフィーが生息する。生きているものはレ

2――多型とは、同じ種の生物集団の中で、例えば大きさや色など何らかの性質が異なる場合を指す。雄と雌は形態が異なる場合が多く、これは性的二形として知られる。

ンガのような赤い体色をしていて、死ぬと色が褪《あ》せてオレンジ色になる。これらの魚がさまざまに赤い体色を進化させたのは、水の中で太陽光が示す挙動のせいなのだ。

太陽からの光が地球に届くときには、それぞれに波長が決まったさまざまな色の光がまじり合っている。ふつうの人が見ることのできる色は短い波長の青や紫から、長めの波長のオレンジや赤の範囲の光になる。どの色の波長も大気中の通過しやすさには大きな違いがなく、すべてをまとめて見ると、人間の脳は光を白色と認識する。しかし光が水の中を通過すると、エネルギーの小さい長い波長の光は水分子に吸収されるのが早いため、太陽光の色には偏りが生じる。つまり、透明な水の水深二〇メートルでは赤い光がほとんどなくなることを意味する。さらに深くなると、ほかの色も消えていく。まずはオレンジ色がなくなり、次に黄色や緑色がなくなる。波長が短くエネルギーが高い青い光がいちばん深くまで届く。このため、外洋に生息する生き物の多くの体は、まわりの環境に合わせて体色が青色に進化してきた。

それならば、深海に生息する魚や夜行性の魚は、なぜ海の色ではない赤になったのだろうか。理由は色素の働き方に隠されている。たいていの物体に色があるということは、その物体が特定の色の光を吸収する色素を持っていて、吸収されなかった波長の色が反射されるからにほかならない。樹木の葉は秋になると、緑や青い光を吸収するアントシアニンという色素を含むようになるので赤く見える。しかし、その赤い葉を深海へ持っていっても深海には反射できる赤い光がないので、葉の色はすぐに褪せて何の変哲もない灰色や黒に見え、赤い色素は本来の色を示すことができない。日が暮れても同じことで、水中でも、まず消えていく波長は赤になる。このため、夜行性の動物にとっても深海の動物にとっても、赤い体はカムフラージュに役立つことになる。

日中の浅い海域では、赤は身を隠すためではなく、できるだけめだつために役立つ。ウォレスは、ほかの動物を警戒させる色や模様についても記している。例えばハチやアブのような黒と黄色がめだつ体色は、目に見えない毒を持っていると知らせることや、刺されないように警戒させることに役立ち、食べようと攻撃する動物は色を見るだけで危険だと認識して避けるようになる。魚にも警戒色があることにウォレスはふれていないが、例はいくらでもあげることができる。ミノカサゴ類には赤と白の縞があり、頭の先に毒を持つ長い棘《とげ》があることを相手に警告している。ニザダイ類は尾のつけ根に性質《たち》の悪い刃《やいば》のような突起があり、英語で「外科医のような魚」と呼ばれるゆえんになった（口絵⑨）。この魚も鮮やかな警戒色を身にまとっていることが多い。

色とりどりの魚の中には、危ない魚ではないのに警戒色を身にまとうものもいる。無害な種類は偽りの警戒色を身にまとうことで、有毒な魚のふりをして身の安全を守っている。そのような擬態をする例としてあげられるのがサザナミウシノシタの仲間〔*Soleichthys maculosus*〕で、幼魚は有毒な扁形動物になりすます。オレンジ色の縁どりのある黒い体には大きな白い斑点があり、姿かたちがそっくりなのだ。どちらも海底に平らに横たわり、ゆっくりと体を波打たせながら移動する。捕食者はこのシタビラメ類の幼魚を味のまずい扁形動物と勘違いして襲わない。

ウォレスは動物の体色を「自然史の中でいちばんおもしろいことのひとつ」だと考えていた。世代から世代へとどのように体色が受けつがれ、色合いが完成されていくのかについても考察している。色彩や模様はひとまとまりの集団の個体どうしでも異なり、めだたなくなったり敵を脅《おど》かしたりして、ウォレスの言う「生存の可能性が高まる」個体が出てくると論じる。有効な色合いは親から子へと受けつがれ、このような自然選択がそれぞれの世代に働き、保護色や警戒色が完璧の域に達すると、敵はあきらめてほかの生物種をねらうようになる。だがそれで終わりではない。時間が経つと捕食者の側も認識力を変化させてだまされなくなるので、獲物は何世代経っても最良の保護色や模様を追求し続けることになる。ウォレスはこれをあえて進化だと言いはしなかったが、現在進行中の進化だと言って差し支えないだろう。「ちょっと見たところはただ変化に富んで美しいと感じるだけで何の役にも立たないように見えるさまざまな体色や奇妙な模様が、動物界を通じて」なぜ見られるのかについて、十分な手がかりを与えてくれると記している。

このウォレスの考え方からは、多くの動物が鮮やかな色彩を身にまとう理由はわかるが、すべての動物が隠れたり相手を脅かしたりするのに体色を使うわけではない。身を隠さない魚もいれば、毒のない魚もいて、毒を持っているふりをしない魚もいる。ウォレスが保護色についての随筆を書いたあと、ほかにも保護色についての説が発表され、その中には、ほかの魚に読み取ってもらうためのメッセージとして体に色とりどりの模様を描くとするものもある。

同種と闘うための体色

五〇年前にオーストリアの動物学者のコンラート・ローレンツは、サンゴ礁の魚の多くは鮮やかな色彩のポスターカラーに身を包んでいるのではないかと気づいた。自分の体を広告塔にしているようなもので、魚種は何か、雄か雌かといったことを周囲に知らせてまわる衣を身にまとっていることになる。

ローレンツは動物行動学の先駆者で、特に攻撃的な行動に関心があった。そこで、サンゴ礁の魚を水槽で飼って観察したところ、一緒に仲よく暮らせない魚が多かった。同じ種あるいは似たような種の個体どうしで頻繁に闘争が起きたのだ。互いに噛みつき合い、最終的に相手を殺してしまうこともあった。もっと自然な条件下ではどうなのかを調べるために、ローレンツはフロリダキーズやハワイのカネオへ湾に出かけていった。シュノーケルを使いながら海の魚と泳いでみたら、水槽で見たのと同じような闘いが見られたが、たいていの場合は命にかかわるほど闘いが激しくなることはなかった。負けそうになった魚は、相手の魚の近くをウロウロしてさらに痛手を負うようなことはせずに、さっさと泳ぎ去ってしまったからだ。魚の鮮やかな色や模様は、自分がどの種類の魚であるかを魚どうしで伝え合うためにあるとローレンツは考えた。スポーツのファンがおそろいのチーム色のウェアを着るのと似ているが、魚は敵対する別の魚種との闘いを望んでいるのではなく、自分と同じ種の別の個体との闘いを想定している。つまり、いちばんの競争相手は自分と同じ魚ということになる。魚が縄張りを巡回して侵入者を見つけて追い払うときには、サンゴ礁を背景にした鮮やかな体色で魚種を見分けているとローレンツは確信するようになった。

ローレンツのポスターカラー説を支持する人たちもいたが、その後のさまざまな研究によって、この説は否定されている。攻撃性の強い種類の魚では、鮮やかな体色はローレンツの説にあてはまるように見える。例えばアカモンガラは、体全体はどちらかと言うとあまりめだたない濃い青色をしていて、性格はおとなしい部類に属する。これに対してムラサメモンガラは、私がラロトンガ島で見た魚と同じようにはるかに派手な色合いをしていて、はるかに揉めごとを好む。しかし逆の場合もある。攻撃的なのに地味な装いの魚もいるのだ。

成魚と幼魚でまったく異なる体色をしている魚種が多いということも、攻撃性とシンボル色の関係を彷彿させる。タテジマキンチャクダイは若いときには濃紺色の地に白や明るい青の筋が同心円状に体全体に広がる。二年くらい経つとやっと黄色と青の縞が浮き出てきて、同心円状の模様に取って代わる（口絵⑧）。このように体色を変えることで、幼魚は成魚の攻撃をかわせると考えられている。

一九八〇年に紅海で行なわれたタテジマキンチャクダイの調査でドイツ人のハンス・フリッケは、成魚の縞模様と幼魚の縞模様の色を塗った木製の魚を一個ずつ携えて海に潜り、それをタテジマキンチャクダイの縄張りになっているサンゴ礁に固定して、タテジマキンチャクダイがどのような反応を示すか観察した。動きのない木製の模型に本物の魚がだまされるわけがないと思うかもしれないが、タテジマキンチャクダイは二種類の模型に違う反応を示した。タテジマキンチャクダイの成魚は、成魚の模型には攻撃を加え、幼魚の模型を通常は攻撃しない傾向が見られたのだ。この簡単な調査からわかるのは、幼魚の色彩を身にまとっているあいだは好戦的な成魚の攻撃を受けることなく安心してサンゴ礁を泳ぎまわることができ、自分の縄張りを主張できるくらいに成長して体色が成魚の色に変化するまでそれが続くことになる。ほかのキンチャクダイの仲間の幼魚にも、タテジマキンチャクダイの幼魚と同じような模様をしているものがいて、まるで制服のように見えて幼魚の段階で魚種を見分けるのが難しい。このことからも、幼魚が闘いに巻きこまれないようにしているという考え方が裏づけられる。

しかし、どの魚でも同じというわけではないようだ。米国カリフォルニア州のケルプの森に生息する大型のスズメダイのガリバルディでは、幼魚の体色は攻撃をかわすのにほとんど役に立たないことが別の研究からわかっている。カリフォルニア大学サンタバーバラ校のトーマス・ニールは、まだ金属光沢の青い斑点が残る若い魚や、斑点がほとんどなくなって体がオレンジ一色になった若い魚をたくさん集めた。大きさは同じだが体色が異なるこの若い魚たちを成魚と対面させたところ、成魚は斑点がある若い魚にも攻撃を加えるところが観察された。

ポスターカラーの体色は、侵入者を追い出すためだけでなく誘いこむのにも利用される。ベラ類やハゼ類の多くはサンゴ礁の魚の体や歯の掃除屋として働いている。清掃業を営むこれらの魚は、顧客の魚の古くなった皮膚や鱗《うろこ》を一日中つついてまわり、歯のあいだを掃除したり、体表に取りついた吸血性の寄生虫を駆除したりしている。こうした魚の多くには、サンゴ礁でよく見かける青と黄色を組み合わせた縞模様がある。透明な青い水の中では遠くからでもこの二色はよくめだつ。青と黄色は色の波長が大きく異なるので水中でも特に違いが際立つ。だからこの二色を身にまとう掃除屋の魚たちは、自分たちの仕事を広く宣伝することができる。

紫外線の効果

魚が身を隠すため、あるいは大々的に宣伝するために体色を使うという説は、魚は色を識別できることを前提にしている。そして実際に魚は色を区別できる。魚には原理的には人間とそっくりの目がある。人間と同じように液体で満たされた眼球があり、光を通すための小さな瞳と、網膜（目の奥にある光を感じる細胞層）に像を結ぶためのレンズを備える。しかし、魚と人間の目では、レンズの形が違う。空気と液体では屈折率が異なるので、光は、人間の目に侵入するだけで網膜に像を結ぶ方向に曲がり始める。そのあと、正確な像を結ぶために、紡錘《ぼうすい》形をしたレンズの筋肉が微調整を行なう（近視や遠視の人は眼鏡で微調整している）。水の中で目を開けるとわかるが、水中では空気と眼球の境界では起きた屈折がなくなるため、光は屈折しないままレンズに侵入して物がぼやけて見える。もし魚のレンズが人間と同じような形をしていたら、はっきりと物を見るためにはひどく分厚い眼鏡をかけなければならないことになる。これゆえ魚の目には球形のレンズがあって、人間の場合より光を大きく屈折させる。今度、魚を丸ごと料理する機会があったら、目を取り出して見てみるとよいだろう。ボールベアリングのようなきれいな円形をしていて、加熱してあれば、眼球の内部のタンパク質がゆで卵と同じように変性して不透明になっている。魚は、近くのものや遠くのものに焦点を合わせるときには眼球の中でレンズの位置を移動させる。ちょうど、人間が虫メガネを目に近づけたり離したりするのと同じことをしているのだ。

色彩は、網膜にある錐体《すいたい》細胞という色を感じる特殊な細胞のおかげで区別できる。それぞれの錐体が決まった範囲の光の波長に反応して光の粒子を吸収すると、神経が活性化して脳に情報が伝わる。脳は、違う錐体からの情報と比較して色を認識する。人間の目にはこの錐体がふつうは三種類あり、それぞれが活性化すると脳は濃紺から赤までの色を連続した虹色として認識する。

魚には色がどのように見えているのかを知るために、生物学者たちは魚の網膜を切り出し、分光光度計と呼ばれる装置を使って光をあて、どの波長の色を吸収するかを調べてきた。一九八〇年代には微小分光光度計が開発され、針のように細い光線を一つひとつの錐体細胞に照射できるようになった。これを使った研究からは、魚にはさまざまな波長の光を感じる細胞があることがわかっている。魚によっては二種類しか錐体細胞を持たないものもいれば、四種類あるものもいて、なかには人間には見えない波長を感じる錐体を持つ魚もいる。

例えば多くの淡水魚は赤色寄りの色を見分けるように進化していて、人間には見えない近赤外光や赤外光も見ることができる。なぜかと言うと、太陽光が淡水を通過するときには泥の粒子や藻類が特定の波長を吸収するため、透過してくる光の波長が赤い方へと片寄り、魚のまわりには赤っぽい光が多くなるからだ。しかしそれだけではない。海から内陸の川へと移動する魚種の中には、移動するにつれて見える色が変化する種類もある。サケ類やヤツメウナギ類は、青い海で泳いでいるあいだは青い光がよく見える。そして川を遡上する時期になると、近赤外光や赤外光が見えるように視細胞を調整する。ニシレモンザメは、それとは逆の調整をする。幼魚はマングローブ林の根元で生活し、成長して沖へ移動すると、見える光が赤から青へと変化する。

紫外線が見える魚もいる。紫外線は水中で散乱してノイズが増えるので光としてほとんど役に立たなくなり、魚には見えないとずっと考えられてきた。しかし寿命の短い魚にとっては、捕食者の目には見えない情報を近距離でやりとりするには紫外線がうってつけであることがわかってきた。スズメダイ類の研究では、顔にある紫外線を反射する複雑な模様で、魚種あるいは個体を見分けていることが明らかになっている。ニセネッタイスズメダイとネッタイスズメダイ[3]という二種の小さな黄色いスズメダイは姿がよく似ていて、人間の目ではほとんど見分けがつかないのだが、紫外線を反射する顔の模様が異なる。この模様は、スズメダイには見えるがふつうの捕食者には見えない秘密のポスターカラーとしての働きがあるようだ。捕食者は寿命が長い場合が多く、目に紫外線を遮るフィルターを備えている。目の中にサングラスをかけているようなもので、これは長い年月のあいだ太陽光にさらされる目を守るためだと思われる。体が小さく寿命の短い魚種はこれを逆手にとり、捕食者に気づかれずに情報交換するた

3——ニセネッタイスズメダイは英語で「アンボン島のスズメダイ」と言い、アルフレッド・ウォレスがアンボン島に滞在した一〇年後の一八六八年にオランダ人の魚類学者ピーター・ブリーカーが命名した。日本からオーストラリアにかけての西太平洋に分布する。

めの手段として紫外線で見える装飾模様を使っている。

銀色の魚が水中で姿を隠す方法

まばゆい鮮やかな色彩は、皮膚にある色素胞《しきそほう》と呼ばれる特殊な細胞でつくられ、この星形の細胞の色素顆粒が特定の色合いを生み出す。ごくふつうに見られるものとしては、黒《こく》色素胞（メラノフォア）、赤《せき》色素胞（エリスロフォア）、黄《おう》色素胞（キサントフォア）がある。ごくまれに青色の色素を含む色素胞（シアノフォア）もある。この青色の色素胞は、今のところ二種類の動物でしか見つかっていない。どちらも魚類で、ハナヌメリ属の一種〔*Synchiropus picturatus*〕と近縁のニシキテグリである[4]（口絵⑪）。私は小指くらいの大きさのニシキテグリが、太平洋西部のパラオの浅いラグーンにあった枝サンゴの陰から顔をのぞかせているのを見たことがある。緑とオレンジ色の体の模様と、粉末にしたラピスラズリのような濃い青色で縁どられた幅の広い鰭がちらりと見えた。

この青い二種類の魚は別にして、ほかの生き物の青い体色は色素ではなく構造色になる。色素のように単純に特定の波長を反射するのではなく、物質の内部で光が反射・回折・散乱して生まれる色を構造色と言う。自然界には、青い空にはじまり、虹、青い目、チョウの翅《はね》、ベルベットモンキーの陰嚢《いんのう》など、構造色があふれている。さまざまな魚に見られるありふれた銀色や青も、皮膚にある虹《こう》色素胞と呼ばれ

4——ほかの動物群でもいずれ青い色素が見つかる可能性が高い。アイゾメヤドクガエルが候補のひとつなのだが、まだ誰も調べる勇気を持ち合わせていない。

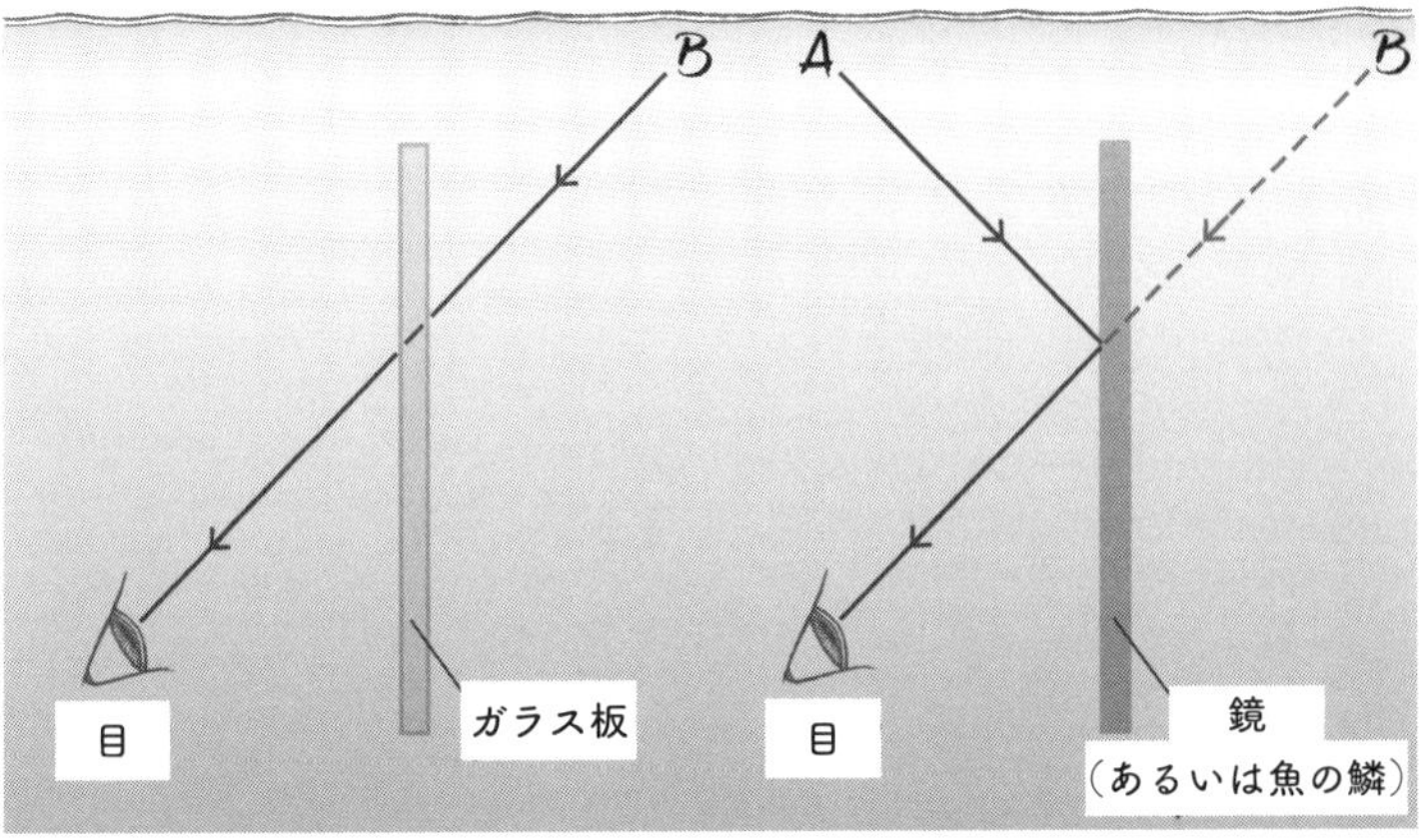

鏡、あるいは腹面が銀色の魚は、なぜ水中で透明なガラスのように姿を消せるのか

る別の細胞による構造色だ。この細胞にはグアニン（核酸の一種）の結晶があり、これが微小な鏡のような働きをして、細胞にあたった光を反射したり遮ったりする。軟体動物がつくる真珠層と似た輝きがあり、偽物の真珠をつくるときには、魚の鱗を粉にしてガラスのビーズの表面に塗りつける。

色素胞や虹色素胞の層が幾重にも重なって魚の体色や装飾が出来上がる。こうした模様は、筋肉で結晶の向きを変化させたり、色素胞どうしを寄せ集めたり引き離したりして、色素を体表から隠したり露出させたりすることで、徐々に変化させることもあれば瞬時に変化させることもできる。

海にいる銀色の魚は虹色素胞の層を利用して、隠れるものが何もない水中で姿を消すことができる。イワシ類、ニシン類、サバ類、マグロ類は、水中の光条件をうまく使って身を隠す。この手法を理解するために、まずは透明なガラス板が海の中に垂直にぶら下げられているところを想像してみよう。少し斜め下から見上げると、光はガラスを透過するのでガラス板は見えず、ガラスの向こう側にある水しか見えない。しかし水の中でなければガラスで光の一部が反射して、背景とは違う像が見えるのでガラス板があることがわかる。ガラスに自分の姿が映るのが見えることもある。

ここでもう一度水中に戻ってガラス板を鏡に置き換えてみよう。魚の集団が脇を通り過ぎてそれが鏡に映るようなことでもなければ、ガラス板のときとまったく同じように、鏡は見えなくなる。目に入るのは、鏡の向こう側にあるのと同じ青い光だけになる。これは、日中に光が水中に侵入すると、どこでも同じように光が弱くなり、同じ深さなら弱くなり具合がどこでも同じだからだ。水中に静止してゆっくり視線をめぐらすと、どちらを向いても明るさが変わらない。要するに、水中の鏡の前面の様子が反射して目に入るわけだが、反射した光の強さは鏡の背後の光の強さと同じだということになる（前ページの図の光Aは光Bとそっくりだということ）。どちらも同じように見えるので、鏡に反射したものを見ているのか、ガラスを通して向こう側の様子を見ているのか知りようがない。

これと同じ原理で、魚も体表を鏡で覆うことによって水中で姿を消すことができる。この手法がうまく機能するためには銀色の体を縦に立てていなければならない。多くの魚種の体が信じられないくらい左右にうすく扁平なのは、おそらくはこのためだと思われる。もっと分厚い魚は丸みをおびている部分も含めて皮膚の中の結晶構造を縦方向に重ねるように配置して問題を解決していて、平らな鏡と同じような効果を出している。しかしそれでも魚は動きまわり、いつも体を垂直に保っているわけではなく、そうすると姿が見えてしまう。銀色の魚の群れが渦を巻くように泳いでいるときにキラリと光ったり、姿がチラリと見えたりするのはこのためなのだ。

生きた魚を描く

魚の鮮やかな色と輝きを楽しむには、水面下で目の前を泳ぐ魚を観察するのがいちばんよい。水から出すと、体色やつやはすぐに褪せていく。水中で見られることを前提に体色を進化させてきたのだから、当然のことと言える。水中写真の撮影技術が発達するまで、魚の素晴らしい姿をとらえる唯一の方法は、幸運にも生きた魚を目にした画家の腕にかかっていた。たまたま、そのような機会にめぐり合えた画家もいる。

一七九〇年三月にイギリス海軍の艦船「シリウス」は、オーストラリア東海岸の一四五〇キロメートル沖にあるノーフォーク島の隣のサンゴ礁に衝突した。シリウスは、オーストラリアを流刑のための植民地にしようと、その数年前にやってきた第一船団の旗艦船だった。船が沈没しそうになったときにジョン・ハンター艦長がまずしたのは、一人も溺死者が出ないようにすることだった。乗っていた二〇〇人のほとんどは囚人だったが、みな無事に上陸できた。そのあと数日かけて、船が沈没する前にできるかぎりの物資が船から運び出された。陸に荷揚げされた荷物の中には、士官候補生だったジョージ・レイパーの持ち物の絵具箱もあった。

その三年前にシリウスに乗船してイギリスを出航して以来、レイパーは南半球の航路沿いの陸地や港の絵を描いてきた。船が難破して物資が乏しくなり食料も底をつくようになったにもかかわらず、レイパーは上陸した土地の野生動物の絵を描き続けた。

そして一一カ月後に救助されたときには、ノーフォーク島周辺の海域の魚の緻密なカラー図版をたくさん携えていた。そこには赤い鰭と黄色い唇を持つアマミフエフキや、頬を紫色と緑色に染めたカンムリベラの一種〔*Coris sandeyeri*〕も描かれていた。どちらの種類も、今でも島のまわりですぐに見つかる。

魚の絵を描いたほかの画家は、生きているままの姿を描いたわけではない。のちにウォレスがサンゴ礁を見て感激するインドネシアのアンボン島では、一八世紀のもっと早い時期に一人のオランダ人が数年滞在して魚の絵を描いた。サミュエル・ファロアズは最初は兵隊として働き、のちにオランダの東インド会社の牧師の助手になった。地元の漁師が魚を持ってくるとファロアズはやがてそれを絵に描くようになり、その絵を東インド会社の職員やヨーロッパの蒐集家に売るようになった。ファロアズの精密な図版は、一七一九年にオランダで出版された『魚、ザリガニ、カニ〔Poissons, écrevisses et crabes〕』などのいくつかの本に収録されている。『魚、ザリガニ、カニ』は魚に関する初めてのカラー本で、一〇〇部しか出版されなかった。世界でももっとも貴重な自然誌のひとつになっている。[5]

この本は風変わりな生き物であふれている。ファロアズの絵は高度に図案化したものだったので、精密な図版というより美術作品に近かったが、描かれた魚の多くは種類を言いあてられる。ハコフグの仲間、モンガラカワハギの仲間、ミノカサゴの仲間、チョウチョウウオの仲間などだ。ファロアズはジョージ・レイパーより創造性に富んでいたのは明らかで、異国のめずらしい種類を熱心に集めたヨーロッパの顧客に絵をたくさん買ってもらうために、わざとそのように描いたのだろう。縞や斑点は実物よりも鮮明で誇張され、体には新たに考え出した模様や渦巻きが描かれていた。もし「アリスの不思議の

5——二〇〇七年にロンドンのオークションに出品されたものは四万三二〇〇ポンド〔当時一ポンド二四〇円として約一〇〇〇〇万円〕の値がついた。

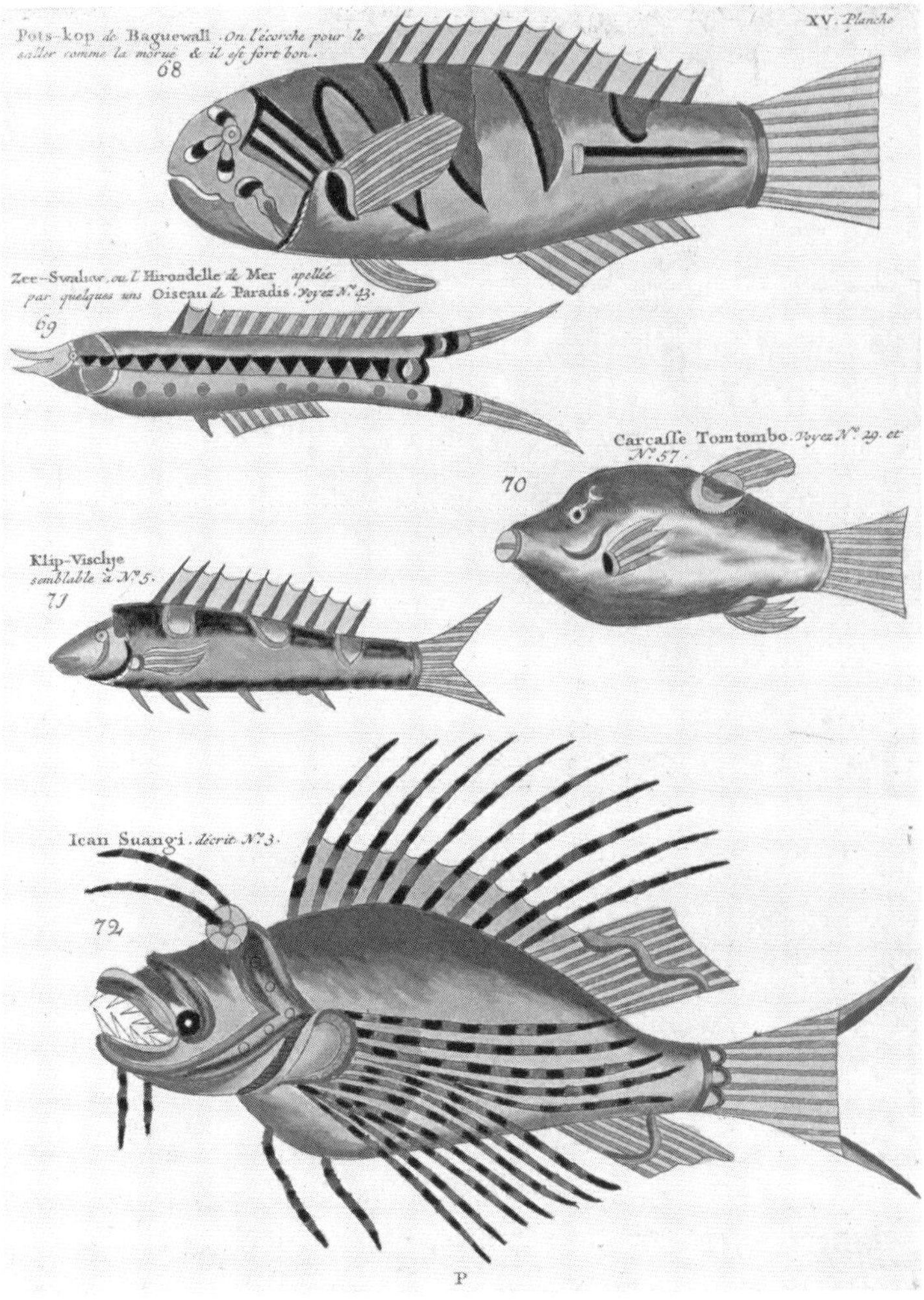

サミュエル・ファロアズが描いたさまざまな魚たち
ベラの仲間、フグの仲間、ミノカサゴの仲間が描かれている
『魚、ザリガニ、カニ』（1719 年）より

国」に魚の水槽があったら、アリスが水槽のガラス越しに見たであろうと思われるような魚たちだった。

雌はなぜ色鮮やかな雄を好むのか

魚の実際の生活で色彩が華々しい役割を果たすのは、雌がいちばん鮮やかな色の雄を好むからだ。雄はできるだけ大胆な装いで雌の気を引こうとする。「僕を選んでよ、お願いだから」「子どもの父親としては、あなたが探している雄の中で僕がいちばんふさわしいよ」と声なき声を発する装いになる。性についての情報が体に描かれている動物種は多く、ほとんどの場合は雌雄の違いを示す。一般的に雌はくすんだめだたない色合いのものが多いのに対して、雄ははるかに色鮮やかでめだつ。クジャクの羽やマンドリルの青とピンクの尻などが好例だ。

これらの雄をはじめとする多くの雄の派手ないでたちは、二種類の遺伝子型が長い年月のあいだに入りまじることで誇張されてきた。片方の遺伝子型は色鮮やかな体をつくり、もう片方は、その色鮮やかさを雌が魅力的だと感じるように作用した。雌が色鮮やかな雄と番《つがい》になると決めれば、その雌は、父親のように色鮮やかな雄の子か、母親のように色鮮やかな雄を好む雌の子を産むことになるだろう。雌の子らは兄弟の雄のように着飾らなくてもよいが、鮮やかな体色になる遺伝子をひそかに所持することにもなる。体色に関係する遺伝子と色の好みに関係する遺伝子はひとくくりにしてのちの世代に手わたされ、時を経るにつれてなお色鮮やかな雄を生み出し、それを魅力的だと感じる雌を生み出す。

こうして見ていくと、そもそも雌がなぜ色鮮やかな雄を好むのだろうかという疑問がわいてくる。雌は決して気まぐれに雄を選んでいるのではない。色鮮やかであるということは、健康状態がよく、最良の遺伝子を持つ配偶者になりうることを明瞭に示している。特にオレンジ色や赤は健康状態がよい兆候を示し、この色を出すにはカロテノイド色素が関係しているのに、魚は自分の体内でカロテノイドをつくることができない。もっぱら食べ物となるエビやカニなど色とりどりの無脊椎動物の色素を利用しているため（フラミンゴがピンク色なのも同じ理由による）、色彩豊かな衣装を身にまとう雄は、餌をたくさん食べなければならない。だから色がいちばん鮮やかな雄は、餌をたくさん食べて健康で、遊泳力があって餌をとる技術にたけている。どれも、優秀な遺伝子があってこそ成しうる。色鮮やかな雄を選べば、自分の子どもによい遺伝子を確実に手わたすことができるのだ。

　魚の雄で誇張される体色は、雌がその色合いを選ぶことで助長されてきた。米国の多彩なペルカ科の小型淡水魚（ダーター）、体が赤色に染まるサケ類、腹部が赤くなるイトヨ類、鮮やかな色の小さな記章のような模様で雌雄ともに異性を誘い合うシマヒメハヤ（ゼブラフィッシュ）、雌として成長してから性転換して鮮やかな色の雄に変化するブダイ類など枚挙にいとまがない。

　鋭い観察眼を持つ雌がこの傾向をどれくらい強力に推し進められるのか、雌雄に分かれていることが色彩を豊かにする方向への進化をどのように後押しするのかを示した魚がいる。この魚には、これまで長年のあいだにいくつかの異なる名前がつけられた。数が多いので「ミリオン」と呼ばれることもあれば、雄の体に色とりどりの斑紋や縞があることから「レインボーフィッシュ」と呼ばれることもある。しかし、三センチほどのこの魚はグッピー[6]と呼ばれることが多い。

　この名はイギリス人のロバート・グッピーにちなんでつけられた。ロバート・グッピーは、この魚に

6――ミドルネームのレヒミアの名で知られる。正式にはロバート・レヒミア・グッピー。

一五〇年前に出会っているが、最初の発見者ではない。その数年前にドイツ人探検家のウィルヘルム・ピーターズが見つけていた。しかし、この小さな魚を英語圏に紹介したのがグッピー氏だったことから、今ではピーターズという魚ではなくグッピーという魚が存在する。[7]

　グッピーは、発見されてから世界中に生息域を拡大した魚のひとつになった。蚊の幼虫を駆除してマラリアの拡大を食い止めるために世界中の淡水域に放流されたのだ。国際宇宙ステーションでも飼育された。そして無数の水槽で愛らしいペットとしても生活している。

　地球上や宇宙へと人がグッピーを移動させ始める前は、もともとグッピーはカリブ海から南米を原産地とする魚だった。グッピー氏が見つけたのも南米北端のトリニダード島だった。ここには島の北側の海岸に沿って雲霧林の山並みがあり、ホエザルの仲間、オセロット、クビワペッカリー、絶滅の危機にあるシロアゴガエルなどが生息する。霧に包まれることが多い高地からは冷たい水が川や滝となって流れ出し、グッピーはこうした澄んだ水がつくる池や渓流に生息している。

　ここ六〇年ほどは、数多くの生物学者がトリニダード島の山の森へやってきて、野生のグッピーの生態を調べている。初期に調査した米国のエドナとキャリル・ハスキンス夫妻は、トリニダード島のグッピーはどれもが色彩豊かだとは限らないことに気づいた。雄が虹色に輝いている池もあれば、別の池では雌のように地味な色合いをしていた。

捕食と体色

一九七〇年代後半に米国ニュージャージー州にあるプリンストン大学のジョン・エンドラーは、トリニダード島へやってきてグッピーの写真を撮り始めた。撮りためた一連の写真を見ると、おもしろい傾向があることがわかった。写真は、池に入ってグッピーを手ですくい出して撮影したのだが、山の頂上近くの池にはいちばん色鮮やかなグッピーがいた。山を下りながら池をひとつずつ順番にめぐってグッピーを撮影したところ、体色がしだいにくすんでいった。

トリニダード島では場所によって魚種も異なることにエンドラーは気づいた。標高の高い池には、グッピーを捕食する魚として「リーピング・グアバイン（跳びはねるグアバイン）」（*Anablepsoides hartii*）という卵生メダカしかいなかった。水中から跳び上がって川面を覆う植物上のコウチュウ（甲虫）やアリを食べるのでこう呼ばれる。小さなグッピーも食べるが、たまにしか襲わない。ところが山の麓近くや特定の深い谷には、グッピーにとっていちばん手ごわい捕食者である獰猛《どうもう》なパイクシクリッドの一種のミレット〔*Crenicichla alta*〕など、肉食魚がほかにもいろいろいた。ミレットは滝や速い流れを嫌って上流域へは遡ろうとしないので、グッピーにとって上流の渓流や池は、腹をすかせた捕食者の手が届かない、はるかに安全な場所になる。

トリニダード島の山々の頂上から麓までさまざまな魚種の集団について検討しているうちに、エンドラーの頭にはある疑問が芽生えた。グッピーの雄たちは敵に見つかって食われるかどうかというきわどい状況で、綱わたりのような生活をしているのではないだろうか。雌を引きつけるためには色鮮やかになる必要があるが、捕食者に簡単に見つからないためには、あまり派手になってはいけない。

エンドラーは、数千枚という写真と、魚について得られたデータを使って、きれいな相関があること

7――グッピーには長年のあいだにいくつも学名がつけられた。今は *Poecilia reticulata* に統一されつつある。

を示した。捕食者がいちばん少ない安全な池の雄のグッピーには大きな斑紋が多数あり、それも青やキラキラとよくめだつ色合いの斑紋で、もっとも鮮やかな体色が見られた。多くの捕食者が行きかう池の雄は、はるかにめだたない色合いだった。

　しかし、科学を学んだ者なら誰でも知っていることだが、相関があるからと言って必ずしも因果関係があるわけではない。特徴のない色合いとひ弱さがたまたま一致しただけとも考えられる。そこで、この考え方が正しいかどうかを調べるために、エンドラーはいくつか実験を行なった。

　一九七六年七月には、（グッピーにとって）危険な渓流をひとつ選んだ。トリニダード島の標高の低い山の渓流で、ミレットがたくさん生息しているなかでグッピーは生活していた。二〇〇匹ほどグッピーを集めてすべて写真に撮り、それらをあまり離れていない渓流に放した。移された新しい生息地は滝によって下流の水域とは隔てられていたので、捕食魚としては、グッピーにあまり関心がなく、それほどの脅威にならないグアバインしかいなかった。つまり、エンドラーは捕食圧を取りのぞいたことになる。

　そして二年後に、移動先の集団からグッピーを集めて写真を撮った。比較的短い期間ではあったが、いちばん怖い捕食者がいない環境で過ごしたグッピーは体色が鮮やかになっていた。それぞれのグッピーの体色が変わったわけではない。鮮やかな雄ほど雌を引きつける能力が優れていたので、色鮮やかな子がたくさん残ったわけだ。たった数世代[8]で鮮やかな色の雄の遺伝子が集団に広がり、全体として見ると、新しく生まれた雄のグッピーの体色が鮮やかになったことになる。親世代が属していたもともとの集団（エンドラーはこちらの変化も調べている）と比べると、捕食圧から解放された集団では雄の斑紋が大きくなり、色鮮やかになっていた。

グッピーを窮状から救い出すことで、さまざまな要因が作用する環境で進化がどのように進むのかを知るための強力な手がかりをエンドラーは手に入れた。ほかの研究とは違い、これを実験室ではなく自然環境下で調べたのだ。雌はより鮮やかな体色の雄を好むが、体色が鮮やかになりすぎると捕食者に見つかりやすくなって食べられてしまう。相対する二つの力が集団に作用して、時間の経過とともに集団としての体色が変化する。捕食圧が高ければ、地味な色合いの雄がいちばん子を残せる。安全な生息環境ならば、雄は雌の気を引くためにできるだけ鮮やかな色を身にまとうようになる。

エンドラーは自然環境下の研究だけでは飽きたらず、グッピーをプリンストン大学へ持ち帰った。トリニダード島の渓流に似せた池をいくつもつくり、いくつかの池ではグアバインだけを放して比較的安全な池とし、ほかの池ではミレットを放して危険な池とした。そして、両方の池にさまざまな体色のグッピーの集団を放した。

そしてたった一四カ月後に、安全な池の雄のグッピーはもっとも鮮やかな色ばかりになった。危険な池では雄の斑紋は小さくなり、青や虹色の斑紋は見られなくなった。まるでエンドラーは魚の色の鮮やかさを決めるスイッチを見つけたかのようで、思うままに魚に鮮やかな色をつけたり消したりすることができた。

トリニダード島の渓流ではグッピーには隠れ場所がなかったので捕食圧が猛威をふるっていた。しか

8——雌のグッピーは生まれてから一〇～二〇週になると最初の子を産む。雄は生まれてから七週間も経たないうちに性的に成熟する。真骨魚類《しんこつぎょ》としてはめずらしいことに、グッピーの雄は尻鰭が変形した交尾鰭を雌の体内に挿入して精子をわたし、雌は稚魚を出産する。

しサンゴ礁では事情が異なる。サンゴ礁には複雑に入り組む凹凸のある礁があるので、物陰に隠れると魚は見えなくなり、鮮やかな体色を隠すことができる。捕食者が近づいてくると魚はサンゴのでっぱりの下や小さな穴に逃げこむ。危険が過ぎ去ると、岩陰から現われて体色を誇示するように泳ぎまわり、雌にアピールするためや侵入者を撃退するために、わざわざ太陽光があたる場所に身をおくことすらある。サンゴ礁の魚種によっては、対抗者に出会ったときにポスターカラーの体色をさらに鮮やかに見せるために色素顆粒を色素細胞に拡散させるものもいる。こうした魚は、夜になって海底で眠りにつくときには、捕食者に見つかる危険を減らすために体色が褪せる。

ジョン・エンドラーはグッピーを世界でもっとも有名な魚のひとつに押し上げる手助けをした。少なくとも生物学者のあいだでは有名で、進化学や生態学の重要な問題に取り組む研究者にとって、グッピーはここ数十年のあいだに、とてもよく知られる動物種になった。

今ではグッピーの群れは世界中の研究室で飼育されるようになり、生物学者たちはグッピーの研究をするために、いまだにトリニダード島の山の森へ出かけていく。グッピーの生活様式についての新しい研究成果が毎年のように発表され、生き物がどれほど柔軟で適応性に富むのかが明らかになってきている。二〇〇七年には、雄のグッピーでは体の左右の模様が異なることをトロント大学の研究者が発見した。左右対称ではないのだ。雌の気を引こうと求愛ダンスをするときには、雄は色が鮮やかな側の体だけを雌に見せる。

二〇一三年にトリニダード島で行なわれた研究では、雌のグッピーが、あまり見かけない色彩の変わり者の雄を好むことがわかった。流行の最先端を行く新しい装い（例えば、ヒップスター風の髭、大きな格子柄のウールのシャツ、太い縁の眼鏡）がほんの少数の人から広まるのと同じように、みなが同じようないでたちになるのにそれほど時間はかからない。現実に、グッピーではまれにしか見られない派手な色があまりにも広まりすぎて人気がなくなることもあった。めずらしい色に対する好みを雌が進化させたのは、おそらく血縁が近い相手との婚姻を避けるためだろう。その結果グッピーの集団は体色の変化を周期的に繰り返すようになり、あるいは、さまざまな色の斑紋がまじり合うようになり、「レインボーフィッシュ」としての名声をほしいままにしている。

ほかにも多くの研究が行なわれ、特にカリフォルニア大学（リバーサイド校）のデイビッド・レズニックの研究室は、トリニダード島の渓流のグッピーは体色以外にもさまざまな特徴を目まぐるしく変化させていることを明らかにした。例えば、体の大きさ、寿命、性的に成熟する時期、残す子の数といったことはすべて、捕食される状況に素早く反応して変化する。

レズニックの研究チームはグッピーの進化の速さをダーウィン単位（イギリスの科学者だったJ・B・S・ホールデンは進化の進み具合の指標としてダーウィンという単位を提唱した）を使って計測した[9]。レズニックのある研究では、グッピーは三七〇〇〜四万五〇〇〇ダーウィンの速さで進化していた。化石を使って計算されているいちばん早い変化は〇・一〜一ダーウィンにすぎない。数カ月という単位で変化するグッピーと、数百万年という単位で進化した化石種を比較するのは意味がないと言う者もいる。しかしレズニックたちが論じる微小進化について知れば、地球の生命の歴史の中で現われては消えていった生物種について多くのことがわかる。

9――一ダーウィンは、ある特性の変化が一〇〇万年にe倍だけ進むことと定義される。e＝2・718（くらい）になる。

自然環境下のグッピーは、少なくとも今はまだ単一種と見なされている。ほかの魚種では、雌の色の好みのような要因はすぐに交尾の障壁になるという研究成果が得られていて、障壁ができれば種が分断され、時間が経てば新しい種に進化する。そして色とりどりの障壁がなくなると、種が失われることもある。

濁った水が交尾行動を妨げる

アフリカ大湖沼のひとつであるビクトリア湖には、三〇年前までは五〇〇種のシクリッド類が生息していた。しかし、そのとき以降七〇パーセントくらいの種類が絶滅した。この事態はナイルパーチのせいにされることが多い。この巨大な肉食魚は、一九五〇年代に食料源として湖に放流された。体は二メートルにもなり、シクリッドが大好物なのだが、すべての種類を好むわけではない。少なくとも二〇〇種ほどのシクリッドには見向きもしないにもかかわらず、好まれないシクリッドの多くもいなくなってしまった。シクリッドの消滅には別の説明もあって、それによれば捕食魚のナイルパーチは間接的にしか関係していない。

グッピーと同じようにシクリッドの雌も特定の体色の雄を好む傾向があり、多数のシクリッドの種類が互いに交配しないのは、このように好みが違うからだということは今では広く知られている。そして、種類が異なれば交尾できず、繁殖力のある子孫を残すことはできないと広く誤解されている。しかし実際には異なる種類でも交配できる場合が多い。ふだん交配しないのは、別の要因が交配を妨げているからなのだ。山が連なるような地形的な要因が妨げている場合もあれば、雌が特定の体色の雄としか交配しようとしない場合もある。ビクトリア湖のシクリッド類はわずか一万二五〇〇年というあまりにも短い年月で進化してきたので、体色以外に交配の障壁となる要因が生まれる余地がなかった。そしてここ数十年のあいだに湖の水質が変化したことで、その唯一の障壁が取り払われてしまった。

一九二〇年代にビクトリア湖で泳ぎ、水面下に潜って目を開けると、五メートルから八メートル先まで水中を見通せた。しかし一九九〇年代には、同じように潜っても一メートル先までしか見えなかっただろう。湖のまわりの農地に施された肥料が雨水とともに湖に流れこみ、水中の植物プランクトンを大繁殖させた結果、湖水が濁ってしまったのだ。湖岸の森林が伐採されて木の根が土壌を押さえる力も弱くなり、浸食が進んで土壌が湖に流れこんだせいでもある。木が切り倒された原因はおわかりになるだろうか。湖に放流したナイルパーチを燻製にする火を焚くためだった。

ビクトリア湖の濁った水がシクリッドの魚種におよぼす悪影響については、現在はスイスのベルン大学にいるオーレ・シーハウゼンがおもに率いる実験グループや野外研究グループが調べている。水槽を使った実験では、雌のシクリッドに単色の光をあてると（ビクトリア湖で起きている状況とよく似ている）、種類が異なるシクリッドの雄の青と赤を見分けられなくなる。深海で赤い色が見えなくなるのと同じように、濁った水中では雄の体色が褪せてはっきりと見えなくなるということだ。雄がどの種類のシクリッドであるか体色で見分けられなくなれば、雌はあてずっぽうに雄と交尾するようになり、種類ごとに設けられていた交配の障壁がなくなる。

こうしたことが自然環境下でも起きているようだ。ビクトリア湖でも水のきれいな水域には、種類ごとに鮮やかな体色がはっきりと異なるシクリッドが数多く生息する。こうした水域では雌は雄の体色がまだ見えるため、交尾する自分の種の雄を選ぶことができる。しかし水が濁ってくると雄の体色はくすんで見えるために魚種が減ってくる。[10]

シクリッドに危機が迫っているのは、放流されたナイルパーチに食べられているからだけでなく、シクリッドどうしで体色を見分けるのに苦労しているからなのだ。濁った水がシクリッドの交尾行動を妨げている。水中に達する光が少なくなるとシクリッドは異種交配して鮮やかな体色を失い、その結果その二種は共倒れになる。故意ではないにしても、人間がシクリッドの種類を減少させ、湖を単調な色の世界に変えてしまった。

10――このような交配の結果、雑種のシクリッドが増えているという報告もある。

知恵のあるサケ——アイルランド、伝承

昔、九本のハシバミの木に囲まれた井戸があった。のぞきこむと、水の底には体がキラキラと輝く大きなサケが輪を描くように泳いでいるのが見えた。

ある日、それぞれのハシバミの木が井戸の中に一個ずつ実を落とした。サケがそれを食べると、世の中の知恵をすべて身につけることができた。そして、偉大な詩人であるフィネガスがそのサケを捕らえて食べれば、この世の知識すべてを身につけることができるだろうと、ある予言者が言った。

フィネガスは井戸の脇に座り、七年のあいだ釣り糸を垂れてサケを釣り上げようとした。そしてある日ついに釣り上げると、自分一人で食べるために弟子のフィン・マックールに料理するように言いつけた。

「どのように調理してもよいが、サケを食べてはいけない」とフィネガスは弟子に釘を刺した。

フィンは言いつけ通りにサケを注意深く下ごしらえして、ピート（泥炭）の火で炙り焼きにした。生焼けのサケをひっくり返すために手をのばしたときだった。熱い脂が一滴フィンの手に飛んだ。火傷の痛みに驚いて少年は思わず手の親指をなめ、冷やして痛みを和らげようとした。

そのあとフィネガスがフィンに会うと、フィンの目が新しい炎のように輝いているのに気づいた。

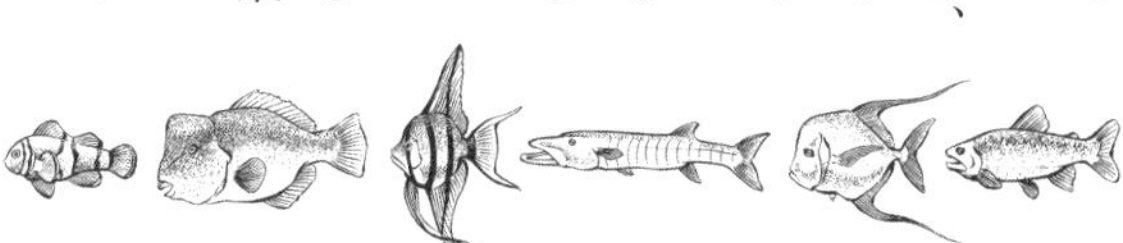

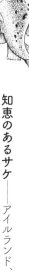

「サケを食べたのか?」と聞くと、フィンは、食べてはいないが、熱い脂がどのように飛んできたのかを打ち明けた。フィネガスには何が起きたかすぐにわかった。サケの知恵はすべてフィンに受けつがれたのだ。

そのときからフィンは自分の指をなめるだけで世の中のあらゆることを知ることができるようになり、やがてアイルランドのさまよえる英雄の一群「フィアナ」を率いる偉大な騎士になった。

chapter

4 海のイルミネーション

——光を発する魚たち

一八一五年にハンフリー・デイビーが安全ランプを発明するまで、イギリスの炭鉱労働者は坑道で作業をするときに死んだ魚をバケツに入れて持っていくことがあった。もし坑道内にメタンガスが少しでももれ出ていれば、灯りに火をつけると爆発する危険があった。だから光源が必要なときには火を焚くかわりに死んだ魚を持っていくことにしたのだ。腐敗した魚をバケツ一杯持っていけば、ほの暗くて青白い光のもとで作業することができた。魚が光っていたのではなく、魚の体に付着していたバクテリアが、魚の肉や骨や、特に目を分解し始めるときに光った。

死んだ魚に取って代わるような光源の技術革新が続いていた一九世紀初頭に、まだ生きているのに光を発する魚が見つかり始めた。外科医で動物研究家のフレデリック・デベル・ベネットは、一八三〇年代に参加した三年にわたる捕鯨航海の折に、底引き網で海面に引き上げた生き物の中に発光する魚がいるのを一〇回目撃している。海水の入った甲板のバケツに入れておいた小さなハダカイワシ類（*Scopelus* 属）は、中を泳ぎまわっているときには体の端から端まで並ぶくぼみや鱗《うろこ》が明るく光ったのに、死ぬと光も消えた。

暗闇で光る無脊椎動物は多い。例えば、サンゴ、二枚貝、クラゲ、ヤスデ、ムカデ、オキアミやイカ、それに光を点滅させることでよく知られるホタルなどには発光する種類がいる。ホタルは英語で「ファイヤー・フライ（火を灯すハエ）」や「ライトニング・バッグ（点灯するナンキンムシ）」とも呼ばれるが、じつはハエでもナンキンムシでもなく、コウチュウ類に属する。菌類の中には光るものがいるが

（光る理由は不明）、今のところ光る植物は知られていない。鳥類、哺乳類、爬虫類、両生類、そのほかの脊椎動物も暗闇で自ら光を発するものはいない。だから脊椎動物の中で生物発光するのは魚類だけになる。

光る魚のほとんどは深海に生息しているので、深海の研究に焦点があてられるようになって初めて、暗闇で発光する魚がたくさんいることがわかってきた。深い海の底には何もなく、生物は存在しないと長いあいだ考えられていた。途方もない水圧がかかる漆黒の闇に耐えながら生活できる生き物がいるとは、とうてい思えなかった。しかし、深海の闇にも何かおもしろいものがひそんでいないか試しに調べてみる価値はあるという考え方がしだいに広まり、調べ始めてみると、みごとに水中に適応した魚のまったく新しい生活が明らかになってきた。

深海探査の始まり――光る魚たち

一八七二年一二月七日に、もともとはイギリス海軍の軍艦だったチャレンジャー号がイギリス東南部のケント州シェピー島から出港したことによって、深海調査の口火が切られた。

ロンドン王立協会は、きわめて長期にわたって世界の海をめぐる冒険とも言える海洋研究を実施するための船を借りられないかと王立海軍に打診した。海軍は船ならあると返事をした。そして戦艦から銃砲や武器が取りはずされ、空いた場所には保管庫や研究室が設置されることになった。このチャレンジャー号には二一人の海軍関係者と、二一六人の船乗りに加えて六人の科学者が乗りこみ、以前とはまったく異なる使命の航海に出発した。

一〇〇〇日におよぶ探査では南北大西洋を大きな輪を描きながら縦横に航海したあと、インド洋の南部をまわりこんで太平洋の中央部を南下し、当時「グレート・サザン・アイス・バリアー（巨大な南の氷の壁）」と呼ばれていた南極大陸に近づいた。そこまでの船旅はほぼ七万カイリ（約一三万キロメートル）に達した。赤道上を航海するとしたら、地球を三周以上する距離に匹敵する。

チャレンジャー号は数多くの地点で船を停泊させて調査器具を海に下ろし、これまでにない方法で海洋測定を行なった。積みこんでいった道具で活躍したのは総計四〇〇キロメートル以上になるロープとピアノ線で、海底までの深さを知るために鉛の重りをつけて船縁から垂らした。太平洋のマリアナ海溝ではロープを八一八四メートルも繰り出した。探査した海洋の中でここがもっとも深い地点だったことがのちに判明し、「チャレンジャー海淵（チャレンジャー号の深み）」と名づけられた。[1]ロープは、深海の生物を捕まえるための底引き網を曳《ひ》いたり、海底に掘削機を下ろしたりするのにも使われた。

また、水深二〇〇〜一〇〇〇メートルには青い光がわずかに届く「トワイライト・ゾーン（薄暮帯）」と呼ばれる層があることもつき止めた。捕獲網は水深一〇〇〇メートルよりさらに深い、太陽光線が届かない漆黒の闇の「ミッドナイト・ゾーン（漸深帯）」にも下ろされた。そして探索した場所のすべてで、無数の奇妙な生き物が見つかった。探索に参加した研究者たちは、海上で調査をしていたときも、航海のあとそれぞれの研究室に戻ってからも数十年にわたって、まったく新しい海洋像を世界に発信することになった。チャレンジャー号による数々の発見は、深海には誰も想像したことのないほど奇妙な生き物が、誰も考えたことがなかったほどたくさん生活していることを示すものだった。

チャレンジャー号の調査以前に知られていた深海魚は三〇種に満たず、いずれも水深わずか二〇〇メートル以浅で発見されたものだった。しかしチャレンジャー号は、水深五キロメートルを超える深さから集めた、学術界では未知の生物を一四四種もイギリスに持ち帰った。

　現在はロンドン自然史博物館がこれらの魚類標本を所蔵している。深海の魚がいかに多様で独特な姿をしているかを初めて世に知らしめた魚たちだ。ムネエソ類（英語では「手斧魚」）の尾を手で持てば、鋭い金属の刃のような体で丸太でも切れそうな気分になる。フクロウナギ（同「一飲みするウナギ」）は体全体が口のようなもので、蝶番《ちょうつがい》でつながった巨大な顎を開いたかと思うと、獲物が大きかろうと小さかろうと一飲みにして伸び縮みする胃袋に収めてしまう。トカゲギス類（同「海トカゲ」）は長いウナギのような体形をしていて、扁平な三角形の鼻面がある。そのほかにも、筋肉質だが少し空気が抜けたサッカーボールのような体形をしていて、恐ろしげな顎を持ち、額《ひたい》から鋭い角《つの》がつき出ている動物がたくさんいる。これらはみなアンコウと呼ばれる目《もく》に属している魚たちで、クロアンコウ類（同「黒い海の悪魔」）、タウマティクテュス類（同「オオカミ罠のアンコウ」）、ミツクリエナガチョウチンアンコウ類（同「いぼだらけの海の悪魔」）などがいる。

　チャレンジャー号の探索による発見をまとめた五〇冊におよぶ膨大な報告書の一部で、イギリスの海洋生物学者ジョン・マレーはこれらの魚すべてに言及している。マレーは四年の航海のあいだに、捕まったばかりの魚の多くが共通するおもしろい性質を示すのを目にした。体中にある斑点が光り輝いたり、キラキラする粘液を体からしみ出させて船の甲板にまき散らしたりしたのだ。

　当時はまだ深海に潜って生きた魚を観察することができなかったので、発光する体の部位やしみ出す粘液をどのように利用していたのかわからず、調べられるのは魚の体だけだった。しかし幸いなことに、

1――最新の調査で、チャレンジャー海淵は水深一万九一六メートルであることが判明している。

深海から引き上げられたあとでも状態が非常によい魚が多く、深海でどのような生活をしていたのかについての手がかりが得られた。

ハダカイワシ類は尾を光らせながら暗闇を猛スピードで泳いだあと急に向きを変え、光につられて寄ってきた獲物にかぶりつくのだろうとマレーは考えた。ミツイホシエソの仲間〔*Opostomias micripnus*〕もそうだろうと思った。この魚は人が腕を広げたくらいの長さがあり、口には多数の牙があって、先が光る長い触鬚《しょくしゅ》を顎から垂らしている。この光る部分が疑似餌になって、ほかの魚をホシエソの近くにおびき寄せているとマレーは確信していた。漆黒の皮膚には白く光る斑点があり、ホシエソが体を動かすと、光る模様が（マレーの表現を借りると）「雲の影」のように見えて捕食者を驚かせるのではないかと考えた。

チャレンジャー号が集めた魚の多くは目の脇に発光する袋を持っていた。近くを見るにはこれで十分明るいのだろう。そうした魚は「見たい方向に光を向ける」ことができたとマレーは記している。身を隠したいときは、シャッターを下ろしてヘッドライトの光を消すこともできた。

そのあとおよそ一五〇年経った今でも、深海ではまだ多くの発見が続いている。運よく潜水艇に乗って数千メートルの深みに潜れたら、こうした魚が発光したり光を点滅させたりしているのを厚いアクリル板の窓ごしに見ることができるだろう。また、遠隔操作型無人潜水艇（ＲＯＶ）と呼ばれる水中ロボットを海中に潜らせ、搭載したカメラからリアルタイムの映像を海面に送れるようになった。発光する動物を生きたまま船に引き上げることもできる。このような調査からは、動物がどのように生物発光を利用しているのかについてジョン・マレーが記した理論の多くが正しかったことがわかってきた。たしかにヒカリキンメダイ類は暗闇の中でも目の下にある光源を使って物が見えるようだ。アンコウ類は発光する触鬚や顎髭《あごひげ》を使って獲物をおびき寄せる。いくつもの研究チームの調査によって、光が届かない魚の世界ではほかにもいろいろなことが起きているとわかってきた。

青い光の世界へようこそ――バクテリアという相棒

最新の情報によれば、一五一〇種の条鰭《じょうき》類と五一種のサメ類が自ら光を発する。魚の生物発光は一回だけの進化で生まれた機能ではなく、類縁が離れた魚種のあいだで少なくとも三〇回は独立して進化した。魚は暗闇でただ光るのではなく、生物発光の使い手として断トツの実績を誇る。

発光方法は大きく二つに分けられる。半数を少し超えるくらいの数の魚種は、体内の化学反応によって発光する能力を生まれつき備えている。これらの魚はルシフェラーゼと総称される酵素をつくるための遺伝子をひとつあるいは複数進化させてきた。ルシフェラーゼには、さまざまな分子構造の酵素が含まれる。この酵素がルシフェリンと呼ばれる発光分子の反応を加速させる。酸素と反応してルシフェリン分子の分子結合が切れ、光の粒子を放出するのだ。

発光する分子がどのようにつくられるのか、正確なところはまだよくわかっていない。すべての光る海洋生物は四種類あるルシフェリン分子のどれかを使っている。魚類はそのうちの二種（ウミホタルルシフェリンとセレンテラジン）をおもに使う。生物発光するイカ、エビ、クラゲ、プランクトンもこの二種のルシフェリン分子を使う。発光するためにこれほど多くの異なる動物が同じ分子を使うのは奇妙に思えるかもしれないが、これらの動物の多くが同じものを食べているので、おそらくどの動物も発光分子を食物から摂取している。イサリビガマアンコウ類の一種〔*Porichthys notatu*〕がまさにこれにあたる。

太平洋の北米大陸沿岸に生息する種類には光るものと光らないものがいる。生息域が南部のカリフォルニア近辺のガマアンコウの体表には発光器と呼ばれる器官が数百あり、それらが明るく光る。しかし、ずっと北のワシントン州ピュージェット湾付近のガマアンコウは皮膚の構造が同じなのに光らない。ところが光るのに適した餌を与えると、北部の魚も光り始める。この魚が光るためにはカイアシ類と呼ばれる微小な甲殻類の一種を食べる必要があるのだが、そうしたカイアシ類は南方の海にしか生息しない。おそらくカイアシ類がイサリビガマアンコウにルシフェリンを提供するので、それを食べられない北部の集団は光のない暗い海で生活するのだろう。

　生物発光する魚類の残りの半分は発光能力を遺伝的に持っていないが、体内で繁殖するバクテリアのおかげで発光する。こうした発光微生物は海に広く分布していて、培養するのはとてもたやすい。海岸に打ち上げられた漂流物の表面をシャーレにこすりつけてしばらく培養すれば、増殖したり、這いまわったりする微生物の中に光るものが見つかるだろう。もし臭いを我慢できるなら、死んだ魚を探してきて、炭鉱労働者がかつてしたように光り始めるのを待てばよい。

　海がうす暗く光り続ける不気味な現象がまれに見られるが、おそらく大繁殖したバクテリアが原因だと考えられる。[2]自由生活するバクテリアが繁殖すると、時にはきわめて密度が高くなり、互いに刺激し合って発光する。一九九五年には、「乳白色の海」と呼ばれるこのような現象がソマリアの沖合の海域で見られた。衛星でとらえられた画像からは、その面積はおよそ一万五〇〇〇平方キロメートルにおよび、バクテリアの数は四〇〇〇億兆にのぼったと推測されている。

　海洋のバクテリアが発光するように進化したのは、魚に食べてもらうためだという説が長く席巻してきた。バクテリアは、海で生活している魚の排泄物や、カニやエビの脱皮殻のような有機物の塊にコロニーを形成する。このような不要物を発光させると、魚が見つけて食べてくれる可能性が大きくなり、魚の腸内という、バクテリアにとっては理想的な生息環境に住まうことができる。多くの魚にとっても、このようなバクテリアの侵入を積極的に利用しない手はなく、バクテリアという光源を使わせてもらうようになった。

バクテリアという相棒を住まわせるために魚は特別な器官を進化させてきた。アンコウ類の額からぶら下がっている釣り竿（専門用語で疑餌《ぎじ》状体《じょうたい》と呼ばれる）もそのひとつだ。多くの魚は、自ら光をつくり出すか体内にバクテリアを取りこんで利用するかのどちらかの手段で光源を確保しているが、両方を利用する魚が少なくとも一種いる。オニアンコウ類の一種〔*Linophryne arborifera*〕の頭部から出ている、酢漬けにした小さなタマネギのような誘引突起はバクテリアで光る。さらに、海藻の葉状体のような髭が顎からぶら下がっていて、こちらは体内で起きる化学反応で発光する。

とても多くの魚が何度も生物発光を進化させてきたことから、生物発光がいかに役に立つ機能であるかがわかる。暗闇に生息しながら自ら制御できる光源を保有すれば、ほかのすべての生き物より圧倒的な優位に立てる。

魚の多くは、身を隠すためというより自分の姿を消すためにも光を使う。水深一〇〇〇メートルのトワイライト・ゾーンに生息する魚たちは、下から見上げると青い水に黒い影が浮き出て捕食者に見つかる危険がある。晴れた薄暮に屋外に出て空を見上げると、暗くなってきた空を背景に頭上を鳥やコウモ

2——波やボートや遊びまわるイルカが海水を攪拌《かくはん》したようなときに熱帯の海がキラキラと輝く現象とは異なる。熱帯ではプランクトンの仲間の渦鞭毛藻類《うずべんもうそう》が刺激を受けて生物発光する。

リが飛ぶのが見えるのと同じことが起きるのだ。藍色の空を黒い影が羽ばたきながら飛んでいくのを見たことがあるだろう。このようなことに対処するために、魚によっては光の点を線状に並べて体の輪郭を消す(タテジマキンチャクダイの青と黄色の縞も同じ効果がある〈口絵⑧〉)。青い光を発する発光器で腹部を覆って体の黒い影を消す魚も多い。これはカウンター・イルミネーション(逆照射)と呼ばれる現象になる。泳いでいる時間帯や深さが変化しても、頭上からふり注ぐ青い光の強さに合わせて腹部の光を調整して身を隠し続けることすらできる。太陽光が差しこむ最深部に生息する、地球上でもっとも数の多い脊椎動物であるヨコエソ類やハダカイワシ類など多くの魚がこの手法を採用する。こうした魚たちは存在を上手に隠しながら、このうす暗い領域で一日のほとんどの時間を過ごす。

ダルマザメ(英語では「クッキーの型抜きザメ」)の腹部も同じように青く光る。フレデリック・デベル・ベネットは、一九三〇年代に捕鯨を行なった際に五〇センチほどの紡錘《ぼうすい》形のこのサメを捕まえ、サメが光を発する姿は「じつに不気味で恐ろしい」と記している。サメの首のまわりには、両端が細くなった帯状の光を発しない黒い部分があることにも気づいた。これを見てベネットは、サメがもっと小さい魚の影に見えるのではないかと思いをめぐらせた。このような模様があれば、ダルマザメはイルカ類、クジラ類、マグロ類など自分より大きくて速く泳ぐ動物をおびき寄せられるのではないだろうかと考えたのだ。

獲物を見つけたと思って捕食性の動物がダルマザメに近づくと、肉塊をかじり取られる。この他力本願のサメは、寄ってきた捕食動物の皮膚にしっかり食いつき、口いっぱいに肉を頬張ると体をよじりながら肉をちぎり取って泳ぎ去る。そしてダルマザメに襲われた獲物には特徴的な丸い傷が残る(英名の由来でもある)[3]。もし首のまわりの黒い部分についての説が正しいなら、泳ぎの遅いサメがなぜ動きの速い捕食動物に近づいて肉をかじり取り、クッキー型で抜いたような傷跡を残せるのか説明がつく。またダルマザメは、発光しないことを影絵のように利用してほかの魚種に擬態する唯一の動物になる。

青い光を使って会話する魚もいる。ハダカイワシ類に光をあてると、仲間と勘違いしてホタルのように光を返してくる。「スプークフィッシュ（幽霊魚）」とも呼ばれるデメニギス類は相手に伝えたいメッセージを腹部に描く。デメニギス類は網にかかっても、海上に引き上げられたときには柔らかい体がいつもずたずたになっているので、長年のあいだ詳しい生態がほとんどわからなかった。ところが、二〇〇四年にカリフォルニアの沖合の水深六〇〇メートルの太平洋で生きたデメニギスが撮影された。その映像には巨大な管状の緑色の目をした魚が映っていて、宇宙飛行士のヘルメットのような透明なドームの中で目をぐるりと回転させる。このヘルメットは、クラゲの親戚のクダクラゲ類の刺胞についている餌のかけらを食べるときに目を保護するためのものと思われる[4]。

デメニギス類の望遠鏡のような目は、通常は上を向いて頭上の動物の影を見張っている。管状の目には枝分かれした小さな第二の目もある。こちらの目には、ふつうの透明なレンズではなくグアニンの結晶でできた光る層があり（デメニギス類は目のかわりに鏡を持つ唯一の動物）、それで焦点を合わせる。この鏡のような目で、仲間のデメニギス類も含む生物発光する動物のほの暗く青い光を集めている。また、腸の末端付近には直腸球と呼ばれる器官があり、そこに発光バクテリアを棲まわせている。そ

3——ほかのほとんどのサメでは一本ずつ歯が生えかわるのと異なり、ダルマザメのカミソリのように鋭い歯はきれいにつながっているので、歯が生え変わるときは総入れ歯を吐き出すような感じで歯を一度すべて失う。
4——かの有名なカツオノエボシもクダクラゲ目の一種。

こから出た光は、靴底のような平たい腹部全体に広がり、自転車の反射板のように光を発する。この光で自分のシルエットを消すわけだが、光る腹部には、魚種によって異なる模様が黒い色素で描かれている。暗闇でも同種の仲間が気づいてくれるような信号を発信しているのだろう。

もう少し浅いところには、夜、あるいは水が濁っているときに光を使って交信する別の魚たちがいる。ヒイラギ類は小さい銀色の魚で、多くは河口や沿岸の浅瀬に群れて生活する。タイミングがよければ、集団全体が一斉に光るのを見ることができる。ヒイラギ類はおもに雄が光る。バクテリアのつまった光る輪のような組織が食道のまわりにあり、銀色の浮袋がその光を反射させる。体の側面にある透明な小窓から光を発するが、光を遮断したければ小窓のシャッターを下ろす。この光がなければヒイラギ類の種類を見分けるのは難しい。しかし光を発しさえすれば、その配置や点滅具合が種によって異なるので見分けられる。雌も光を発するが、雄ほど明るくない場合が多い（雌の喉の光の輪は小さく、雄の輪の一〇〇分の一しかないこともある）。雄のヒイラギ類は雌に光で語りかけ、なぜ熱心に光を発しているのかを見に来るように誘っているのだ。

グッピー類やシクリッド類の色とりどりの模様と同じように、生物発光は魚が互いを見分けるのを助けることから、種の形成や維持に重要な働きをしていると考えられ、集団を隔てる物理的な障壁のない広い海ではとりわけ重要な役割を果たす。発光でコミュニケーションを図る魚は、種数が多いグループに属している場合が多い。二五二種類いるハダカイワシ類は、それぞれの種類特有の発光模様が頭や尾や脇腹に並び、この光の模様を自分の正体を示す信号として使っている。一方、二一種類しか知られていないヨコエソ類は姿をくらませるためだけに光を使い、暗闇に信号を送り出すことはない。

これまでの研究からは、ハダカイワシ類のように光を使って異性を引きつけたり互いを認識したりする深海魚の方が、新しい種が進化する割合が高いことが示されてきた。深海のサメについても同じことが言える。カラスザメ類はサメの中でもっとも小さく、その多くは頭から尾の先までの長さが人が手のひらを広げたときの親指から小指までほどしかないが、三八種が記載されていてサメのひとつの属にしては種数が多い。そしてトワイライト・ゾーンを泳ぎまわりながら、さまざまな方法で体を発光させる。クロハラカラスザメには毒を持つ鋭い棘《とげ》があって光るサーベルのように発光するのだが、これでおそらく捕食者を追い払うのだろう。脇腹と尾にも発光する模様がある。このサメを飼育すると、泳いでいるときによく体を右左に傾ける行動が見られれ、まるで光を点滅させて信号を発しているように見える。雄は交接器（板鰓《ばんさい》類版のペニス）までもが光る。これを点滅させて、おそらくは悩殺的な魅惑の光を雌のサメに送っていると考えられる。

ここまでで紹介してきた魚類では、発する光は判で押したように青色だった。青は、トワイライト・ゾーンまで届く光の色であり、水中を泳ぎまわる魚の多くが持っている視覚色素の色でもある（青色の水の中でいちばん機能する）。しかし、この青一色の世界にしたがわない光る魚のグループがひとつある。

ワニトカゲギス類は、こうした魚の発光についてのあらゆる法則を破って赤い光を発する。独自の波長のサーチライトで暗闇を照らし、餌を探したり互いに交信したりする。暗視ゴーグルを使うのと似ている。赤い色素は赤色光がなければ黒に見える場合が多いが、赤い光をあてると暗闇で際立つので、赤色光なら、赤い体色で姿をカムフラージュしている生き物の裏をかくことができる。ワニトカゲギス類は赤い光を発するだけでなく、赤い光を見ることもできる。そしてその視覚は驚くべき適応をとげてきた。

オオクチホシエソというワニトカゲギス類の一種は球根形の赤い目をしている。その網膜には感光紙のような働きをするめずらしい色素があって赤色を感知し、この色素があるおかげで光のスペクトルの遠赤色波長がよく見える。植物や藻類やバクテリアが太陽光のエネルギーを固定するために使うクロロフィルという分子を改造した色素だ。今のところ動物でクロロフィルをつくれるものはいないので、オオクチホシエソは食物からクロロフィルを摂取しているに違いない。しかしどのように手に入れているかは謎のままである。

この特殊なクロロフィル分子は海の浅瀬近くの泥の中に生息するバクテリアの一種がつくる。しかしこの微生物がオオクチホシエソのいるような深海で見つかることはないのに、なぜだかオオクチホシエソが食べるカイアシ類（前述の小さい甲殻類）の体内にこのクロロフィルが含まれる。浅海と深海の生物の世界がどのようにつながるのかはまだわかっていない。ふつうは太陽光を感知する色素を、海面から数百メートルの深さに生息する魚が暗闇を見るために使っているというのは本当に不思議と言うほかない。

紫外線ライトで見る秘密の落書き

生物発光する魚類がいることは一九世紀にすでにわかっていたが、それから数十年あとに、もうひとつ大きな動物群が光を発することがわかった。一九二七年にイギリスの博物学者チャールズ・E・S・フィリップスはネイチャー誌に短い記事を寄せ、イギリス南部トーベイにある砂浜の岩に、光るイソギンチャクがくっついていたと報告している。フィリップスがこの花のような動物をロンドンに持ち帰って紫外線をあてたところ、触手が鮮やかな緑色に輝いた。フィリップスはこの記事の中で、紫外線という光源が海洋生物学者の研究に有用な道具になるだろうと述べている。ところが当時は誰もそれを真剣に受けとめなかった。

紫外線ライトを手に水中に潜ろうと誰かが考えるようになるまでに、さらに三〇年かかった。一九五〇年代の終わりに、リチャード・ウッドブリッジが米国北東部メイン州の冷たい海中に手製のライトを持って潜ると、いたるところで無脊椎動物が輝くのを目のあたりにした。フィリップスと同じようにウッドブリッジもネイチャー誌で、紫外線ライトが研究の新しい道具として役立つと力説したが、またしてもそれほど関心を持たれなかった。ウッドブリッジは、ダイビングに熱中していたSF作家のアーサー・C・クラークに紫外線ライトを貸した。クラークはそれを水中で使ってみて、そのときの様子を一九六三年に出版した『イルカの島』に書いている。紫外線ライトを持ってオーストラリアのグレート・バリア・リーフに主人公を潜らせ、「さまざまな種類のサンゴや貝に紫外線があたると、命が吹きこまれたように見える。（中略）暗い海の中でどれもが蛍光色の青や金や緑色に輝いていた」と言わせている。

生物学者たちもやっとその重要性に気づき、紫外線ライトをありとあらゆる動物にあててみると、多くのものが光ることが明らかになった。クモ、サソリ、セキセイインコ、チョウ、動物プランクトン、サンゴ、貝やイカ・タコなどの軟体動物、シャコ類などはどれも光を発する。これらの動物は自ら光を発するのではなく、まわりの光を利用して光る。生物発光ではなく蛍光発光なのだ。そして、多くの魚の体にはこっそりと、蛍光色の模様がいたるところに描かれていることが明らかになってきた。

森に覆われるフィジー諸島のひとつであるドラワカ島の東端にサンライズ・ビーチ（日が昇る浜）と呼ばれる浜がある。夜のとばりが下りて満月が海を照らすのを見たとき、この浜はムーンライズ・ビーチ（月が昇る浜）と名前を変えた方がよいと私は思った。

ダイバー小屋を出て島を横切る小道を少し歩いただけで、背負っている潜水用具が肩に食いこんできた。だから、ひんやりする水に入ると装備の重みから解放されてほっとした。しばらくその場に体を浮かべながら足ひれをつけ、いつもより多いダイビング用具を確認していった。

手首に巻いた紐の先の二台の防水ライトが点灯するかどうかも調べた。一台はふつうの白色光を放ち、もう一台は深い青色の光を放つ。首から下げている黄色いプラスチックのバイザーは、必要なときに跳ね上げれば潜水マスクの前面を覆うことができる。まるでレゴブロックの宇宙飛行士になった気分だった。

それからボタンを押して潜水服から空気を抜いた。黒い海中に沈んでいくと、静寂が私を取り囲むのを感じた。これまでも夜のダイビングは好きだった。最初に夜潜ろうとしたときは、寒くて怖い世界を想像していて、暗闇で迷ってしまうのではないかと心配した。夜の森に入りこんだような感じがするのではないか、灯りが届く範囲のすぐ向こうには見たこともない獣がひそんでいるのではないかと想像してしまったのだ。しかしなぜだかわからないが、夜の海の中は私が想像していたのとはまったく違った。

暗い水や安らかに眠っている魚と一緒にいるのは心地よく、気分が落ち着いて瞑想している気分になった。

前方に目をやると、潜水仲間の姿がライトの中で浮かび上がり、吐き出した泡が、空へ昇華していく銀の祈りのように立ちのぼるのが見えた。白色光のライトで暗闇を照らすと、上から差しこむ太陽光ではすぐに失われてしまう赤やオレンジ色のものでも、もとの色がわかる。その日の早い時間に同じ場所に潜って日中の光だけで見たときよりも、すべてのものが生き生きとしているように思えた。ゆっくりと沈んで砂の海底にひざまずき、これまで経験したことのないダイビングが始まった。

黄色いバイザーを所定の位置につけて白色ライトを消し、まったくの暗闇の中でスリル満点の時間をほんの少しのあいだ過ごした。目を閉じても開けても視界は何も変わらない。そして青色ライトのスイッチを押すと、まわりの世界がたちまち姿を変えて現われた。

数秒前までは岩礁のほとんどが地味な緑や茶色で覆われていた。それが、光輝く不思議の国に変貌したのだ。背景は暗いなめらかな深紅。枝サンゴがのばしているネオンのような緑色の枝の先は紫色。イシサンゴ類は赤や緑の曲がりくねった溝で覆われている。サンゴ礁のいたるところに光る点が散在していて、まるで星がまたたく夜空が海の底に落ちたかのようだった。

青い紫外線ライトは魔法の杖のようなものだ。その光をあてると、岩礁も、そこに生息する生き物も、光を返してくる。小さな巻貝は、鮮やかな緋色の貝殻を引っ張りながら黄緑色の足でスーッと這っていく。手のひらを広げたくらいの大きさのイソギンチャクが一匹だけいて、黄色く輝く触手を水中で波打たせながら一本ずつ体の中心部へと運ぶので、まるで指をなめているように見えた。

その光景が夢ではないことを確かめるために、白色ライトを点灯して束の間だけ岩礁のふだんの姿を復活させる。そしてまた青色ライトを点灯して、もう一度不思議の国へと続くウサギの穴に落ちていく。目の前にはじっと動かないエソの仲間がいる。ふだんは、この魚にそれほど心を躍らせることはない。まだらなベージュ色をしていて、海底の砂にまぎれて見つからないようにじっとしている。ところが青い光で照らすと、頭の先から尾の先までけばけばしい緑色に輝き、まわりの砂の表面に明るい影を落とす。また、顎の下に二本の長い髭を持つヒメジ類は黄色い蛍光色のペンキに浸したかのようで、ハタ類は、まだらの赤い光を放ちながら海底で動かない。

　青色光をあててもすべての魚が明るい色に輝くわけではなかった。ツノダシは小さな洞穴の中で丸くなっていて、ぼんやりとした灰色の姿は、出来の悪い写真のネガのように見える。しかしサンゴの出っ張りの下をのぞくと、小さなタイの仲間が私に背を向けてじっとしているのを見つけた。昼間の光でこの魚を見ると、体の半分が白でもう半分が黒、目から後ろに白い線が走っている。しかし夜に青い光をあてると、体の側面を横切るように走る緑色の縞が浮かび出る。しばらく見ていると、その魚は向きを変え、明るい赤に輝く口紅をつけた唇を私の方へつき出した。

　そのとき海に潜るまで、魚に蛍光色の模様があることに気づいたことはなかった。魚たちはいつも私の目の前にいたのに、正しい方法で魚を見なかったために、ほかの多くの科学者やダイバーと同じように万華鏡のような世界を見落としていた。

フィジーで目にした光る動物はどれも皮膚に蛍光色素があり、体色とまじり合って本来なら存在しない波長の色をつくり出す。この色素が私の照らしたライトの青色の光を吸収すると、もとの色とは異なる色の光を放出する。紫外線や青色光のような波長の短い光が吸収され、より波長の長い光を放つ場合が多く、虹の外側にある緑、黄、赤といった色に変わる。

このようなことは、光子が色素中の電子を一時的に高いエネルギー状態に励起させたあと、すぐに低いエネルギー状態に戻るときにエネルギーを再放出するために起きる。エネルギー放出という変化は短時間で終わるので、光があたっているあいだだけ蛍光を発する分子が光ることになる。これは、リン光性の時計の文字盤や、寝室の天井に取りつけた暗闇でも光る星が、吸収した光子をそのあと長時間にわたって放出する仕組みとは異なる。

さまざまな蛍光物質は、それにあたる光のさまざまな波長と干渉し合う。クロロフィルはよく知られた蛍光分子だ。サンゴの組織内に共生する単細胞の藻類は蛍光クロロフィルを持っていて、これが青色光を赤に変えるため、サンゴの多くが青色光のもとで赤く輝く。

光る海洋生物として少なくとも学術分野でもっともよく知られているのは、生物発光すると同時に蛍光発光するクラゲだろう。オワンクラゲと呼ばれる小さくて繊細な生き物は、米国西岸沿いを太平洋の流れに乗って移動しながら生活する。体は透明だが何かにぶつかると緑色に光る。この光のショーは二つの段階を経て起きる。まず、イクオリンと呼ばれるタンパク質の内部で化学反応が起きて青色の光子が生まれる。次に、この青い光が別の蛍光性のタンパク質にあたると波長が変化してクラゲが緑色に光る。

この二番目の分子は緑色蛍光タンパク質（ＧＦＰ）と呼ばれ、一九六〇年代に初めてオワンクラゲから抽出され、科学研究に革命をもたらした。[5] ＧＦＰや、ＧＦＰをもとにした改変型ＧＦＰで特定の遺伝子を標識できるようになり、細胞内のどこの部位で、あるいは体のどこの部位で遺伝子活性が上がるか、いつ活性が上がるかを紫外線か青色光をあてるだけで知ることができるので、今やどこの研究室でも使われるようになった。これらのＧＦＰによってガン細胞が拡大する様子が明らかになり、脳内で神経細胞が成長して連結する様子も追跡できるようになった。暗闇で光る魚を生み出す遺伝子操作にも使われた。もともとは汚染物質を検出するためにつくられたもので、遺伝子操作されたシマヒメハヤが汚染された水中を泳げば、明るく光って水が汚染されていることを教える。光るよう遺伝子操作された魚は、今ではペットとしても販売されている。

ほんのここ数年のあいだに、遺伝子を下手にいじらなくても、生まれつき蛍光を発する魚はたくさんいることが明らかになってきた。そうした魚に秘密の落書きがあることが、たまたまわかった。

海の中の不思議な赤色の世界

ドイツのチュービンゲン大学の海洋学者ニコ・ミッチェルは、赤いプラスチックフィルムを貼ったマスクをかぶってエジプトの紅海の海に潜ってみた。海中に潜るとどのくらいの速さで太陽光から赤色光が失われるのかを自分の目で確かめたかったのだ。

「少しぞっとしたよ」とニコはスカイプ（インターネットのテレビ電話）で私と話しながら言った。五メートル潜っただけですでにかなり暗くなった。一〇メートルも潜ると、熱帯の真昼であるにもかかわらず夜に潜っているような気分になった。水中では赤色光がすべて失われ、ほかの波長の光を遮断するよう加工したマスクをしていると、まわりを見るための光源が何もなくなった。

「ダイビング用のコンピューターの画面がよく見えなくなったし、一緒に潜水していた仲間もほとんど見えなくなった」とニコは言っていた。

しだいに目が暗がりに慣れてくると、岩礁のサンゴがぼんやり赤く光っているのに気づいた。サンゴと共生している藻類のクロロフィルが赤い蛍光を発していたからだ。

そのようななかで、一対の小さな赤い目に見つめられているのに気づいてハッとした。私のコンピューターの画面からも同じような一対の目が私を見つめている。スカイプでニコが使っているプロフィールの写真は、大きな赤い眼鏡をかけたようなハゼの画像だった。

「それを見て、すっかり興奮してしまった」とニコは私に言った。そのときの潜水調査では、射るような目で見つめてきたその魚以外には魚はほとんど見えなかった。この不思議な赤の世界にとっぷりつかって初めて、何か特別なものを見たことにニコは気づいた。

当時は蛍光を発する魚についての学術論文はまだ見あたらなかった。人間が紫外線ライトを持って水に潜るのは夜の場合が多く、夜はほとんどの魚が眠っているうえに、見えないところに隠れている。光る魚がこれほど長く見過ごされてきたのには、このような理由もあるとニコは考えている。私がフィジーで夜に潜ったときに魚を数匹見ることができたのは運がよかったと言うほかない。

「はっきり言って、マスクに赤いフィルムを貼ろうなんてバカなことを考える人は今までいなかった」

5――それ以来、さまざまな蛍光タンパク質がほかの動物でも発見されてきたが、今でもクラゲの蛍光タンパク質がもっとも広く使われている。

とニコは私に言った。「何も見えないだろうことぐらい、ちょっと考えればわかる」

ところが、赤いマスクを通してそこで目にした事柄が、ニコをまったく新しい研究分野に進ませることになった。そのときまでニコはおもにミミズ類や扁形動物の生殖行動を研究していた。しかし、赤いマスクで潜水したあと、研究の対象を光る魚に変えた。そのあと数年のあいだ、ニコは赤いマスクをつけて世界中の海に潜って光る魚を探した。ニコの研究チームはドイツの研究室に魚を持ち帰って青色光や紫外線をあて、魚の多くは生物発光ではなく蛍光発光していることを明らかにした。

二〇〇八年に発表された蛍光発光についての最初の論文で、ニコのチームは蛍光発光する魚が三〇種以上いることを示した。両目のまわりに赤い輪を持つものが多いが、体全体が赤く輝くものもいる。蛍光色は赤だけではない。アメリカ自然史博物館のジョン・スパークスが率いる研究チームは、ニコの発見を参考にしながら各地のサンゴ礁の海で魚を集めた。入手が難しいものは水族館から買うこともあった。それらに青色光をあてると、赤く光る魚だけでなく緑色やオレンジ色に光る魚もいることがわかった。さまざまな蛍光色の模様があって、いつもミラーボールがまわるディスコで暮らしているのではないかと思わせるものもいた。さらに、これらの魚は進化の系統樹のあらゆる枝に散らばって存在していた。蛍光発光するサメ類やアカエイ類もいれば、カレイ類やオコゼ類、イソギンポ類やハゼ類、モンガラカワハギ類、タツノオトシゴ類、ウナギ類、ボラ類やベラ類などもいる。

スパークスの研究が二〇一四年に発表されたころには、ニコ・ミッチェルは多くの魚が蛍光発光することに確信を深めていて、もっと大きな課題に取り組むことにした。なぜ蛍光発光が進化したのか、そして魚は何のために蛍光発光するのかを知りたいと考えたのだ。赤いマスクをつけて潜ったときにわかったように、水面から一〇メートルの深さになると太陽光の赤い波長の光はほとんど水に吸収されてなくなる。赤い色素は赤い光があたらないと色を失って灰色か黒に見える（前述したように、深海で姿を隠すには赤が適していることが多い理由でもある）。蛍光発光する海洋生物は、利用できる青色光を、すでになくなった赤色に変えることで、この物理法則をねじ曲げている。ないはずの色をつくり出しているのだ。

私がフィジーで行なった青色光を魚にあてて光らせるようなことは、厳密には自然界では起こりえないのだと理解しておくことが大切である。青色光をあてれば魚の皮膚に蛍光性の色素があることはわかるが、魚どうしが互いの姿を確認するために色素を持っているのではない。生物発光するイクオリンを持つオワンクラゲとは違い、浅海に棲む魚は自分の体を照らす青いランプを持たない。したがって、自然環境下で蛍光を発してもあまり重要な意味がない。

しかし私は、潜水マスクに魚と同じように黄色い覆いをつけてみた。魚の多くは眼球が黄色いので、黄色いサングラスをかけて世界を見ていることになる。黄色いサングラスをかけると、赤、オレンジ、黄など、波長の長い光が強調されて見え、蛍光色を感知する力を高める可能性が大きい。ライトを持った人間のダイバーがいなければ魚の蛍光はかなり微弱なものになるので、これは重要なことだ。フィジーで夜に潜ったときは月明かりがあったので、何もしなくても、私のまわりにいる蛍光発光する魚が照らし出された可能性が高い。日中は、太陽光のふんだんな青色光が魚の蛍光発光を促している。

なぜ魚がこうした色素をつくり出すのか、特になぜこれほど何度も進化の過程で魚類に蛍光発光が生まれたのかは大きな謎である。ニコの研究チームの最新の調査で見つかった赤い蛍光を発する魚は二七二種になった。その多くは、誰も気づかないようにと願いながら海底で長い時間をじっとして過ごす捕食魚だった。オニカサゴ類やヒラメ・カレイ類のような待ち伏せ型の捕食魚は、変装して身を隠しながら、獲物が気づかずに手の届くところに近づいてくるのを待つ。蛍光発光すれば見つけるのはさらに難しくなる。皮膚が蛍光色のまだら模様に覆われていると、海藻が多くてクロロフィルに富んだ背景の岩礁に溶けこむことができるからだ（口絵⑫）。

生物発光する親戚筋の魚たちと同じように、意思疎通をするために蛍光を使う魚もいるようだ。蛍光を発する魚の多くは鰭《ひれ》に発光する部位があり、鰭を広げて仲間に合図を送ったあと、捕食者に見つかる前に素早く折りたたむ。イトヒキベラ属の一種〔*Cirrhilabrus solorensis*〕の雄の顔には赤い蛍光を発する模様があり、よそ者を認識するのに役立つ。体は小さいが攻撃的な魚で、鏡に映った自分の姿をほかの魚と間違え、威嚇して攻撃を加える。この行動は通常の白色光のもとならふつうに見られる。ところがニコの同僚のトビアス・グーラックが鏡の前にフィルターをおいて赤色の波長を遮断したら、雄は蛍光色の顔の模様を見分けることができなくなり、攻撃が減った。このことから、蛍光色はコンラート・ローレンツが考えもしなかった形でポスターカラーに輝いていることが示される。

これほど多くの魚がなぜ蛍光を発するのかを説明するのに役立つ考え方を、ニコはもうひとつ温めている。ニルス・アンテスが中心となった最新の研究からは、とりわけハゼ類のような小さい捕食魚に赤い蛍光色が頻繁に見られることが明らかになっている。こうした捕食魚は、海底という背景に溶けこむように偽装した、さらに小さいエビのような生き物を餌にしている。見つけるのがきわめて難しい餌なのだが、ひとつだけ弱点があって、それが目なのだ。ニコが最初に紅海で見た魚と同じように、小さな捕食魚が蛍光の目を光らせ、非常に近くにいる獲物の目がその光を反射すれば、その捕食魚は獲物を見つけられるのではないかとニコたちは考えている。

夜にフラッシュをたいてネコかワニの写真を撮れば、目が暗闇で光ることがわかるだろう。蛍光色の魚も同じようなことをしているのかもしれない。ただし、自分の目をフラッシュがわりに使っている。捕食者の目から発せられた赤色光が別の生き物の目を光らせるということは考えられる。「エビはとてもうまく偽装しているが、目はそうはいかない。もしエビの目で光を反射させることができれば、偽装を見破ることができる」とニコは言う。

ニコが言う「光る目」説は、魚の中にはヒカリキンメダイ類やオオクチホシエソの生物発光ヘッドライトと同じように（それほど派手ではないが）、蛍光発光の反射を利用しているものがいることを示唆しているのかもしれない。ニコが指摘するように、どの魚もあまりめだちたくないと思っている。そのため「とても込み入った仕組みを発達させる宿命にある」。

しかしニコは魚の視覚についての分野では新参者なので、自分の考えが大御所の研究者たちに受け入れられるためには、ひとかたならぬ努力をしなければならない。「ほかの人たちを納得させるには、かなり時間がかかるだろう」と言う。ニコの研究チームは、魚の蛍光発光について、考えうるあらゆる角度から検討を重ねている。例えば、魚の目には何が見えるのか、見えたものが行動にどのような影響をおよぼすのか、体全体に描かれる蛍光色の模様をどのように使うのかといったことだ。「まだ議論の裏づけとなることを集め始めたばかり」とニコは話す。

そのようなことをしているあいだにも、赤いマスクをつけて潜ったときにたまたま見つけた魚は光る目を使って何をしようとしていたのか、ニコは理解しようとし続ける。ニコが言うように、「議論しているあいだにも、まだまだ手がかりが出てくる」。

オオナマズ——日本、江戸時代

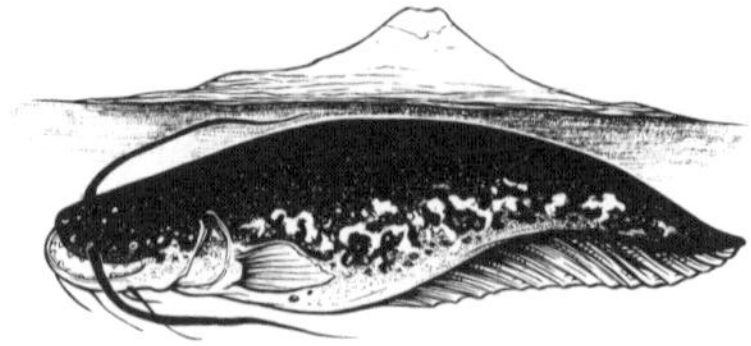

日本列島の下には巨大なナマズがいることを人々は昔から知っていた。その魚はオオナマズと呼ばれていた。オオナマズが人の世に厄災をもたらすのを止められるのはタケミカヅチという神様だけで、この神様はナマズを大きな石で押さえつけて動けないようにしていた。

ところがある日、タケミカヅチはほかの神様たちに会うために山奥の社へ出かけることになり、エビスという漁の神様にオオナマズの監視を頼んでいくことにした。しかし、エビスは酒に酔っぱらってしまい、居眠りをしたすきにオオナマズは体をよじって逃げ出してしまった。オオナマズが尾を右へ左へと打つとひどい地震が起きた。そのせいで江戸の町の大部分が破壊され、数千人という人が亡くなった。

生き残った人たちのあいだで、地震とナマズについてのさまざまな噂が流れた。日本料理屋ではほかの魚の評価が高いことをナマズが妬んでいると言う者もいた。ナマズは人間の欲深さを罰しているのであって、金持ちが富を人々に分け与えるようにしているのだと言う者もいた。ナマズは地震など起こしたいとはまったく思っていないと言う者もいた。商人や大工のなかのずる賢い連中が、大災害の片付けをしたり町をつくり直したりして自分たちが大儲けするために、オオナマズが体をゆらすよう仕向けて町を破壊したと言う者もいた。

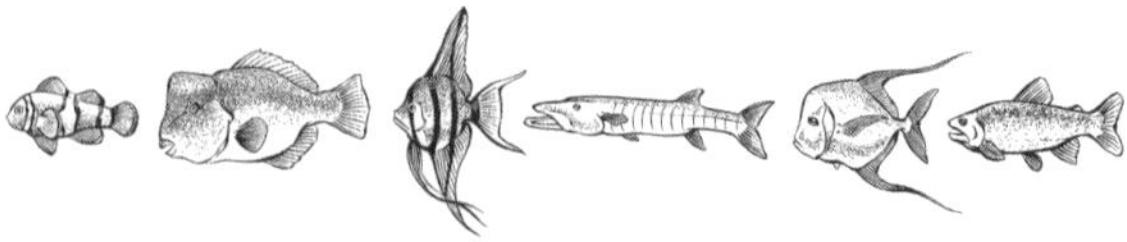

chapter

5 群れを解析する

——生き残りの戦略

東太平洋の冷たい海を一匹のイワシが泳いでいる。しかしこのイワシは独りぼっちではない。ほかの魚と同じように、一匹だけではうまく生活できないので、いつも仲間と泳ぐ。渦を巻くように泳ぐ数千匹のイワシに囲まれて負けない速さで泳ぐ。群れはまるで一匹の動物のように、考えながら、向きを変え、泳ぐ速さを変える。しかし小さな魚であっても、何も考えない大きな機械の一部ではない。まわりに目を配り、考え、感じ、耳をすませて、次にどう行動するかを決めている。群れをひとつにまとめるような、言葉にはならない決まりごとを魚はなぜだか知っている。

どの群れの一員になるかは、体が同じくらいの大きさの魚の群れを見つけられるかどうかで決まる。これがひとつ目の決まりごとで、その群れでいちばん大きな魚あるいはいちばん小さな魚になってめだってはいけない。めだつと捕食者の目にとまり、最初に食べられてしまう。群れの魚の大きさと自分をどのように比べるのかまだよくわかっていないが、誰が自分より大きく、誰が小さいか、なぜだかわかるようだ。

二つ目の決まりごとを守ると、群れの魚とぶつかり合わない距離で、かといって離れすぎずに泳ぐことができる。つまり、後ろにいるイワシが近づきすぎたら（体の長さの二倍の距離より近くなると）、速く泳がなければならない。そして三つ目の決まりごとは、前を泳ぐイワシがその距離より近づいたら、スピードを落とすということだ。

群れの魚はぴったりと同調して突然向きを変える。しかし魚はどれもが同格ではなく、リーダー的なものもいれば、つきしたがうだけのものもいる。冒頭に登場した一匹のイワシは、つきしたがう方だろう。群れの中ではリーダーの魚がいる先頭ではなく、もっと後ろの真ん中あたりにいるからだ。どの方向へ曲がって泳ぐかは、まわりの魚を見て決める。いちばん近くにいる数匹か、視野に入る範囲を泳いでいるイワシを見ている。イワシの体には水圧を感じる小孔（側線《そくせん》と呼ばれる）が並んでいて、いちばん近くの仲間が残していった航跡を感じ取って自分の位置を知る。

突然、群れに緊張が走る。イワシたちは急降下して身を寄せ合う。群れの後ろにいるイワシにはアシカが見えなかったが、まわりにいるほかの魚の体の輝き具合や動きから危険が迫っていることはわかった。競技場の観客席で起こるウェーブのように、群れの魚から魚へと情報の波が伝わる。情報は魚が泳ぐスピードよりも速く伝わり、生き残るための情報が瞬時に群れ全体に伝播する。

群れの中で不安が高まると、周囲で何が起きているかイワシたちはいつにも増して気を配るようになり、隣にいるイワシの動きを前にも増して正確にまねようとする。捕食者の攻撃が始まると、群れに溶けこむことがさらに重要になり、ほかの魚とまったく同じ行動をとろうとする。少しでも違う行動をとればアシカの目にとまって標的になる。イワシの群れが全体で一匹の魚に見えるくらい動きを同調させると、それぞれの魚は群れに溶けこんで見えなくなる。

するとアシカは別の攻撃に出て群れを二分させる。二つの群れに分かれてもまた合体しなければならないことを知っている魚は、空中へ放たれた噴水の水がまた池で合流するようにひとつの群れに戻る。狩りをするアシカはまだ決定打となる攻撃を繰り出せていないものの、イワシの群れを岸近くに追いやり、砂地の入り江で群れの動きを封じようとする。アシカは何度も魚の群れに突入するが、イワシたちにはその動きがすべてお見通しのように見える。魚の群れにはアシカの考えが読めるかのようだが、実際は動きが信じられないほど速いだけなのだ。イワシの脳と筋肉のあいだの太い神経で情報が伝えられ、数分の一秒という短時間のうちに反応する。

捕食者は意を決して群れにまた一撃を加える。イワシたちの緊張は高まり、さらに速度を上げて泳ぐ。群れが内側へ内側へと泳ぐようになると、密な渦巻き状の群れになる。どの魚も渦の中心に入りこもうと必死になる。どの魚も別の魚の後ろに隠れて、捕食者の歯牙からできるだけ遠ざかろうとする。このような利己的な行動の結果できる群れの形を考えると、魚はほかの魚の安全に気をまわしているのではないことがわかる。それぞれの魚は、自分が生き残るために群れを利用しているだけなのだ。

そしてアシカはついにイワシを一匹、また一匹と捕まえる。運に見放されたイワシと言えるだろう。群れの中心部の安全な位置にはまだたくさんのイワシがいる。しっかりと仲間に寄り添っていることで、大半のイワシは無傷で難を逃れる。自分の目だけをたよりに危険に注意を払いながら単独で海を泳ぎまわるより、命が助かる確率は、はるかに高い。

魚と魚ではない動物を区別するには、古い魚の本に書いてあるように水の中で生活するかどうかを見るだけでは十分ではない。しかしそうは言っても、魚が液体の三次元空間を移動する仕方は、魚であるための決定的な要因になる。

一五歳のときにカリフォルニアの海でイワシたちがアシカの攻撃を巧みにかわすのを見たとき、私は

らすのに理想的な形と言える。長距離を泳ぐときには、さらに抵抗を減らすために一対の胸鰭《むなびれ》を体の両側にあるくぼみに収め、きれいな流線形になる。獲物を狩るときには胸鰭を出し、体の向きを変えながら獲物を追いかけるのに使う。湾曲した鎌のような形をした鮮やかな黄色の二本の長い鰭は、泳いでいるときに体が横向きに寝てしまわないようにしている。体の側面に並ぶ黄色い三角形の棘《とげ》は、おそらく流線形の体に沿って水が流れるのに一役買っているのだろう。水を横方向と後方へ押しやり、前向きの推進力を生み出している。

台の上のキハダの尾を魚店の男が持ち上げようとしたが、重いうえに表面がつるつるだったので床に落としてしまった。床からまた持ち上げようとしたがうまくいかず、別の人に手伝ってもらっていた。セネガルの漁船団が大西洋でこの魚を捕まえて水揚げするのに、いったいどれくらいの人手が必要だったのだろうと考えてしまった。

体が潜水艦の形で尾が銛《もり》のような形あるいは三日月形をしているマグロに似た魚は、長時間、長距離を泳ぐように進化してきた。サバ類、メカジキ類、マカジキ類、バショウカジキ類などだ。メカジキやバショウカジキはもっとも高速で泳ぐ魚で、時速一〇〇キロメートルものスピードを出すと言われていたが、最近の研究ではこれは誇張されていることがわかった。そうだとしても、こうした肉食魚は決してのろまなわけではない。バショウカジキは猛ダッシュすればおそらく時速三二キロメートル近い速さで泳ぎ、これは、もっと体の小さいどのような獲物の魚よりはるかに速い。ここが大事な点になる。魚は水中で泳ぐ速度を上げると、キャビテーションによって発生した泡で体を傷つける危険をおかすことになる。液体を高圧にすると空気の泡ができ、その泡が破裂するときに強力な衝撃波が発生するのだ。サンゴ礁にいるテッポウエビ類は、ハサミを閉じるときにキャビテーションの泡を発生させる（サンゴ礁で聞こえるカチカチという音の源の大半はこの音になる)。エビの硬い殻はこの衝撃波に耐えるが、魚の皮膚や鱗《うろこ》はたぶん耐えられない。

アオザメ類やネズミザメのような潜水艦形の体形のサメにも、マグロやメカジキと同じように銛のような形の尾があり、こうしたサメも長距離を泳ぐ。浮袋がなく、脂肪に富んだ肝臓で浮力を得ているサメは沈みがちになるが、この欠陥を補うために、大きな胸鰭の断面を飛行機の翼の断面のような形にした。体を前方へ移動させると、鰭の上面の水は下面の水よりも速く移動するため、上向きの力(揚力)が発生する。二〇一六年に行なわれた研究では、ヒラシュモクザメは泳いでいる時間の九〇パーセントを横に五〇度から七五度傾いて泳いでいることが明らかになった。ぶざまな姿勢に見えるが、この角度なら長い背鰭から発生する揚力を最大にすることができる。

長距離を長時間泳ぐ魚とは対照的に、幅の広い扇形の尾を持つ魚はスタートダッシュが速い短距離走向きのものが多い。例えばカマス類やハタ類などの待ち伏せ型の肉食魚は、多量の水を横方向へ動かす、幅の広い尾を持つ。大きな尾は水の抵抗が大きく動かすのに力が必要だが、驚いて短い距離を急いで移動したいときには役に立つ。

ウナギは頭から尾の先までくねるように曲がり、体の脇を流れる波状の水の動きに合わせて泳ぐ。逆向きの波の動きに合わせれば後ろ向きに泳ぐこともできる。ナイフフィッシュは体をまっすぐに硬直させたまま、腹面に長く並ぶ鰭だけを波打たせて泳ぐ。アミアも同じような泳ぎ方をするが、腹面ではなく背面に並ぶ背鰭を波打たせる。

カレイ類は体を横に寝かせてはいるが、まっすぐに体を立てたほかの魚と同じ動きで泳ぐ。ツノガレイ類やシタビラメ類など多くの種類は、孵化《ふか》したての数週間は、ほかの魚と同じように体を立てて生活する。そのあと頭蓋骨の骨が曲がり始め、口が変形して片方の目が顔を移動して、もう片方の目と同じ側にくる(種類によって左か右のどちらの目が動くか決まっている)。そして扁平な体の片面だけ色がうすく白っぽくなり、もう片側は色が濃くなって斑点が現われる。装いが完成した成魚は体を横に倒して水平な姿勢をとるようになる。このとき、色がうすい方の側を海底に接する下面にし、色が濃い迷彩色の側を上面にする。頭の同じ側に移動した二つの目は体の上面にあるので、海底から上空を見上げることになる。扁平な体をこのように水平にすると、尾は左右にふるのではなく上下にふることになる。

板鰓類《ばんさい》にも、海底で獲物がやってくるのを待つために体を平たくしたものがいるが、水平に平たくなった過程が異なる。エイ類やガンギエイ類は、上下から押さえつけるように体を平らにした。腹を海底に押しあて、体の横に翼のように張り出した大きな胸鰭を羽ばたかせるように波打たせて泳ぐ。

トビウオ類には鳥の翼に似た鰭がある。水中で加速しておいて空中に飛び出し、大きな胸鰭を広げる。しかし羽ばたくのではなく、鰭を動かさずに一〇メートルくらい、時には数百メートルの距離を滑空する。二〇一〇年に韓国のソウル大学校のパク・ヒュンミンとチョイ・ヒェチェオンが死んだトビウオの剝製《はくせい》を風洞に入れて調べたところ、タカのようにうまく滑空することを見出した。魚は捕食者から逃れるために空中を飛ぶことを覚えたのだろう。水中から海面を見上げると、水面が鏡のように光を反射するので、風のない天気のよい日に水面に影が落ちないかぎり、水から出られない捕食者には空中を飛んでいる魚が見えない。トビウオ類は長いあいだ、このようにして獲物を狩る捕食者の攻撃をかわしてきた。トビウオの化石は、巨大な魚竜イクチオサウルスと同じ二億三五〇〇万年前の岩の中で見つかっている。魚竜はおそらくトビウオにとっては避けて通りたい捕食者だったと思われる。

そして、できるならば泳ぎたくないと思っているような体形をした魚もいる。深海に生息するアンコウ類は、危険が迫ったり餌が近づいてきたりしたときに尾鰭を動かして移動するだけで、泳ぐことによる体力消耗を抑えながら（深海には餌があまりいないから）水の中を漂流する。カエルアンコウ類は海底でじっと動かずに生活し、まわりの環境にできるだけ溶けこもうとする。出歩かなければならないときには、胸鰭を足のように使って重々しく歩く。きわめて緊急性が高いときにはゆっくりと駆け出すこともある。オーストラリア周辺の海底には、指であたりをさぐりながら移動するアンコウの仲間のブラキオーニクテュス類（英語では「手を持つ魚」）もいる。胸鰭と腹鰭を広げて手足のように使い、まわりの様子を手さぐりで調べる。[1]

集団で暮らす――縄張りから群れへ

魚が集まって泳ぎ始めると、事はそれほど簡単ではなくなる。全魚種のうち半分くらいは、生涯のどこかで仲間と一緒に社会性のある生活をする時期があり、四種に一種は成魚になったらずっと仲間と一緒に生活する。ニシン類、イワシ類、カタクチイワシ類などは、一匹だけ群れから離すと、すぐに落ち着かなくなる。

魚の集団は大きく分けて二種類ある。ひとつ目は「群がっている」状態で、それぞれの魚がそれほど強く互いを意識せずに集団で移動するようなゆるい集まり方になる。もうひとつは「群れ」で、群がっていただけの魚が、何かのきっかけで突然きっちりと同調しながら一斉に泳いだり向きを変えたりする

1――アンコウ類、カエルアンコウ類、ブラキオーニクテュス類はどれもアンコウ目《もく》という分類群に属する。

ようになることもあれば、優美に渦を巻く集団に変わることもある。群れでは互いに体を平行に保ち、すべての魚が同じ方向へ泳ぐ。しかし群れの整然とした態勢が崩れることもあり、そうすると結束のゆるい群がりに戻る。一匹の魚が二匹になり、それがたくさんになったときになぜそのような行動をとるのか。それを理解しようと、これまで数十年にわたって群がる魚や群れをつくる魚についての研究が続けられてきた。

コンラート・ローレンツは晩年になってから、目を引くポスターカラーの役割に気づいた。そしてもっぱら魚の社会生活について調べるようになり、魚がどのように群れを形成することになるのかを考えている。互いに攻撃し合ったり、縄張りを主張して揉めたりするのではなく、魚種によっては協調し合うようになる。このような転換点がどのように訪れるのかを観察したいとローレンツは考えていた。

一九七三年にローレンツは動物の本能についての研究でノーベル賞を受賞し[2]、ウィーンのすぐ郊外にある自宅に巨大な水槽をつくるのに賞金を使った。四×四×二メートルの水槽には三万二〇〇〇リットルの海水を満たすことができ、これは湯船三〇〇杯分の量に匹敵した。そこに、白と黒と黄色の特徴的な帯のある若いツノダシなど、さまざまなサンゴ礁の魚を数十匹入れて飼うことにし、そのあと数年のあいだは、午後になると魚たちを眺めて暮らす生活を送った。

一九八九年にローレンツが死去したとき、書斎の引き出しから未完成の論文原稿が見つかった。そこには、長期にわたる魚の観察（合計で一〇〇〇時間を超えていた）で何を目撃したかが詳細に記されていた。すべての魚に名前をつけ、それらがさまざまな複雑な動きをするのを観察した。ツノダシは互いに尾を打ちつけ合ったり、口と口を噛み合わせて格闘したりし、番《つがい》になると二匹並んで水槽の辺縁を泳ぎまわったり、ゆっくりと後ずさりしたと思ったら相手に突進し合ったりする行動が見られた。ローレンツの記録ノートには、水槽の中のそれぞれの魚の縄張りも描かれていた。一九七七年三月には「グラブとフリスが縄張りを合体させたが、グラブとフリスのどちらかが『間違った』場所に侵入したらそれを攻撃するバジョはまだ仲間にしてもらえなかった。（中略）クナは、いまだに左の側壁の隠れ場所から出てこられない」といった具合だった。

最終的にグラブ、フリス、バジョ、クナをはじめとするツノダシはすべて、互いの違いを認め合ってひとつの群れを永続的に形成し、一群となって水槽内を泳ぎまわった。サンゴ礁では縄張り形成から群れの形成へと切り替わる同じような行動が見られるが、それをこのような形で実際に目にした人はほかに誰もいない。大きな水槽ではあっても過密状態だったことをローレンツは認めているものの、このマイクロコズム（微小閉鎖環境）からは、誰も見ていない自然の状態で魚が行なっていることの重要な手がかりが得られるとローレンツは確信していた。

その後、カダヤシやシマヒメハヤのような小さくておとなしい魚種を使った水槽の研究が行なわれるようになり、集団をつくる魚のふるまいの解明に一役買っている。魚の集団や群れが形成されるのを観察してそれぞれの魚の動きを追いかけることで、まわりの魚に合わせ、つかず離れずの位置をどのように調整するかが明らかになりつつある。捕食者が襲ってくると、通常より密に体を寄せ合って同調した動きをする群れになり、さまざまな動きをしながら捕まらないようにしようとする。例えば横方向になだれを打つように動いたり、二つに分裂したあと水の流れが合流するようにまたひとつになったりする。

2——ローレンツは、動物は生まれて初めて目にしたものと強いつながりができるという、刷りこみと呼ばれる現象の研究で知られる。

まるでひとつの生き物になったように見えるが、平等な超個体（リーダーはいないが全体としての意思を持った存在）を形成するために集まるわけではない。研究が進むにつれ、実際は、群れの先頭を泳ぐという危険をおかしながら進路を決めている勇敢な魚がいることがわかってきている。ほかの魚より腹が減っている魚が先導する傾向があり、先頭にいれば、群れの後ろにつきしたがっているより餌にありつくチャンスが多くなる。

魚の集団を調べる研究からは、一緒になって泳ぐことで魚がどのような恩恵を受けるかが明らかになってきた。まず第一に、体の模様が同じ魚が集まれば個々の魚の輪郭がぼやけて捕食者を混乱させることができ、数が多い獲物の集団に一匹の捕食者が与える被害を相対的に減らすことができる。安全な集団をつかのま離れて近くの捕食者に近づき、捕食者が何をしようとしているのかを交替で偵察することすらある。集団に戻った魚は、捕食者の攻撃が間近に迫っていてその場を離れた方がよいのか、それとも捕食者は何かほかのことに気を取られているのかを仲間に知らせるようだ。集団になっていると食物を見つけやすいという面もある。餌の分布が一様でなく、なかなか見つからないような場合には、特にその傾向が強い。たくさんの目で探せば、餌が多い場所を見つけやすい。

また、魚は一匹で泳ぐよりも集団になって泳ぐ方がエネルギーを節約できる。輪を描くように動く集団や、自動車で前の車の軌跡（スリップストリーム）を走行するときのように、後方にいる魚は集団と同じ速さで泳ぐために使うエネルギーが少ない。魚が尾をふると体のすぐ後ろにはいくつもの水の渦が発生し、後続の魚はその渦をつっきって泳ぐことになる。しかし、乱れた流れに対抗して泳ぐのではなく、二匹の魚のあいだのすぐ後ろのちょうどよい位置にいると、こうした渦によって前向きの推進力を得ることができる。先頭の魚も、後ろの魚が前方へ発生させる船首波《せんしゅは》に身をまかせることによってエネルギーを節約する。人が自然から学ぶというのはよくあることで、こうした魚の動きは人間の世界でも応用されている。例えば風力発電の風車を魚が群れになって泳ぐときと同じように配置すれば、発電効率は一〇倍も上がる。

魚の群れの動きの仕組みをもっと深く調べるために、研究用の魚の集団を人為的につくり上げることもある。生きた魚の観察をもとにして、その動きの規則性を盛りこんだ仮想の魚のプログラムをつくるのだ。そして、このコンピューター上の魚を仮想の水槽に放して、泳ぎまわる様子を観察する。仮想の捕食者も、どのようにふるまうかを設定したうえで水槽に放して獲物を追いかけさせる。

このようなコンピューターモデルが多数つくられ、統計処理をしても本物の魚の動きと違いがないくらいまで性能が上がってきた。しかし、架空の魚が本物の魚の動きを反映していると見なすのに、それで十分なのだろうか。

スウェーデンのウプサラ大学のジェームス・ヘルベルト゠リードと仲間の研究者たちは、シミュレーションされた魚が本当に生きた魚と同じ動きをするのか疑問を抱いた。そこで、本物の魚の集団とコンピューターがつくり上げた魚の集団を一般の人が区別できるかどうか調べることにした。そして二〇一五年に、緑色の点がくるくるとまわる動画を二つ使う簡単なオンラインゲームを作成した。片方の動画は本物の魚の群れの動きを二次元で示すもので、もうひとつの動画はコンピューターモデルを使って作成したものだった。ゲームをする人には、本物の魚の群れだと思った方の動画を選んでもらった。

魚の動きを調べている研究者は、当然のことながらゲームでよい成績を収め（正答しようという意気ごみも強く）、ほとんどが本物の魚の集団を選んだ。そして二〇〇〇人近くの一般人にもゲームに参加してもらった。専門家ほど正答率は高くなかったものの、参加者の目には二つの動画が何か違うと感じられ、二つの魚の群れは明らかに違うことがわかった。しかし、どちらがシミュレーションされたものなのか、あるいは本物の群れの動きなのか、必ずしも言いあてることはできなかった。

この魚の動きについてのコンピューターモデルは、機械が知的かどうかを判定するためのチューリングテスト[3]にも不合格となった。ヘルベルト＝リードのゲームは仮想の魚の知能を検査しているわけではなく、本物の魚と同じように泳げるかどうかを問うものだった。コンピューターモデルの魚は、統計的には本物の魚とそっくりでも、多数の人の目でその魚の集団を見ると、何かおかしいと感じられることが明らかになったわけである。コンピューターがつくり上げた魚の群れは、モデルとしては完璧なものであってもどこか大きく違う部分があり、どのように泳ぐのか、どのように集まるのか、どのように群れになるのかについて、魚はまだ秘密をすべて明かしたわけではない。

魚の集団を探索する――スワローリーフ

何年も前のことになるが、魚がどのような動きをして集団になるのか少しでも解明しようとしたことがある。その冒険は、ボルネオ島北部の海岸から小さな船が出航したときに始まった。そのとき私は博士課程の学生で、南シナ海の孤島へ向かう小さな研究チームの一員だった。出航した夜は嬉しくて眠れなかった。船長は、石油掘削装置のまばゆい照明に照らされながら船を進めたが、そこを過ぎて黒い島影が水平線に沈むまで私は甲板を離れなかった。しかしそのあと二昼夜にわたって、うねる波間をゆっくりと進んだら、今度は船酔いで眠れなくなった。フラフラになって海などうんざりだと思い始めたころ、やっと小さな島の灯りが見えてきて不安が募った。私はこの旅を何カ月も前から楽しみにしながら調査計画を立ててきたのだが、目的地に近づくにつれて大きな間違いを犯したのではないかと思うようになっていた。

スワローリーフは環状のサンゴ礁で、涙のような形をしている。海面上に出ているのは、細長い小さな砂浜をともなった長さ一五〇〇メートルのコンクリート構造物で、そこに、小さなダイビング用リゾート地と、マレーシア軍が前哨基地として使う滑走路が建設されている。そのときの探検隊の滞在場所は砂浜でも滑走路でもなく、星を見ながらの野営だった。雨が降れば滑走路の脇におかれた錆だらけの輸送用コンテナの中へ逃げこんだ。水を使いたければ、いくつも用意されているバケツの水を使い、トイレに行きたければ、島の端にまばらに生えている草むらで用を足すか、海に飛びこむ方がましだった。インターネット回線はなく、電話も通じず、電気もほとんど利用できなかった。

長いあいだ調査地の様子を思い描いたり話をしたりしてきた場所にたどりついた日、私はわくわくする一方で、なじみのある場所や人から切り離されてしまったことに大きなショックを受けた。その島には三カ月のあいだ滞在する計画だったが、最後までとどまれないのではないかと思い始めていた。

次の日、調査隊が初めて海に潜ることになると事態はさらに悪くなった。波の穏やかなラグーンをあとにして、サンゴ礁を切ってつくられた水路を通り抜けて波がうねる外洋に出た。左右に大きく傾いてゆれる甲板で、私はぎこちなくスキューバ・ダイビングの装備を身につけた。船長がエンジンをかけたまま前進することにしても船のゆれは収まらなかった。通常ダイビングをするときには、水中のダイバ

3――数学者のアラン・チューリングは、一九五〇年に人工知能を検査する方法を開発した。間仕切りを隔てて質問したときに、回答者が人間かコンピューターかを言い当てられるかどうかを調べている。

ーが回転するスクリューでけがをしないよう、安全のために船を前進させない。「船を止めるのは危険すぎる」と、船長が大声で叫んだ。

波が速くて船がサンゴ礁の方向へ押し流され、とがったサンゴ礁に衝突でもすれば難破してしまう。船を止めないということは、私も、一緒に潜る仲間も、米国海軍特殊部隊シールズをまねて、「ネガティブ・エントリー」と呼ばれる方法で水に入らなければならないことになる。水に入ってから心の準備をしたり、装備が作動していることを確認したりするために、船につかまって水面にしばらく浮かんでいるわけにはいかなかった。舷側《げんそく》から仰向けに海に落下して、スクリューに切り刻まれる前にすぐに深みへ移動しなければならない。

私はすべての計画を反故《ほご》にして帰りたいと、もう少しで船長に言い返すところだった。しかし最後の気力をふり絞り、舷側から海中へと背中から落下した。

その瞬間、私は地獄から天国へと移動した。

水は、そこに水があることに気づかないほど澄んでいた。それまででいちばん空を飛んでいる気分に近かった。眼下には目の届くかぎりサンゴ礁が広がり、そこは花が咲き乱れる花園のようで、花の隙間の海底にはコケ類や地衣類が敷きつめられているかのようだった。今までで見たなかでいちばん健全なサンゴ礁だった。魚の大群が私を取り囲み、その中には、ここまではるばるやってきて見ようとした魚の姿も見えた。こうして、私が感じていた不安や心配はきれいに消えてなくなった。

産卵のために集団をつくる魚たち

メガネモチノウオは見つけるのがとても難しい。ほとんどの時間を広いサンゴ礁で単独で生活する。しかし、遭遇できる可能性が高い海域が地球上にはいくつかある。

その最初のダイビングで私が見たメガネモチノウオは雌だった。鼻先から尾まで五〇センチくらいあったのではないかと思う。もしその魚が許してくれるなら、腕に抱きかかえて持ち帰っただろう。体の側面はうすい灰緑色で、尾には黄色い縁どりがあった。頭には際立ったこぶはなかった。こぶについては後述する。

その雌はサンゴ礁沿いに、ある特定の場所に向かって無心に泳いでいった。私が翌日訪れることになる場所で、そのあと数週間、数カ月とそこに通うことになった。そこではメガネモチノウオを一匹だけでなく数十匹も目にした。ほとんどは似たような大きさの雌で、一匹だけ主《ぬし》のような巨大な雄がいた。とてつもなく大きな雄で、ふつうの湯船には入りきらないと思われるほど大きかった。体色は雌とよく似ていたが顔と唇が明るい青色で、額《ひたい》には大きなこぶがあった。時々まっすぐに近寄ってきて私の目をのぞきこんだ。近くにたむろする下位の雄と同じように追い払う必要があるかどうかを思案していたのだろう。この巨大な雄のメガネモチノウオと出会って、私は魚からじっと考え深げに観察されていると初めて感じた。

メガネモチノウオは新月の前後一週間ほど毎日集まる。その目的はただひとつ。一匹の雌で四秒ほど続く行為を遂行するためだった。しかし、いちばん強い雄はその場に長期にわたってとどまった。弱い雄の侵入者を追い払っていないときは、サンゴ礁の上方の水域へと雌を誘うのに忙しかった。機が熟したと雌が判断すると、雌はその熱心な雄をすぐ後ろにしたがえて水面方向へ泳いだ。雌雄の体の大きさの違いが一目でわかるのがこのときで、雄の体は少なくとも小さな雌の三倍はあった。並んで泳ぎながら雄は自分の顎で雌の体をなぜた。すると雌は素早く体を震わせて水中へ雲のように卵を放出し、それに雄が煙を吹きかけるように精子を放出した。そのあと雌は雄から体を引き離してサンゴ礁を泳ぎ去り、雄はまたもとの場所へ戻って自分のハーレムで次なるお相手を探した。産卵する雌がいなくなるまでこれが順番に繰り返された。

多くの魚種は、毎月あるいは毎年、同じ時期に同じ場所で産卵するための集団を形成する。バレンツ海からアイスランドやフェロー諸島にかけての北東大西洋では、キタアオビレダラと呼ばれるほっそりとしたタラが海面から数百メートルの深海に産卵のために集まる。オレンジラフィーも産卵のために海底山脈に集合する。サンゴ礁ではハタ類、フエダイ類、ベラ類、ニザダイ類といった多くの魚種が卵を産むために集まる。数百キロメートル離れたところにある産卵場所へ、何日も何週間もかけて泳いでいく魚もいる。

産卵のために形成される集団の大きさは変化に富む。数匹の小さな群れをつくる種類としては、ニシキヤッコがいる。鮮やかな黄、白、青の縞模様に身を包んだ雄一匹が三、四匹の雌をしたがえたハーレムを形成する。毎夕、日没の一五分前になると雄は雌に鼻面を押しあて、一匹ずつ水面方向へ螺旋《らせん》状に泳ぐダンスに誘う。産卵が始まると雄は尾をピシッと打つように動かして卵と精子が環状の渦を巻くようにかきまぜる。ドーナツがまわっているような、あるいは煙草の煙の輪のようになった卵と精子は水面へと上昇し、栄養たっぷりの雨が降ってくるのをサンゴ礁で待ちかまえている捕食者の口に入るのを免れる。
　驚くような規模で産卵をする魚もいる。タイセイヨウニシンは、米国のコッド岬とカナダのケープセイブル島のあいだにある米国北東部沖のジョージ・バンクという砂地の浅い大陸棚で数億匹もの集団をつくる。散らばっていたニシンが日没に集まり始めると集団ができてくる。魚の密度がある一定値（およそ五立方メートル当たり一匹）を超えると、連鎖反応の波が伝わるように外向きに集団が拡大する。捕食者に追われたイワシの群れにパニックのウェーブが伝わるのと似ている。ニシンのウェーブは時速六〇キロメートルで広がり、これはニシンが泳ぐ速さを上まわる。直径四〇キロメートルくらいの巨大な集団になると、行く先を知っているかのような小さな集団に先導されて、ニシンの巨大な集団はその浅瀬の南の端へ向かってゆっくりと動き出す。めざす場所に到着すると産卵が始まり、水は次世代のニシンによって白く濁る。朝になるまでに産卵は終わり、ニシンの集団は解散する。[4]
　このような形での産卵は、魚にとってさまざまな利点がある。広い海のどこかで異性にたまたま遭遇するのを待つのではなく、決まった場所で決まった時間に会えるような仕組みがあることには意味がある。集まって産卵すれば、大切な卵が捕食者にまるごと食われてしまう危険を減らすこともできる。ペルシャ湾では、海上の石油採掘用のプラットフォームの下にスマが集まって産卵し、ジンベエザメもやってきてスマの卵を食べる。しかしジンベエザメが一〇〇匹やってきても卵をすべて食べつくすことはできず、満腹になって泳ぎ去ったあとには十分な数の卵が残って、スマの次世代が成長し始める。

4――こうしたことは海洋音響導波路リモートセンシング（ＯＡＷＲＳ）と呼ばれる最新の音波探知機のおかげで解明が進んだ。これを使えば直径一〇〇キロメートルの海域の三次元構造を七五秒ごとに調べることができる。

産み落とされた卵ではなく産卵している親魚を食べるために、産卵地点に出没する捕食者もいる。太平洋の中央部に位置するツアモツ諸島のファカラバ環礁には多くのサメ類が生息する。狭い範囲のサンゴ礁には、いつも六〇〇匹のオグロメジロザメが生息する場所があり、サンゴ礁のサメがこれほどの密度で生息している海域は世界でここしかない。オーストラリアのシドニーにあるマクワリー大学のヨハン・ムーリエは、大集合しているこのサメについて仲間と一緒に調べ、ここでは生態系が上下さかさまになっていることを見出した。ふつうの食物網では底辺にいる動物の数の方が多いのに、ファカラバのサンゴ礁では頂点にいる捕食者の方が多い。サメは十分に餌を食べるために広い範囲を絶えず泳ぎまわっているが、ここではマダラハタと呼ばれるまだら模様のある大きな魚が自分から寄り集まってくるので、競争相手がいないここのサメの集団は、少なくともしばらくのあいだはその場を動かない。毎年六月と七月になると、数万匹というマダラハタが産卵のためにファカラバ環礁に集まる。その多くはサメに食べられて死ぬが、マダラハタの集団が消滅するほどの数が食べられるわけではない。かつては、ほかの海域でも魚は産卵のために大きな集団を形成して、多くのサメに食べられていたことだろう。しかしファカラバ環礁のような辺境でなければ、別の捕食者が産卵に集まった魚を先に食べてしまう。

漁師は魚の産卵場所をねらって漁をする。時計のように（新月や満月のときが多い）正確に魚が集まる場所で漁をするのは理にかなっている。しかしサメと違って人間は魚を獲りすぎ、産卵する集団を根こそぎにする場合が多い。カリブ海ではかつて、数万匹というナッソーハタが大きな集団をつくって産卵していたが、乱獲があまりにもひどかったので、ほとんどの産卵地点には集団が形成されなくなってしまった。同じような話は、世界各地に生息する無数の魚種について聞く。いったん集団が消滅すると回復することはないようだ。若い魚はどこへ行くべきか、年長の魚から学んでいたからだろう。そうした物知りの年配の魚がいなくなると、産卵場所の記憶も一緒に失われる。[5]

このことが頭にあったので、私は南シナ海やスワローリーフへメガネモチノウオを探しにいった。漁師がサンゴ礁をめぐりながら、一匹ずつではなく産卵地に集まったところを一網打尽にしたら、魚には大きな痛手になることを示したかった。

メガネモチノウオはもともと太平洋全体に広く分布する魚種だった。ミクロネシアやクック諸島では王様の食事のために取りおかれていた。パプアニューギニアのカーテレット島では、長老たちしか食べることを許されていなかった。相手に頭からぶつかっていくメガネモチノウオが、グアム島では男の子が成人するときの重要な儀式に使われていたこともある。しかし最近は地域経済の発展が伝統的な漁法を変化させた。アジアのグルメたちはメガネモチノウオなどさまざまなハタ類を好んで食べる。インド洋や太平洋ではどこでも漁師がこうした魚を目あてに、呼吸用の空気を送るパイプを海面までのばしておいて潜水する。シアン化物の溶液を入れたプラスチック容器を持って潜り、サンゴ礁の穴にそれを注入して隠れている魚を気絶させて捕獲することもある。このようなことをすると、サンゴをはじめとするサンゴ礁のほかの生き物も殺してしまう。なぜこのようなことをするのかと言うと、魚を生きたまま捕獲して、高額で購入して食べる人たちがいる都会へ送るためなのだ。メガネモチノウオはレストランの水槽で飼われ、金持ちが水槽の中の食べたい魚を指さして料理させる。中国では大きな雄のメガネモ

5——カリブ海ではナッソーハタの産卵集団が保護されるようになり、ゆっくりと生息数が回復する兆候が見られる。米国領バージン諸島では、数が減ったナッソーハタは、数が多いイエローフィングループーのあとを追って、イエローフィングループーの産卵地へ行っているのかもしれない。

チノウオはご馳走と考えられている。需要が大きく膨らんだので、メガネモチノウオの絶滅の危険がきわめて高くなるのに数十年しかかからなかった。

スワローリーフでは、メガネモチノウオが産卵のために集まったときに何をするのかを調べたかった。それぞれの雌が一度だけしか産卵せず、毎日新たに雌が加わって集団が維持されるなら、周辺の海域には多数のメガネモチノウオが生息していることになる。しかし同じ雌が毎日やってくるなら、次世代を残すための産卵という労を惜しまない雌の数はずっと少ないことになる。そしてそれは、漁師が産卵海域で漁をするようになれば成魚の集団がすぐに消滅することも意味する。

私の役割は個々のメガネモチノウオを見分けられるようになることだった。生存の危機にさらされているこの大きな魚を一匹ずつ捕まえて標識を取りつけるわけにはいかなかった。そこで私は、少し離れたところから特徴的な体の模様の写真を撮ることにした。メガネモチノウオは「マオリ族のようなべラ」とも呼ばれていて、顔の部分にある迷路のような模様がニュージーランド先住民のモコという刺青《いれずみ》に似ていると言う人がいるのもうなずけた。[6]「マオリベラ」の顔にある虹色に輝く青い線は、互いにからまり合ったり切れ切れの点や短い線になったりしているので、おそらくはポスターカラーのように、ほかのベラに情報を伝えているのだろう。

こうした模様が一匹ずつ違うのかどうかを私は知りたかった。もし違うなら、産卵地にやってくる個々の魚を見分ける手段として使えるので、求婚の儀式を読み解いて、同じ雌がどれくらいの頻度で産卵に訪れるのかを知ることができる。

しかし、それをするためには、長い時間を水中で過ごしてメガネモチノウオの顔の複雑な模様をカメラに収めなければならなかった。

魚の追跡調査

大きなメガネモチノウオが産卵するときの動きを追跡してみると、泳ぎまわる範囲はそれほど広くないことがわかった。ほかの多くの魚は特定の場所に執着せずに広い範囲を泳ぎまわることを日課にしているが、メガネモチノウオの成魚は常に鰭が海底のサンゴ礁に接触している必要があり、海底から浮き上がって長い時間を過ごそうとはしない。

魚の行く先を調べるには、まず捕まえて番号や「連絡先」を書いた標識を取りつけるなど何か印をつけて放し、その魚をそのうちどこかで誰かが捕まえてくれるのを期待して待つというのが、最近まではおもな手立てだった。しかし、小瓶に手紙を入れて海へ流すのと同じように、標識をつけた魚を誰かが捕まえてくれる保証はなかった。しかも、謎に包まれた魚の動きの最初と最後の情報が得られるにすぎなかった。しかし今は電子標識を利用できるようになり、魚の動きを逐一電子地図上に描けるようになった。

追跡技術は、昔に比べると大きく進歩した。一九八二年には衛星を使った追跡が初めてウバザメで行なわれた。このときサメは、長さ一〇メートルのケーブルの先に取りつけた、水に浮くかなり大きな装置を引っ張りながら泳いだ。サメが海面近くに浮上すると、水面に浮いたその装置から位置情報が人工衛星へと送信された。サメがイギリスのスコットランド地方の西海岸の沖にあるビュート海峡を南下し

6——ナポレオンフィッシュとも呼ばれるが、なぜなのかいまだに私にはわからない。

て、アラン島を横目に見ながらクライド湾を通り、岩だらけのアイルサクレイグ島をぐるっとまわるまでの一七日間、研究者はサメが移動するのを離れた場所から観察した。想定していたより早く送信機がサメからはずれたが、エアシャイア地方の浜に打ち上げられている装置を地元の人が見つけてアバディーン大学の研究者に送り返してくれた。その時点で装置の発信機能はまだ問題なく作動していた。

そのとき以来、大型のサメにはスマートフォンくらいの大きさの装置が背鰭に取りつけられるようになった。二〇一七年には、スコットランドから北大西洋まで冬季の大移動をする七〇匹のウバザメが泳ぐ経路が明らかになっている。なかにはイギリスやフェロー諸島付近でぐずぐずするものもいた。ビスケー湾に泳ぎこむものもいれば、数カ月かけて北アフリカまで泳ぐものもいた。このときは、ほとんどのウバザメが少なくとも三六〇〇キロメートルを旅した。

同様な標識を使ってほかにも大規模な魚の回遊が調べられ、コンピューターの画面に遊泳経路が描かれた。米国アラスカ州のネズミザメは冷たい水域を避けて冬はハワイで過ごす。雌のホホジロザメは南アフリカ共和国から西オーストラリア州までインド洋を一万一〇〇〇キロメートル泳いで横切ることが、二〇〇三年に明らかにされている。ボロボロになった背鰭の写真からは、そのサメがまた南アフリカまで六カ月後に泳いで戻ったことも明らかになった。クロマグロは、産卵する日本と、餌を食べて脂肪をつけるカリフォルニアとのあいだの北太平洋の水中ハイウェイを東へ西へと泳ぎまわる。ある若いクロマグロは二〇カ月のあいだに三回往復し、泳いだ距離は地球一周と同じ四万キロメートルになった。二〇一二年には、日本から米国へ移動してきたマグロを食べると健康被害があるとマスコミが恐怖を煽りたてた。福島の原発事故によって放射能汚染されているかもしれないという内容だったが、クロマグロの放射能レベルはきわめて低く、マグロステーキよりふつうのバナナを食べる方がよほど危険なほどだった。

電子標識からは、大型の魚がいつどこにいるかだけでなく、旅をする魚についての詳細な情報がとてもたくさん得られている。例えばホホジロザメが大洋を横断するときには、食料がほとんどない広い海域を通る。水平方向の動きだけでなく魚が潜る深さを追跡できる標識からは、遊泳距離がのびるにつれてホホジロザメがより深いところを泳ぐようになることがわかってきているが、これは、体重の三分の一を占める肝臓に蓄えてある、浮力を発生させるための脂肪を使いきるためであろうと考えられている。体重が〇・五トンあるホホジロザメの肝臓には四〇〇リットルの油脂があり、二〇〇〇万キロカロリーのエネルギーを蓄えられる（チョコレート菓子のマーズバーに換算すると九〇〇〇個）。ラクダの背中のこぶのように、ホホジロザメは自分の肝臓を食料源にして、海洋という砂漠の長旅を耐え抜くらしい。

衛星を使った標識は、大型のエイ類であるマンタの脳をめぐる謎を解明するのにも役立った。オニイトマキエイや近縁のタイワンイトマキエイには脳を温める器官があることを、一九九六年に研究者が偶然に発見した。同じように血管が寄り集まる器官はさまざまなサメ類、メカジキやクロカジキ類、バショウカジキ類、マグロ類にも見られ、専門用語では奇網《きもう》（ラテン語の retia mirabilia は「素晴らしい網目構造」を意味する）と呼ばれる。遊泳時に使う力強い筋肉で発生した熱を脳や目に移送するための器官で、移送先の器官では周囲の環境よりも温度が一〇〜一五℃上がるので、深海の冷たい水の中で獲物に急襲をかけるときに神経を鋭敏に保つ効果がある。

海水が鰓《えら》を通過するときに体温が奪われるため、魚の体はたいてい冷たい。しかし奇妙な姿のアカマンボウだけは例外として知られる。この大きな銀色っぽい円盤状の魚には、白い斑点、赤い鰭、目のまわりには金色の輪があり、鰓には奇網がある。アカマンボウでは、鰓から体へ送られる冷たい血液は、心臓から戻ってくる血液で温められ（いわゆる対抗流交換）、魚の中で唯一、血液が温かい魚種として知られる。深い海に潜るこの捕食者は、温かい心（臓）を持つ唯一の魚ということになる。

マンタ類やイトマキエイ類は熱帯の浅海に生息するため、脳を温める必要はほとんどないと考えられてきた。それゆえ、こうした魚種の奇網は実際には脳を冷やすためにあるという考え方もある。この謎は二〇一四年に行なわれた研究によって部分的に解明が進んだ。この研究では、ポルトガルのはるか沖のアゾレス諸島にあるプリンセス・アリス・バンク海底山脈で一三匹のイトマキエイに標識が取りつけられた。追跡されたエイはそこから数千キロメートル南へ泳いだあと、これまで誰も知らなかったような急降下をして数千メートルの深海に潜った。潜った深さは二キロメートル近くになり、もっとも深く潜る海洋動物のひとつに数えられるようになった。[7] イトマキエイたちは繰り返し、まっすぐに深海へと降下し、それから一時間くらいかけて、おそらく何層にもわたるプランクトンを食べながら海面まで浮上する。時には、一回の浮上に一一時間かけるイトマキエイもいた。なぜこのようなことをするのか正確なところはわかっていないが、少なくとも今の時点では、四℃より冷たい水の中で過ごすことが多いので、脳を温める器官があってもおかしくないと考えられている。

回遊する魚は大陸の位置も知っている

標識を装着させることによって魚の生活が詳しくわかってきたが、さまざまな標識技術を見境なく利用することに警鐘を鳴らす研究者もいる。どこに魚がいるかについての情報がほとんどリアルタイムでわかる場合、得られた情報にふれてもよいのは誰なのかという問題提起がされている。米国ミネソタ州では最近、釣り人の団体が、釣り魚として人気があるノーザンパイクというカワカマスの仲間を無線で追跡したデータを利用したいという嘆願書を提出した。[8] こうしたデータを研究者は公的補助金を獲得するのに使っているのだから、一般人もそれぞれの目的のためにデータを使えるようにするべきだというのが言い分だった。この事例では釣り人の嘆願は受け入れられなかったが、オーストラリアではノコギリザメを追跡したデータが当初想定されていたのとはまったく違う目的で使われている。

二〇一四年に西オーストラリア州の海で泳いでいた人たちがサメに襲われる事故が相次いだことを受けて、オーストラリア政府はサメを駆除する方針を打ち出した。当時、この地域や世界各地のノコギリザメが絶滅するのを防ぐために、衛星標識を使ったサメの生態調査が進められていた。しかし、その標識調査を承認する一環として、標識を使って集めたデータはすべて無線免許を有する行政当局も利用できるようにしなければならないことになり、行政はその情報を、サメの位置を割り出して駆除するのに使ったのである。

しかし、たまに理不尽な使い方をされることはあっても、全体として見れば標識調査は魚の回遊について多くのことを教えてくれる。世界中の水路や外海は、生き物がなじみのある生息地を頻繁に往復する通路として使われていることが、さまざまな電子機器によって明らかになっている。卵を産むため、餌をとるため、過ごしやすい水温の海域を求めてといった目的を持って、動物たちはその通路を毎年の

7——現在、潜水深度の世界記録はアカボウクジラの二九九二メートルである。

8——これも電子機器を利用した追跡技術だが、衛星を使う標識よりも小さくて安価な装置を使っていて、発信される無線情報は、情報がほしい地域（例えば川辺）に設置された機材で受信する。

ように行き来する。

旅の途中で道を見失って迷子にならないように、魚たちはすぐに使える鋭い感覚器官を備えている。目はよく見え、臭いを嗅《か》ぎ取り、音を聞き取り、体をなでていく水の流れを感じ取ることもでき、人にはいまだによくわかっていない感覚を有しているものもいる。

どのように感じ取るのか正確にはわかっていないが、魚類を含む多くの動物は、旅をしながら地球上の方位を知るために体内にある地磁気を感じ取る器官の助けを借りる。[9] 地球の表面には、南半球で立ち上がって北半球で地球内部へ向かう地磁気の方位線が張りめぐらされていて、場所によってその状態が決まっている。ある場所の磁気の強さと傾きを感知できれば、自分が地球上のどこにいるのかを知ることができるのだ。

卵から孵化したばかりのヨーロッパウナギは、体内の磁気感覚をたよりに大西洋の西端にあるサルガッソ海からメキシコ湾流の方向へ泳ぎ、流れに乗ってもっと東のヨーロッパの海域へ漂っていく。アメリカウナギも同じようにメキシコ湾流に乗って旅をするが、早い段階でメキシコ湾流からそれて西へ泳ぐ。遡上性のサケは、生まれた川をあとにするときに初めて海水に接し、そこの磁気を記憶するらしい。海で成長して数年後に、覚えていた地磁気図をたよりにこの海域に戻ってきて、そのあとは臭いをたよりに内陸にある生まれ故郷の渓流をめざし、産卵するために川を遡る。

もっと小規模で局所的な磁場も地理を知る手がかりになる。一九八〇年代の初期には米国の魚類学者ピーター・クリムリーが、メキシコのバハ・カリフォルニア州の沖にある海山《かいざん》と島を繰り返し往復するアカシュモクザメを追跡した。サメたちは夜の真っ暗な海をまっすぐに目的地へ向かって泳いだ。弱い磁場を形成する海山周辺の火山性玄武岩の磁場の強さの違いを認識して方向を知るのだろうと、クリムリーは考えている。

サメ類やサケ類やウナギ類をはじめとする多くの動物がどのように磁場を感じ取るのか正確なことはまだわからない。サメが電気を感じ取る器官を使って磁場を感知している可能性はある。地球の磁場の中を海水が流れると弱い電流が発生するので、サメは、鼻面にあるロレンチーニ器官[10]と呼ばれる電気を感じ取る小孔で、この電流を感じ取るのかもしれない。ほかの動物種については、おそらく鉄分を豊富に含む何らかの感覚器があって磁場を感じ取り、脳へ神経情報が送られるのだろうと、長年考えられている。二〇一二年にニジマスの鼻の中に磁場感覚器のような細胞が発見されて、手がかりが得られた。この器官では、ちょうど魚の群れが一斉に同じ方向へ向くように、磁場が回転すれば細胞がそろって向きを変える。

どのような器官を使うにせよ、魚は海洋全体だけでなく大陸の位置を知ったうえで海を移動するプロであることに間違いはない。南米の鬱蒼《うっそう》とした熱帯雨林から流れ出すアマゾン川とその支流の流域一帯には、数千種という淡水魚が生息していて、ポルトガル語でドラダ（黄金）と呼ばれる大きなナマズもいる。この大きな魚は二メートルにもなり、大きな口と長い髭《ひげ》があり、滑らかなつやのある皮膚は、まるで魚を水銀につけて引き上げたかのように見える。近縁の数種のナマズとともに、アマゾン流域の漁業では漁獲量がいちばん多い部類に入る。そしてこの魚には、広い範囲を動きまわるという特別な性質

9——魚以外にもウミガメ、線虫、イセエビ、伝書バト、アリ、ミツバチなどが地磁気を感じ取る。
10——一六七八年に最初にこの感覚器を見つけたイタリアの研究者のステファノ・ロレンチーニにちなんで名づけられた。

があることを漁師たちは知っていた。

もっと世界的に知られているサメのような魚種と比べると、アマゾンに生息するナマズにはあまり関心が向けられてこなかったため、研究に必要な資料が少ない。このナマズに電子標識がつけられたことはないが、この魚を熱心に調べたいくつかの研究グループは、もっと手間はかかるが単純な方法でナマズの行き先を調べることにした。ある研究グループは、アマゾン全域の漁師たちに聞き取りをしたり調査資料を収集したりして、あらゆる大きさのこのナマズについての数十年間にわたる情報を集めた。別の研究グループは、マナウスやベレンといったアマゾン川各地の地元の市場でこのナマズを買い集め、魚の平衡感覚や聴覚をつかさどる小さな耳石《じせき》を頭骨から取り出した。魚が成長するにつれて耳石も大きくなり、泳いでいた川の化学物質の痕跡が記録される。水質は川によって異なるので、耳石にできた化学物質の層を分析すれば、成長段階によって魚がどの川に生息していたのかを明らかにすることも可能になる。

こうしたいくつかの研究によってナマズの生活が断片的にわかってきて、漁師たちが経験的に知っていたことが裏づけられた。ドラダなどの大きなナマズはびっくりするような大移動をしていたのだ。長い生涯の出発点は、アマゾンの西端のアンデス山脈の高地にある源流域だった。孵化した稚魚は流れに乗って東へ旅し、おそらく数カ月後に南米大陸の反対側にあるアマゾン川の河口にたどりつく。そこでほかの魚を食べながら成長し、少なくとも三年くらいは遡上する時期をうかがう。雨が降って洪水になると、大きく成長したナマズは大きな集団を形成して、白っぽく濁った水を遡って西の山の中にある源流域をめざす。遺伝子解析からは、ドラダもサケと同じように、自分が生まれた川へ産卵のために戻ることが明らかになっている。

アマゾン川の河口から流域の支流や山岳地の川を通って源流域に戻る帰り道は一万二〇〇〇キロメートル近くにもなり、これは直線距離にするとニューヨークとロンドンを往復する距離、あるいはイギリス最北端のジョン・オグローツから南アフリカ共和国のケープタウンを結ぶ距離〔あるいは北海道の稚内と沖縄の与那国島を二回往復する距離〕に匹敵する。淡水域の動物の移動距離としては最長記録だ。このナマズがなぜこれほど大変な思いをしながら遠い地へと移動するのかということも魚の世界の謎のひとつになっていて、いまだに解明されていない。

性転換する魚

南シナ海のスワローリーフで毎日海に潜ってメガネモチノウオと過ごしたときに、私はできるだけそこにはいないかのようにふるまった。しかし何も隠れるものがないときには、それも難しかった。産卵に集まった魚たちは、最初は私がいることに不安を感じて、いい顔の写真が撮れる前にあわてて逃げてしまった。カメラのレンズを向けたときに捕食者に見つめられていると勘違いされてはいけないと思い、レンズをあらぬ方向へ向けて魚には関心がないかのようにも装った。しだいにカメラを怖がらなくなったので、カメラをかまえる場所を決めた。雄の縄張りの辺縁でうろうろしていると、産卵を終えた雌が自分の棲《す》み処《か》へ帰ろうと脇を泳ぎ去っていく。顔を撮影するのに絶好のシャッターチャンスは、カメラへ向かって泳いできて、私にぶつからないように間際で向きを変えた瞬間で、左か右のどちらかの顔の側面の、よい写真が撮れた。

海に潜っていないときには自由に過ごせる時間がかなりあった。そんなときは家族に宛てた長い手紙を書いて、ダイビング・スポットへ客を運ぶ軽飛行機のパイロットに本土へ戻ったときに投函してもらうよう頼んだ。マダガスカル島の乾いた森に冒険旅行に出かけている親友のこともよく思い出したが、そのあと一年も経たないうちに、その人と結婚式をあげることになるとは思ってもいなかった。島にいるあいだは、水中撮影したデジタルカメラの写真を見返すことはしなかった。電気が断続的にしか通じなかったので、ノートパソコンを立ち上げるよりも、カメラのバッテリーを充電するのに限りある電気を使いたかったからだ。だから、数百枚の魚の顔を見分ける作業を始めたのは、海から遠く離れたイギリスの研究室へ戻ってからだった。

産卵していた集団の魚を見分けるために、撮影した画像を整理しながら顔の模様を見ていると、どの魚がどれだかわからなくなることがよくあった。そしてやっと、撮影日が異なる二枚の写真に同じ顔が写っているのを見つけた。どちらにも、同じ黒い三本線が目から後ろ向きに走り、額には同じ白い斑点があり、頬には金色の迷路のような模様があった。この雌のメガネモチノウオは二日続けて産卵にやってきていた。魚の写真を使う私の作戦はうまくいきそうだった。

魚のポートレート写真が増えていくにつれて、来る日も来る日も同じ雌が産卵に来ていることを見出し、あのサンゴ礁には大まかに言って一〇〇匹ほどの成熟した雌がいると推測できた。その魚たちは、事情が許せばスワローリーフで何年にもわたって産卵し続け、ますます多くの卵を海へ送り出すことになるだろう。そしてやがて、正反対の役割を演じるために同じ場所へ戻ってくることになる。

自発的に性転換をする海の魚はたくさんいて、メガネモチノウオもそうした魚のひとつだ。多くは雌として生まれ、少なくとも五年くらい経って生涯の後半になると雄になる。卵巣は機能を停止し、精子をつくる睾丸が活動し始めて頭に大きなこぶが成長する。そうすると産卵のときに放出するのは卵ではなくなり、雄の階級社会に組みこまれて産卵のための縄張り争いに勝つために頑張ることになる。縄張りを持てるようになるまでは、強い雄の縄張りにそっと忍び寄り、その雄が見ていないところで雌と交尾する。

シクリッド類、ブダイ類、ハタ類、ハゼ類、スズキ類、またほかのベラの仲間でも、同じような性転換が起きる。魚種によっては雌雄の転換の順番が逆のものもある。カクレクマノミによく似たクラウン・アネモネフィッシュは「ニモ」として知られる有名な魚だが、最初雄だった個体が雌になる。ディズニーの映画のあらすじを生物学的に正すなら、ニモの母親が襲われたあと父親は性転換して、刺胞があるイソギンチャクの触手のあいだを泳ぎまわる雌になればよかった（そもそもニモは父親と暮らすはずがない。クラウン・アネモネフィッシュの幼魚は生まれた場所にとどまることはなく、別のイソギンチャクを求めて泳ぎ去る）[11]。

魚種によっては、雌雄どちらにでも転換するものがいる。カリブ海に生息するチョークバスには常に雄の生殖器と雌の生殖器の両方があり、生涯連れ添う相手と両方の器官を使って子どもを残す。このハタの仲間は多くの場合ホラガイの中で夫婦寄り添って生活していて、性的役割を雄から雌へ、そのあと雌から雄へと、多いときには一日に二〇回も雌雄が変わる。

11――こんなことを書くと、せっかくの物語が台無しかもしれない。

巨大魚の昔と今

私が観察していたときには、メガネモチノウオの雌で雄に性転換したものはいなかった。しかし私がスワローリーフをあとにしてから状況が変わっている。もう一度調査に行きたかったのだが、調査チームを結成できなかった。やっと昨年〔二〇一六年〕になって南シナ海のこの海域を見ることができたのだが、空中から見下ろすだけに終わった。シンガポールからマニラへ行く飛行機の中で、中国が領有権を主張している島のひとつの上を通過しているときに、「きょうは大気が澄んでいるので滑走路が見える」とパイロットが教えてくれた。窓から見下ろすと、以前に数カ月過ごしたのとよく似た島が見えたが、大きな船の一団が威嚇するように周辺を航行していた。

ここ数年中国は、これまで領有権で揉めてきたこうした海域に積極的に進出して領土を広げている。サンゴ礁を砂やコンクリートで埋め立てて人工島や軍事基地を建設し、南シナ海全域にわたる主権を築こうとしている。この海域周辺に位置するマレーシア、ベトナム、台湾、フィリピンなどが抗議してもおかまいなしだ。米国も、本土から離れたこの海域に深いかかわりがあり、ここのところ急に、世界でも緊張が高まっている地域のひとつになった。地政学的な緊張が高まると、魚の一種や二種に会いたいという声がかき消されてしまってもしかたがない。

フィリピンには飛行機の乗りつぎの時間しかとどまることができず、そのあと東へ四〇〇キロメートルほどのところにあるパラオへ向かった。この太平洋西部の海域では、森に覆われた島々が独立国になっている。私はパラオでサンゴ礁研究財団を設立したロリー・コリンとパット・コリンの夫妻に会った。

二人はかなりの数のメガネモチノウオが生息するパラオのサンゴ礁を何年も研究している。夕食をともにしながら、私が耳にした噂は本当だと教えてくれた。ロリーとパットは、私が博士課程を修了した一年後にスワローリーフへ行ったが、一匹もメガネモチノウオを見かけなかったという。

その環礁が正式に海洋保護区に指定されたことはないが、マレーシア軍は当然のような顔をして、サンゴ礁を守るかのようにふるまいながら、ほかの船が近づかないように見張った。ほんの一握りのダイバーや、たまに訪れる研究者をのぞいては立ち入り禁止になっている。サンゴ礁に立ち入った漁師がいたことをロリーは人づてに聞いていた。それは東南アジアの海をめぐっている船団で、高額で取引できる魚が残っていれば捕まえていく。スワローリーフでは目につくメガネモチノウオをすべて捕獲していった。その漁師たちはあの産卵場所でメガネモチノウオを捕獲したのだろうか。おそらくそうだろう。その環礁にメガネモチノウオがかつてたくさんいたことは、私が学位を取得するはるか以前からよく知られていた。それでもやはり、私たちの調査チームがその環礁に着目して調査に訪れたことが、漁師たちの関心をメガネモチノウオに向けさせるきっかけになったのではないかと気にかけずにはいられなかった。

メガネモチノウオについて研究してきたことが急に空虚なものに感じられた。魚の生活のささいな事柄に私が熱中しているあいだに、もっと深刻な暗雲がたれこめていたのだ。顔の模様から見分けられるようになっていたあの魚たちは、商品価値が生まれたことで、私が調べ始めたときから運命に見放されていた。少なくともあの場所では二度と見られない現象を私は目撃して記録したことになる。

メガネモチノウオを目にしたのはスワローリーフだけではなかった。パラオでダイビングしたときには、潜ればほとんど毎回のように出会った。多くのサンゴ礁では、巨大な雄たちが見まわりをしているところや、二、三匹の雌がたむろしているのを見かけた。手のひらくらいの大きさの若魚《わかうお》（口絵⑮）や、親指ほどの稚魚がラグーンの浅瀬をせわしなく泳ぎまわっているのも目にした。ある日ダイビングの終わりに、水深五メートルほどのところで安全に浮上するために時間かせぎをしていてふと水面方向を見ると、メガネモチノウオのペアが水面下すぐのところで見慣れた動きをしているのが見えた。教科書通りに体を同時に震わせたかと思ったら、水の中に乳白色の雲を放出した。

パラオでは、メガネモチノウオだけでなくほかにも数百種（生息が報告されている一四〇〇種のうち）の魚を目にした。皮膚にしわがあり、そこのサンゴ礁を何十年も泳ぎまわっている大きな年老いた魚もいたし、潜れば毎回サメにも遭遇した。大切に守られているこの海域に潜ると元気をもらう。岸に近い海域の半分は網の目のように張りめぐらされた保護区で守られている。地元では数世紀も前から、漁業資源を枯渇させないために特定の区域に禁漁期を設ける習慣がある。島々から離れた沖の海域も、パラオの領海の八〇パーセントにあたる部分が二〇一五年に海洋保護区に指定された。その結果、おびただしい数の魚が今も健在で、大きい元気な集団の中で寿命を全うし、その多くは産卵するときに巨大な集団になる。パラオで行なわれている研究からは、産卵のための大きな集団をつくるのに十分な数がいるときに魚がどのように集まるのかについて、以前は知られていなかった多くの事実が明らかになっている。

サンゴ礁研究財団の事務所でパット・コリンは、魚を観察することで、複雑な産卵の儀式を解明しながら過ごしてきた生涯を語ってくれた。雪のように白くなった顎髭や目の輝きを見れば、今でも水中の世界に人生を捧げていることがわかる。何百もある電子ファイルからいくつかビデオ撮影の記録を選んで、産卵のために集団になる魚の映像を見せてくれた。

「すごいだろう？」ブダイのカップルが頬を寄せ合ってゆっくりと螺旋《らせん》を描きながら深みへ泳いでいく映像を見ながら、パットは言った。「ダンスなんだ。僕はロマンスと呼んでいる。この行動を説明するのにこれ以上の言葉は思いつかない」

パットは次に、パラオでいちばん素晴らしいダイビング・スポットとして名が知られているブルーコーナーで撮影したビデオを見せてくれた。水中ではサンゴ礁の上を数百匹のツノダシが一糸乱れず泳いでいる。リボンのように垂らした長い鰭をちょっと動かしたかと思ったら一斉に向きを変えた。ウィーンにつくった水槽で一〇匹あまりのツノダシしか調べなかったコンラート・ローレンツだったら、そのような行動をどう解釈しただろうかと考えてしまった。「僕にビデオや写真を送ってくれる腕のよい自然愛好家はたくさんいる」とパットは言う。パラオではかつてないほど多くのダイバーが海に潜るようになった。評判のよいダイビング・ツアーは、目の前で産卵ショーが繰り広げられる場所と時間を正確に見計らって客を案内するようになってきた。ツノダシは毎年数日しか集団にならないが、「このようなことは注目される」とパットは話す。

「おもしろいものを見たいか？」とパットが聞いてきた。もちろん見たいに決まっている。すると、オキフエダイの学名の「*Lutjanus fulvus*」のラベルがついた別のビデオのファイルをマウスでクリックした。「信じられないくらい臆病な魚で、近寄れないんだ」。パットは魚に近寄ろうとせず、そのかわりにGoPro《ゴープロ》のカメラをサンゴ礁に固定して、一分間に一枚の写真を一週間撮り続けるようにセットした。この小さくて頑丈な防水カメラは激しいスポーツの愛好家用に開発された。インターネットには、サーフィン、スカイダイビング、スキーをする人たちが体にカメラを取りつけて撮影した映像があふれている。調査研究で自動撮影するのにも使われる。パットはこのカメラで、メガネモチノウオが産卵するときにつくる集団を気づかれないように撮影したし、大きな体のカンムリブダイも撮影した。カンムリブダイも近くの海で産卵時に数百匹が集まる。

パソコンの画面には、パットが三台のカメラで撮影したサンゴに覆われた礁が、パノラマのように広がった。再生ボタンをクリックすると、一匹、二匹の魚が通り過ぎる映像が現われた。そのあと唐突に一台のカメラが黄色い縞模様と黒っぽい尾の魚で覆われ、続けて残りの二台の画面もその魚で覆いつくされた。オキフエダイがサンゴ礁を覆い隠し、お互いの体を覆い隠し、何匹いるか数えられないほどになった。時々大きな目がカメラのレンズをのぞきこみ、次の写真では目が消える。一分間隔で撮影された写真がしばらくのあいだコマ送りされて、実際には一時間に相当する時間、画面は魚で覆いつくされていた。「このあといなくなった」とパットは言った。現われたときと同じように、産卵するオキフエダイは突然姿を消して、サンゴ礁はまたもとの姿に戻った。

偉大な王オシリスとエレファントフィッシュ
——古代エジプト、今から二四〇〇年前

古代エジプトのピラミッドの内壁に彫られた物語を読むと、オシリスと呼ばれた聡明で偉大な王が妻のイシスとともにエジプトを支配していたことがわかる。民衆は二人をとても敬っていたが、それを妬んだ性悪の弟セトは兄を殺そうとたくらんだ。

ある年のオシリスの誕生日を祝う席上でセトは、金や宝石で装飾を施したトランクを持ち出して言った。「このトランクの中に入るのにちょうどいい体の大きさの者は、この世でいちばん誠実な人ということになる」。祝宴に参列していた人や、ご機嫌とりに参列していた人たちは順番に中に入ってみたが、体が大きすぎたり小さすぎたりした。オシリスも試してみると、大きさはぴったりだった。オシリスがトランクに入るやいなや、セトの部下が蓋を閉めて釘で打ちつけてしまった。そしてトランクをナイル川へ持っていって水に投げこんだので、オシリスは溺死してしまった。

イシスは夫の死を嘆き、川へ行って遺体を探したが、すでに体はバラバラになってしまっていた。イシスは魔法を使ってオシリスの霊をこの世に呼び戻し、しばらくしてホルスというオシリスの子が生まれた。この子はのちに空の神になった。

イシスがしたことを聞いて、セトはオシリスが復讐に来るのではないかと恐れた。そこで川へ行って兄の遺体を見つけ出し、二度と兄が現われないように遺体を一四個に切り分けてエジプトの各地にばらまいた。セトの行為にイシスはまた激怒し、国中を旅してまわって夫の遺体の断片を集めたが、断片は一三個しか見つけることができなかった。一四番目の断片はペニスだった。見つけられなかったのは、オクシリンコスやメジェドの名で知られるエレファントフィッシュが食べてしまったからだった。

それ以降、偉大なる王の大切な部分を食べた魚を民衆は崇《あが》めるようになった。魚はオシリスの化身だと信じられ、死と生と復活をつかさどる死後の世界の神として祀《まつ》られるようにもなった。オシリスが祀られる寺院では、人々が魚のブロンズの模型や魚のミイラを祭壇に捧げる。[12]

12――やはりナイル川に生息するティラピアもオシリスと関係があるとされるようになった。人々はティラピアが口の中から数百匹の稚魚を吐き出すのを見て、強い繁殖力があると思った。再生や新生のシンボルである。女性や子どもは魚のペンダントをお守りとして身につける。そして、ティラピアが太陽神ラーの船をエジプトの地下世界の旅から空へと引っ張っていったので、太陽神は毎朝、空で新たに生まれるのだと人々は言う。

chapter

6 魚の食卓

——水中で暮らす魚に共通する課題

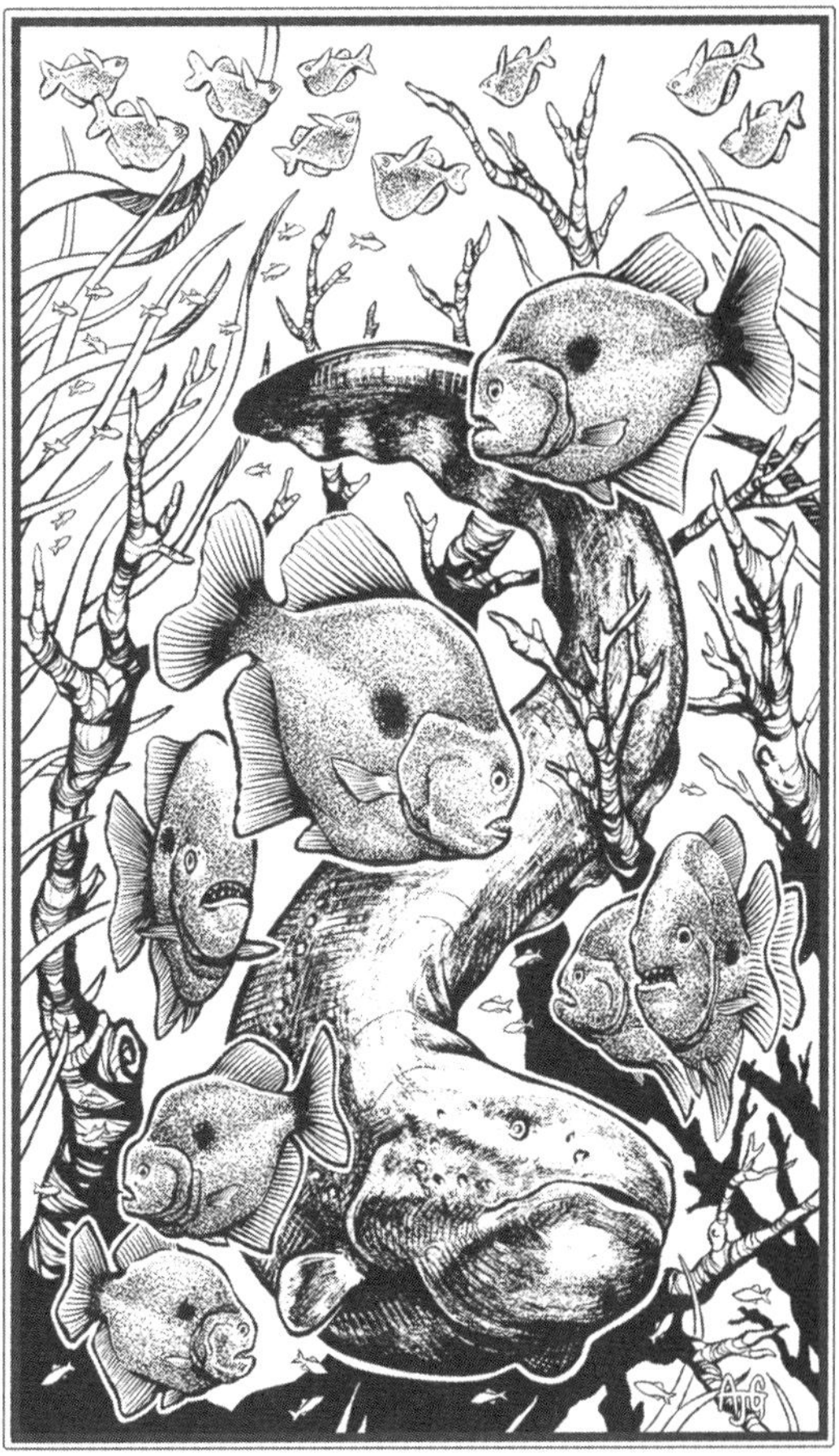

砂浜の反対側から太鼓の音が聞こえてきたのは日が昇って間もない時間だった。眠れないまま横になり、波がやさしく砂を引きずっていく音を聞きながら、起きて泳ぎにいく合図が聞こえてくるのを待っていた。テントのジッパーを開け、シュノーケリングの道具を手に取り、早起きの数人と合流して小さなボートに乗りこんだ。

モーターボートが動き出してほんの数分したら、隣の島とのあいだの海峡にさしかかった。ガイドのセンミはすでにひと泳ぎしていて、今日は期待できると気楽にかまえている。エンジンをアイドリングさせながら、「水に入ったら、そばを離れないでください」と、センミが大きな声で言った。

ボートの舷から海中へ飛びこんだ。すぐに速い潮の流れにつかまって押し流されながら、彼方の海へ目をやった。あたり一面にたちこめている青緑色の霧しか見えなかったが、センミがくぐもった大声で叫ぶのが聞こえて目を上げると、腕を高く上げて手のひらを広げているのが見えた。マンタ[1]がいるときの合図だった。水面すれすれを滑るように黒い大きな影が近づいてきた。潮の流れに逆らって泳いでいたが、そんなことは気にもかけていないように見えた。二枚の胸鰭《むなびれ》が三角形の翼のように広がり、体のほとんどが鰭と言ってよかった。

水中の人間たちは、しばし動きを止めてその巨大さに見入った。そのとき見たのは中くらいの大きさのマンタで、鰭の部分の幅はおおよそ二メートルくらいしかなかったが、それでも魚としてはありえないほど大きい部類だろう。やがて姿が遠のいて見えにくくなると、まるで合図があったかのように人間たちが動き出した。サッカーをしている子どもが一斉にボールを追うように、うねりながら泳ぐ巨大な魚のあとを、足ひれをバタつかせて追いかけ始めたのだ。しばらくすると、もう少し大きいマンタが現われた。こちらは以前にサメと遭遇した際に片方の鰭を食いちぎられていたが、傷があっても泳ぎは滑らかで速く、足をバタつかせて水しぶきを上げる人間の集団をしたがえて進んでいった。プラスチック製の足ひれをつけて泳いでも、とうていマンタの速さにかなうはずもなく、すぐにおいてけぼりにされてしまい、また潮の上流へ連れていってもらうためにボートに這いのぼった。そして、いくら乗っていても疲れない遊園地の乗り物に乗っているかのように、何度も何度も潮に乗って流れ下った。

フィジー諸島の北西部に連なる島々の中央あたりに位置するこの海峡を、毎年六〇匹ほどのマンタが繰り返し通る。私が調べたメガネモチノウオと同じように、マンタも腹部の白と黒の模様で個体を識別できる。四月から一〇月にかけては平均して毎日三匹通るが、一日に一四匹が通過したこともある。

この巨大な平べったい板鰓《ばんさい》類は、この海峡へはおもに餌をとりにやってくる。海峡を通過する海水は動物プランクトンをたっぷりと含んだスープのようだ。動物プランクトンは小さすぎて裸眼では見えないといえども、海水が濁ってとろみがつくのではないかと思われるほど大量に含まれる。マンタが大きな口を開けたまま食べ物の中を泳ぐと、一〇カ所の鰓裂《さいれつ》（鰓《えら》を通した水を出す切れこみ）の縁にある鰓《さい》板《ばん》あるいは鰓耙《さいは》と呼ばれる羽状の繊維にプランクトンが引っかかる。マンタはときおり口を閉じ、「咳」

1――二〇一六年にフィジーでマンタ類に出会ったときには、まだマンタ属という分類があった。二〇一七年にマンタ類とその近縁種の分類学的な見直しが行なわれ、マンタ属だった八種すべてがモブラ属に入れられることになった。「マンタ属」という属名はなくなったが、マンタと呼ぶのは差し支えない。

をしてこのペースト状になったプランクトンを喉に集めて飲みこむ。

餌をとるためにフィジーのこの海峡に現われるのはマンタだけではない。私が水面でバシャバシャ泳ぎまわっていたら、サバの仲間の大きな一群が逆巻くような動きを見せながら慌ただしく通り過ぎていった。銀色の体が駆け抜けたと思ったら落ち着きのない変幻自在な魚群になり、水中を急上昇しては急下降し、鋭いUターンをするとまたもとの群れに合流する。群れになっているときはたいてい整列していて、黒っぽい横縞が平行に走る群れになる。しかし、時々火花が散るようにばらけ、ばらけたと思ったらまた一塊《ひとかたまり》になって動きを同調させる。サバの後ろには、サバが出す泡に引き寄せられてやってきた捕食者のロウニンアジが狩りのチャンスをうかがっている。それでもサバたちは、数千という口を小さなパラシュートのように開けたまま泳ぎまわって、海水からプランクトンを濾《こ》しとっていた。

海峡には、捕食者の餌になる魚がもう一種類マンタに連れられてやってくる。人の指ほどの大きさの魚で、マンタのまわりを飛びまわるように泳ぎながら、剝がれた皮膚や寄生虫を食べている。掃除屋のソメワケベラの仲間で、マンタは毎日何時間もかけてソメワケベラに体の手入れをしてもらい、身だしなみを整えている。

無数の魚たちが餌をむさぼり食うのを見ていると、人間の側にも疲れが見えて朝食のことが気になり始める。次々とダイバーがボートに引き上げられているあいだ、私はまわりの海を眺めながら、少しでも長く潮の流れに身をゆだねていようとした。

すると、またマンタが二匹やってきた。大量のプランクトンが集まる穴場を見つけ、そこから動かずにできるだけたくさん食べようとした。二匹はプランクトンがいる海の中で体を弓なりに反らして尾を追いかけるように宙がえりをしながらクルクルと回転し、鰓にプランクトンをつめこんだ。

ハンターとしての魚

魚は、それこそ千差万別と言ってよい方法で餌をとる。それがほかの脊椎動物とは異なる点で、だからほかの脊椎動物は比較的、餌の種類が限られる。ところが魚は手段を選ばずに何でも食べ、水中という世界を生きるのにこの性質が大きな影響をおよぼしてきた。

　魚の多くはハンターなのだが、伝説として定着してしまった話もある。アマゾンに生息する三〇種ほどのピラニア類は、水の中で追いつめられると人の指をすぐに噛みちぎるような常軌を逸した恐ろしい肉食魚だという評判が広がった。しかしそのような話は、米国大統領のセオドア・ルーズベルトをはじめとする初期の西洋人の探検家がつくり上げたにすぎない。一九一四年の手記『ブラジルの手つかずの自然の踏破（Through the Brazilian Wilderness）』では、泳いでいる人をピラニアが食い殺す話や、わずかな血の臭いを嗅《か》ぎつけて狂い立つ様子が描かれる。しかし、地元民が探検隊を訪問客としてもてなすための演出だったという説明の方がもっともらしい。

　地元の人たちは数日前に網で捕獲したピラニアを絶食させておき、ルーズベルトが到着すると飢えたピラニアの池に死んだウシを投げこんだので、当然ながらピラニアたちはご馳走に群がった。ピラニアは、言われているほど人間にとって危険な生き物ではない。残酷さを物語る話の多くは、すでに死んだ動物の遺骸を貪っているような場合なのだろう。だが、南米各地のピラニアの生息地でダム建設が進み、貯水池がピラニアにとって理想的な産卵場所になっていることは心配の種になっている。干魃《かんばつ》が起きるとピラニアはダムの深い水域に追いやられ、遊泳中の人間と遭遇する機会が以前より増えているのかもしれない。その結果、ピラニアに襲われたという被害報告が増えている。

肉食魚にはきわめて適応能力が高いものがいる。フランス南部のアルビという古い街を流れるタルヌ川には、ハトを捕食するようになった大きなナマズが生息している。東ヨーロッパ原産で一メートルにもなるこのナマズは一九八三年に釣り魚として放流されたのだが、都会の生活にうまく適応してきた。ヨーロッパオオナマズと呼ばれる種類で、ハトが水を飲んだり羽繕いをしたりしに来る、川の中央部にある砂利の中州の脇の浅瀬に隠れている。ハトが水際に近寄りすぎると、オオナマズが勢いよく水から跳ねて中州に飛び出す(クジラやイルカの中にも同じような手法を使うものがいる)。近くの橋の上からトゥールーズ大学の研究者たちが観察したところ、およそ三回に一回の割合で狩りは成功してナマズがご馳走にありつくのを見届けた。ナマズがほかの地域へうまく進出できるのは、新天地で手に入る食べ物なら何でも食事メニューに加えられることも秘訣のひとつになっているのかもしれない。この大きなナマズは、今やイギリスから中国にいたる地域の多数の池や川に生息している。

海藻農園をつくるスズメダイ

世界中の川や海は、ほかの生き物を襲う魚であふれているが、菜食主義の魚も多い。ピラニア類の中にも気性が穏やかな草食性のものがいて、川の生態系の重要な役割をになっている。このピラニアは大きくて破壊力のある歯で大型の種子を噛み砕き、種子散布や発芽を助けている。また、一〇〇種類くらいいるブダイ類の多くは、オウムのような嘴《くちばし》にある歯で藻類を噛みちぎって食べ、藻類の成長を抑えることで健全なサンゴ礁を維持している。もしブダイ類が食べなければ、藻類はすぐに成長してサンゴを圧倒する。パナマで見つかった三〇〇〇年前の化石についての二〇一七年の研究では、ブダイ類の数とサンゴ礁の広がりが密接に結びついていることが明らかにされた。米国のサンディエゴにあるスクリップス海洋研究所のケイティー・クレイマーが、発掘されたブダイの歯を使ってこれまでのサンゴの成長速度を推定したところ、魚が多いときにはサンゴも元気に生育したが、魚が減ると（ここ二〇〇年間も乱獲で減っている）海藻がはびこり、サンゴの成長が止まることがわかった。地球上で今いちばんサンゴ礁の状態が悪くなっているのはカリブ海だ。そのサンゴ礁を回復させるための唯一の手段は、「ブダイの漁獲量を直ちに大きく減らすこと」しかないと、クレイマーと論文の共著者たちは結論づけている。

スズメダイ類は菜食主義を別の次元に押し上げた。人間以外に狩猟・採集食から定住性の農耕へと移行した数少ない魚なのだ。アリ、シロアリ、コウチュウ類には菌類を育てるものがいて、英語で「雪男ガニ」〔*Kiwa hirsuta*〕という深海のカニは毛深い脚の毛でバクテリアを育てる。そしてスズメダイ類はサンゴ礁で手間ひまかけて海藻農園の世話をする（口絵⑬）。死んだサンゴの枝がからみ合う海底の一角に縄張りをつくり、食用に向いていない藻類を抜き取り、好みの種類だけの、場合によっては一種類だけの、[2]青々とした芝生のような農園をつくる。硬い藻類を消化するための消化酵素を持たないことから、柔らかくておいしい種類だけを残して育てる。

この農園の管理は大変で、おもに侵入者から守るのに労力が費やされる。スズメダイ類はサンゴ礁でも観察しやすい魚種のひとつに数えられるが、それは、人間に限らずどのような動物も怖がらないからだ。泳いで逃げてしまったり隠れてしまったりするということがまったくない。私が浅いサンゴ礁の上を泳ぐと、大切な海藻を横どりしに来たと思いこんだ小さな魚がいつも近寄ってきて攻撃をしかけてくる。植物性のものなら何でも食べるニザダイの一種の大きな集団が押し寄せてきたときに、スズメダイたちが大騒ぎしたのを見かけたこともある。数十匹の怒れる小さな農園主たちが一斉に隠れ場所から出てきて浮上し、侵入したニザダイに怒鳴ったり嚙みついたりしていた。

スズメダイはウニでさえも棘《とげ》をくわえて農園の外につまみ出す。こだわりすぎのようにも思えるが、実験的にスズメダイを取りのぞくと、一日、二日という短い期間にほかの動物がやってきて大切な農園は食い荒らされてしまうことがわかっている。海藻の中でももっとも美味とされる赤い種類のイトグサ類は、スズメダイが厳重に守っている農園でしか見つかっていないことから、魚と海藻がたより合って生活していることがわかる。

しかしサンゴ礁にとっては、スズメダイの農園はそれほど歓迎すべきものでもない。農園をつくる場所を確保するためにスズメダイは大きめのサンゴを嚙んで殺してしまう。スズメダイ一匹の縄張りの広さはA２判用紙の大きさから卓球台くらいまでと幅がある（魚の大きさも、人の指くらいのものから、手を広げたくらいの長さのものまで幅がある）。大型の捕食魚（人間が食べたがる魚種）が減ってしまった海域ではスズメダイの数が爆発的に増え、サンゴ礁が一面スズメダイの農園になってしまった。サンゴがスズメダイによって一掃されるだけでなく、あたり一面が海藻に覆われることによって、そこの生態系の微生物の種類が変化して、生き残っているサンゴに病気が蔓延するらしい。[3] 大きな捕食魚がいなくなると魚の数のバランスが崩れてスズメダイなどの小さな魚の数が増え、サンゴにも間接的な悪影響がおよぶ。
魚が食物を手に入れる方法は狩りや農園維持のほかにもいろいろある。魚の採餌がいかに変化に富んだものであるかを知るには、例えば東アフリカの大湖沼に生息する多様なシクリッド類を考えてみるとわかりやすい。シクリッド類は驚くほど多様な食物を利用するように進化してきて、餌資源を分け合ったからこそ多数の種が分化することになり、同じ場所で共存できるようになった。
プランクトンを食べるシクリッドもいれば、巻貝を食べるもの、カイメンや落ち葉を好むもの、泥をすするもの、眼球をつつくもの、岩の穴の中にいる虫を吸い出すために肉厚の唇を持っているものもいる。死んだふりをして獲物を捕らえるシクリッドもいる。体を倒して微動だにせずに横たわると、体にあるまだら模様は腐敗が始まっているような印象を与える。腐肉をあさる魚が様子を見に近寄ると、死んでいると思っていた魚が突然飛びかかってきて体の肉を一口噛み取られるのだから、さぞ驚くことだろう。捕食性のシクリッドの中には、口の中で稚魚を保育中の雌のシクリッドに突進して頭突きを食らわせるものもいる。あまりのことにその雌は稚魚を吐き出さざるをえなくなり、暴漢はすぐに稚魚を飲みこんでしまう。

2——スズメダイ類は好みの海藻を植えつけたり移植したりすることはなく、自然に生えてくるのを待つ。人間が農耕を始めた初期の段階でも、さまざまな種類の植物が自然に生えているなかから不要な種類を抜き取っていたと考えられている。

3——サンゴにとって病気は一大事。カリブ海でサンゴ礁が死滅したのは、海藻を食べるブダイ類が減少したためだけでなく、一九八〇年代に病気が発生したことも原因にあげられる。

水中の狩りで発達した器官

何を食べようと、水中で餌を食べながら生きていくすべての魚が時に直面する共通の課題がある。水は空気より粘り気があるため、水生動物が何か獲物を捕らえようと前へ進むと、自らの体で船首波《せんしゅは》を立てて獲物を遠ざけてしまうのだ。また、獲物はこの船首波を感じ取って捕食者が近づいていることを察知し、逃げ出す余裕が生まれることになる。これをある程度防ぐために、マンタ類やサバ類、そのほか水を濾して餌をとるすべての魚は、水が体をまわりこまずに体内を通過するよう導くために、口を大きく開けて獲物に近づく。[4]餌をフィルターで濾しとるというのは水中でしかできない手法で、北米の湖で水を濾しているヘラチョウザメから、深海で胃袋を満たす謎に包まれたメガマウスザメまで、さまざまな魚がこの手法を採用している。[5]

粘性が大きい水の中で狩りをすることによって、魚特有の性質を発達させることにもなった。魚（特に真骨魚《しんこつぎょ》類）は餌を食べるときに顎を前方へつき出す場合が多い。体全体を前進させるより顎だけつき出す方が、発生させる船首波は小さくなり、獲物を捕らえる動きも速くなる。観賞用のキンギョに乾燥した餌をやると、この動きを見せながら餌を食べる。死んだサケやマスの下顎を引き下げると、その動きがいくつかの骨を経由して上顎に伝わり、上顎が自然に上向きに開く。

魚たちが顎をつき出し始めてから一億年が経つ。そのあいだ、顎をつき出せる距離がどんどんのびた。現生する魚でつき出せる距離を競ったら、熱帯に生息するギチベラが優勝するだろう。ギチベラは、頭の長さの六五パーセントの距離まで吻《ふん》を筒状にのばすことができる。もし私に同じことができるなら、鼻の先から一三センチのところに糸で吊るされたチョコレートバーを、頭を動かすことなく食べられることになる。

ミツクリザメ（英語では「鬼ザメ」）は僅差で準優勝になる。フランス語では「レカン・ルタン（レプラカーン鮫）」というアイルランド伝説の妖精の名がつき、スペイン語では「ティブロン・デゥエンデ（エルフ鮫）」というやはり妖精にまつわる名がつく。この魚が一九世紀に初めて発見されたときには死んだ醜い姿の標本しかなく、嚙み合わせの悪い入れ歯をしたような顔つきをしていた。かなりあとになってミツクリザメは顎をしまいこむことができることが明らかになり、体はきれいな流線形をしていて、恐ろしげな姿の魚ではないことがわかった。ミツクリザメは餌を食べるとき、あるいは食べようとしているときだけ顎をつき出す。

物を食べようとしている様子が初めてビデオ撮影されたのは、東京湾の海底谷にしかけた網に生きたミツクリザメがかかった二〇〇八年のことで、日本の科学者たちはミツクリザメを死なせないように慎重に深海から引き上げ、浅瀬を泳ぎまわる姿を撮影した。ミツクリザメはカメラの前で何かを嚙むそぶりを何度かしてみせ、このときダイバーも腕を嚙まれた（運よく厚手のウェットスーツを着ていた）。

4——ジンベエザメの鰓の模型を3Dプリンターでつくって水路実験を行なったところ、櫛のような鰓（鰓耙）がなぜつまってしまわないかが明らかになった。水を濾している鰓の表面にできる微小な水の渦が固形物を剝ぎ取って、いつもきれいに保たれる。技術者はこの仕組みをまねて、ビールや乳製品を濾す工場の機械がつまらないようにしたいと考えている。

5——円形の巣をつくるクモも、仕組みとしては「濾過食」になるが、クモの巣は罠という役割の方が強いと私は考えている。クモの獲物のほとんどは、クモの巣が飛びかかってくるから捕まるわけではない。

顎が飛び出す。

映像を見ると、あくびをするくらいの角度（一一六度）まで顎が下がったあと、Y字形のパチンコのゴムを引いて手を離したときのように顎が前方へ飛び出す。そして頭の半分の距離まで飛び出たあと、〇・五秒も経たないうちにまた引き戻されて閉じる。サメの中では、もっとも速く、もっとも遠くまで顎が飛び出す。[6]

多くの魚は水の粘性に対処するだけでなく、その粘性を逆手にとって物を吸いこむ術《すべ》を身につけた。顎を前方へつき出しながら頬を膨らませて口いっぱいに海水を吸いこむと、粘性のある水の流れに捕らえられた獲物や食物粒子を食べることができる（ミネストローネの容器に口をつけてすすってみれば同じことを試せる）。獲物になる魚たちは、これに対抗するために素早く逃げる行動を進化させた。捕食者の接近を知らせる船首波を感じると、体ひとつ分前進して、それより射程が短い捕食者の吸いこみから逃れる。

水を吸いこむのがうまい動物のひとつにタツノオトシゴがあげられる。マンタと同様に動物性プランクトンを食べるが、海水を濾過するのではなく、小さなエビを一匹ずつつまむようにして食べる。標的の獲物のすぐ下に吻を持っていき、頭部の筋肉に力を入れて腱をのばす。誰かに石をあてようとパチンコのゴムを引いたときのような感じだ。引き金に相当する筋肉が蓄えられたエネルギーを放出すると、タツノオトシゴの吻が瞬間的に跳ね上がってエビを吸いこむ。

生まれたばかりのタツノオトシゴはこの動きが得意で、これは体が小さい動物にしてはめずらしい。たいていの魚は、水の吸いこみ方を学習するのに時間がかかる。顎と筋肉の動きをうまく調和させなければならないので、年齢を重ねるほど上達することが多い。しかしタツノオトシゴは父親の保育嚢《ほいくのう》の中で数週間かけて成長したあと、完全に独り立ちできるようになってから生まれてくる。[7] 二〇〇九年に撮影された高速映像には、成長したものより三倍も速く頭部を跳ね上げる幼いタツノオトシゴの姿が映っていた。シャコ類が貝の殻を割って開けるときに大きなハサミを凶暴にふりまわす速度より速く、仔タツノオトシゴは吻を秒速八万度に相当する回転速度〔一回転は三六〇度〕で動かす（シャコ類はせいぜい秒速五万七〇〇〇度）。

まったく逆のことをする魚のグループもある。粘性のある水を吸いこむのではなく、吐き出して餌をとる。七種のテッポウウオは水鉄砲を操る（口絵⑯）。オランダ領東インド[8]からロンドン王立協会の会員に送られた一七六四年の手紙には、その射撃術の最初の記録がある。手紙には「槍を投げる者」と当時呼ばれていた動物の保存標本が同封してあり、これはオランダの植民地時代にバタビア[9]と呼ばれた首都の病院からハンメル領事が寄贈したものだった。ハンメルはこのおもしろい魚の習性を耳にし、自分の目で確かめたいと考えた。数匹のテッポウウオを捕まえさせて大きな水槽に入れ、ハエをピンでとめた木の枝を水槽の壁から水面に張り出すようにすえた。来る日も来る日も魚がハエめがけて的をはずすことなく水を放つのを眺めて、ハンメルはさぞ興奮したことだろう。

長年にわたって研究が進められてきた結果、テッポウウオが実際にどれほどの能力を有しているのか

6——ティラノサウルスの顎が六三・五度開いたと推定されているのと比較しても、開き具合は大きい。

7——雄が妊娠・出産することが確認されている動物種はタツノオトシゴだけである。雌は雄の保育嚢の中に卵を産み、その中で卵が孵《かえ》って、出産までのあいだ雄が育てる。出産時には保育嚢が急に収縮して、赤ん坊のタツノオトシゴが飛び出てくる。

8——現在はインドネシア。

9——現在のジャカルタ。

が少しずつ明らかになってきた。コペラの一種〔*Copella arnoldi*〕の雄が水上の卵に水をかけるのと同じように、テッポウウオも三メートル離れている獲物を確実にしとめるために、水と空気のあいだを光が屈折することも計算して水を放つ。水を発射したあとは、落ちてくる虫を確保するのにぴったりの場所に移動する。体に備え持った水鉄砲からは、ほかのどの脊椎動物より五倍も強い筋力を使って水が発射される。ごく最近までは、タツノオトシゴが頭を回転するときに使うカタパルト（パチンコ式の投石機）のような秘密の仕組みを何か使って水を発射すると考えられてきた。しかしどんなに探しても、そのような働きをする器官は見つからなかった。テッポウウオは、弓で矢を放つような仕組みは備えていないらしい。

しかし二〇一二年に、イタリアのミラノ大学のアルベルト・バイラティとその研究仲間がついにこの謎を解き明かした。テッポウウオは筋肉の力にたよるのではなく、水そのものの性質を巧みに利用していた。口内の上面に刻まれている溝に沿って舌を動かして水をジェット噴射させるのだ。バイラティの研究チームは、一回に噴射する水の連なりの終わり近くになると、水を舌で押す力を強めることも見出した。そうすると、後方の水が前方の水に追いついて一塊になる。標的の虫には、細かい霧のような水ではなく、ひとまとまりになった水塊を高速で衝突させることになり、これなら枝に止まっている小さな生き物を気絶させるのに十分な威力がある。人間が水を満たしたボールを投げると、最初は標的に向かって飛んでいくかもしれないが、すぐに重力や空気抵抗にじゃまされて速度が落ち、地面へと落下する。しかしテッポウウオが打ち出す水鉄砲の玉は、獲物に近づくほど速くなる。

電気刺激で見る夢の中を泳ぐ魚

水は粘性が大きいと同時に、空気より通電性が高い（乾燥した空気の一〇億倍）。このため、濡れた手で電球を替えるのはとても危険なことになる。ところが水と電気が接することで起きうる体への害や危険性をものともせず、あえて水の中で電気を発生させる魚がいる。

人間は数千年も前から、特殊な火花を散らす魚がいることを知っていた。古代ギリシャでは、明らかに出産の痛みを軽くする目的で、お産のときに妊婦の体にシビレエイ類をあてた。古代エジプトでは、ナイル川のデンキナマズ類を捕まえてきて癲癇《てんかん》の発作の治療に利用していたと考えられている。また一九世紀が終わろうとするころには、プロイセンの探検家で博物学者だったアレクサンダー・フォン・フンボルトが、ベネズエラの沼地で馬やロバがデンキウナギ類に襲われて水中で倒れるのを目撃している。ここにあげた種類のほかにも、この類いまれな能力を有する魚は数百種類にのぼる。高圧の電流を制御できる特殊な能力と言える。

すべての生き物は電気をエネルギー源として使っている。特に神経細胞は、電荷をおびたイオンが細胞の内外へ出入りすることで信号を伝達したり、筋肉を伸縮させたり、思考したりする（家電製品を作動させるコンセントから出力される電流は電子が流れることで生まれるもので、この電子も電荷をおびた別のタイプの粒子である）。ほとんどの生物の体で見られる電荷はわずかなものだが、電気を蓄積し、増幅し、それを意図的にいっぺんに放出するための臓器を進化させてきた魚が数多く存在する。このように電気を使って獲物を狩るのは魚類に限られる。

何年も前のことになるが、まだ生物学を専攻する学生だったころ、私はエレファントフィッシュの一種（古代エジプトのオシリス王の物語に登場する魚と同じ科に属する）の電気魚と出会った。実習で配られたその魚の鼻は長くはなく、ゾウのように器用に動くわけでもなかった。ドイツ語では「バク魚」と言うように、どちらかというとアメリカバクに似ていた。詳しく調べると、その魚の長い鼻は、「鼻」ではなく「顎」がのびたものだった。

その実習では、水槽に等間隔で電極を沈めてそれぞれに流れる電気の強度を測定し、このエレファントフィッシュがどのような電場を発生させるかを調べるのが課題だった。同じ強さの点を結んでくねくねと曲がる線を描くと、魚は同心円に何重にも囲まれることがわかった。尾のつけ根にある変形した筋細胞が形成する電場だった。誰も見ていないときに水槽に手を入れたところ、ゆっくりと規則正しい脈動が感じられ、指に痛みを感じるほどの強い衝撃はなかった。

この実習では、エレファントフィッシュの隠れた能力を見出したハンス・リスマンが五〇年前にケンブリッジ大学の動物学部の同じ実験室で行なった実験を再現した。あるときリスマンはロンドンの動物園で、エレファントフィッシュは後ろ向きに泳いでも物にぶつからないことに気づいた。目は前方を見ており背後は見えていないはずなので、まわりの状況を知るための感覚がほかに何かあるのかもしれないと考えた。リスマンは私が使った実験装置と似た装置を使い、初めてエレファントフィッシュの弱い電場を検出した。そして、コウモリが超音波を使うのと同じように、エレファントフィッシュは電気を使うことをつき止めた。反響定位ではなく電気定位だった。

次に、リスマンと同じように私の実験でも、電気絶縁体のガラス棒を水槽の魚のそばに差しこんでおいて、もう一度電場を測定した。電気信号は絶縁体の棒を通過せず避けるように流れるので、電場を描く線には乱れが生じた。私が実験に使っていたエレファントフィッシュはガラス棒がそこにあると知っていただろうが、必ずしも目で見て確認したわけではなかった。数年前までエレファントフィッシュは目が見えないと考えられていたが、最近の研究からは、目の中にタンパク質の結晶で満たされた微小な椀状の構造物があることが明らかになり、そこで微弱な光を増幅して大きな動く物体はたぶん見えるのだろうと考えられている。ただ、見えてはいても、エレファントフィッシュは光より電気に敏感に反応する。私が実験に使った魚には、電荷を感じ取るための感覚器のくぼみが体の端から端まで並んでいた。その感覚器で感じ取っている電場が変化すれば、何か目新しいものが近くにあるとわかる。

アフリカの川には二〇〇種ものエレファントフィッシュの仲間が生息していて、沼の泥水の中へ電気パルスを発して、まわりの物にあたって跳ね返ってきた電場のゆがみを感じ取っている。河床に隠れている獲物を探すときには感度のよい顎を利用する。この鋭い感覚器官で得られる膨大な情報を処理するためにエレファントフィッシュは巨大な脳を持っていて、この脳は、多いときには全酸素消費量の六〇パーセントを使う。エレファントフィッシュの体に対する脳の比率は人間と同じくらいだが、人間の脳が消費する酸素は全消費量の二〇パーセントにすぎない。

発生させる電気の強さは電気魚によって大きく違い、おとなしいエレファントフィッシュがいるかと思えば、正反対の悪名高いデンキウナギ（愉快な学名は *Electrophorus electricus*）もいる。デンキウナギは本物のウナギの仲間ではなく、南米に多種類生息するナギナタナマズ類の一種で、六〇〇ボルトもの電気を発生させてほかの動物を動けなくすることもあれば、殺してしまうこともある。テネシー州にあるバンダービルト大学のケネス・カタニアは、これまでデンキウナギについて誰も知らなかった事柄を次々と解明してきた。いくつもの新発見があったと同時に、デンキウナギは何か獲物が獲れればよいとデタラメに強烈な放電をしているのではなく、発生する電気をはるかに器用に、賢く使っていることがわかった。デンキウナギが狩りをするときには、まず二、三回水中に電流を流す。もし小さな魚や甲殻類が隠れていたら、デンキウナギが発生させた探索用の電流で筋肉が痙攣《けいれん》して思わず体がピクピク動く。その動きが水中の波となってデンキウナギに伝わり、水圧に敏感な側線《そくせん》でそれを感じ取る。するとデンキウナギはテーザー銃（スタンガンの一種）のような衝撃電流を流して相手の神経を過剰に刺激し、筋肉を収縮させて一時的に身動きがとれない状態にする。

またカタニアは、二〇〇〇年前のベネズエラの沼地でアレクサンダー・フォン・フンボルトの馬に起きたであろうことも解明した。フンボルトは南米を旅したときに、生きたデンキウナギを数匹捕獲してほしいと地元の漁師に頼んだ。すると漁師たちは返答するかわりに馬を沼に追いこみ、デンキウナギに襲われる光景をフンボルトに見せた。漁師たちが大声で叫びながら逃げないように馬を沼に押しとどめると、二頭は溺れ、数頭はよろめいてから倒れてしまった。カタニアは、これは毎年起きる自然環境の変化へのデンキウナギの対処の結果ではないかと考えた。

雨季になるとアマゾン川やオリノコ川は氾濫して洪水が周辺の熱帯雨林やサバンナにおよび、そのとき魚たちも一時的にできた湿地に移動する。雨がやんで水が引くと魚たちは小さな水たまりに取り残される。フンボルトはちょうどこの乾季にあたる時期に居合わせた。デンキウナギは、池が縮小して水の出入りがなくなっても空気呼吸をしながら生き延びることができ、このような状況には慣れていて体も適応している。ところが池に取り残されると、逃げ場を失った魚がたくさんいるこうした水たまりに捕食者たちが集まってきて襲われやすくなる。でもデンキウナギは、効果的に身を守るための方法を備えていることになる。

カタニアはほかの実験の際に、捕獲した魚をタンクからすくい上げるときに使う網をデンキウナギが攻撃しているのに気づいた。デンキウナギは繰り返し網を攻撃して水面から跳びはねた。網の金属製の持ち手に電気ショックを与えていたのだ。この攻撃力を計測するために、カタニアは電圧計につないだ金属棒をタンクの中に入れた（このときデンキウナギたちが発生させた電圧は二〇〇ボルトだった）。実物大のワニ（クロコダイル）の頭部の模型をつくり、デンキウナギが放電したら一面に配したＬＥＤランプが灯るようにもして調べている。デンキウナギは水中から飛び出して、自分の発電器官と別の動物の体が直接ふれることで電流をショートさせて相手に強力な衝撃を与える。標的となる動物が水中に立っていたり泳いでいたりするときに水中へ向けて放電するよりも、これははるかに強力な衝撃をもたらす。

最新（二〇一七年）の研究では、その衝撃がいかに強力であるかをじかに調べている。生きた人間がデンキウナギに襲われたときに腕の中を走り抜ける電流の強さを、自らの腕を使って調べたのだ。実験用に選ばれたデンキウナギは四〇センチと比較的小さい若魚《わかうお》だったのに、最大で五〇ミリアンペアという電流の衝撃があった。これは、「侵害受容器を活性化させる閾値《いきち》をはるかに超え」ているとカタニアは報告している。つまり激痛だった。それなのに腕はこわばらなかった。筋肉が過剰な刺激を受けて硬直したわけではなかった。デンキウナギが水中から飛び出して攻撃する理由は標的を動けなくすることではなく、捕食者かもしれない動物に鋭い痛みを与えることなのではないかとカタニアは考えている。

水から飛び出すデンキウナギは狩りをしているわけではないと、カタニアは確信している。デンキウナギは餌に嚙みつくこともしないし、口で咀嚼《そしゃく》することもない。クロコダイルや、馬や人間ほど大きな動物を飲みこむこともできない。実験室の小さな水槽タンクに入れられたことで、自然環境下の乾季と同じように干上がりつつある小さな池に閉じこめられたと感じ、捕食者に襲われる危険が迫っていると思いこんだのだろうと考えている。デンキウナギにしてみれば、何か大きくて得体のしれない怖いものが不気味に迫ってきたので本能的に身を守ったことになり、侵入者は予測していた以上の反撃を受けたことになる。

ダーウィンは世界中の水域にさまざまな電気魚がいることを知っていた。著書『種の起源』では、そうした魚がどのように進化してきたのかを考察した。「……もし発電器官が単一の祖先から受けつがれたと考えるなら、（中略）すべての電気魚は特別な縁戚関係にあると考えなければならないかもしれない」。だがダーウィンにもよくわかっていたように、すべての電気魚は近縁な親戚どうしではない。シビレエイ類、タイワンシビレエイ類、ネムリシビレエイ類、ゴウシュウシビレエイはすべて、電気を発生させる板鰓類になる。その一方で、魚の系統樹の離れた枝に位置する真骨魚類のミシマオコゼ類、ナマズ類、エレファントフィッシュ類、ナギナタナマズ類にも電気を発生させるものがいる。ダーウィンは、収斂という言葉自体は使わなかったものの、これらの魚が収斂として知られる進化の過程の重要な例になると考えていた。類縁関係がうすい生物が同じような容姿になったり、同じような行動をとったり、あるいは何らかの似たような働きをするようになる場合を指す。ダーウィンは、「二人の人が別個に同じ発明を思いつくことがあるのと同じように、自然選択でも同じことが起きると考えたい。（中略）自然選択によって二種類の生物の二種類の体の部位がほとんど同じようなものに改変されることもある」と記している。

マダガスカル島に生息する樹上性の霊長類アイアイと、オーストラリアに生息する有袋類のポッサム類が、キツツキと同じ食べ物をとるのは収斂進化の結果なのだ。三種とも木に穴をあけ、樹皮の下からイモムシをほじくり出す。キツツキは嘴や長い舌を使い、アイアイとポッサムは大きな前歯と長い指を使う。[10]

魚も同じように、これまでに六回、電気を発生する仕組みを異なる系統で進化させた。どのように電気を発生させるようになったのか、進化によってなぜ同じような仕組みができたのかについてダーウィンが知ったら、さぞかし驚いたことだろう。発電するのに使われる臓器には、体のさまざまな部位の筋繊維を改変した電気細胞がぎっしりとつまっている。シビレエイ類では改変された鰓の筋肉からできていて、円形の体の両側に腎臓のような形で配置されている。狩りをするときには大きな胸鰭で獲物を包みこみ、電気ショックを与えて殺す。米国東海岸の沿岸に生息しているミシマオコゼ類のノーザンスターゲイザーは、砂の中に体を埋めて目だけを砂から出して獲物を待つ。そして改変した目の筋肉を使って微弱な電気的ショックを与えて獲物を混乱させたり、捕食者が近寄ったりしないようにする。強力な電流を発生させるデンキウナギは、体の四分の三以上が数千個という電気細胞からできていて、体全体の筋肉が電気細胞に変化した例と言える。

10――マダガスカルには、人が寝ているあいだにアイアイが来て、耳に長い指を入れて脳みそをかき出すという民話が残っている。

分子レベルの研究からは、すべての魚が同じ遺伝子セットを使って電気を発生させるようになることが明らかになっている。どの魚も同じ成長の過程で、その遺伝子セットの働きをスイッチのようにオンオフを切り替える。この仕組みは複雑で、筋細胞が成長して大きくなるときに伸縮性が失われ、かわりに細胞膜を通して多量のイオンを取りこんで電気の流れを生み出す。種によって進化した時期が数億年も違い、海で進化したものもあれば淡水で進化したものもあり、発電する器官が体の異なる部位にできたにもかかわらず、魚の発電器官はすべて、おおよそ同じ仕組みが進化してきた。

しかし謎はまだある。電気魚は狩りの最中に自分がなぜ感電しないのだろうか。大事な臓器は脂肪で覆って絶縁しているのかもしれないし、神経終末がうまく絶縁されているのかもしれないが、今の時点ではよくわかっていない。

食べたら出す

カンムリブダイは名前のとおり、頭に冠《かんむり》をかぶったようなこぶがあり、歯がつながって鋭い嘴状になる。この頭のこぶで頭突きをするのだが、その儀式の様子が二〇一二年に初めて映像に収められた。メガネモチノウオ（こぶは、現在わかっているかぎりでは、闘いのためではなく見栄えをよくするためだけのもの）と同じように巨大なカンムリブダイも産卵のために集まり、成熟した雄は正面から突進して頭をぶつけ合って優劣を競う。このときに大きな衝突音が出る。しかし、それ以外のときでもカンムリブダイはギシギシ音をたててサンゴをかじったりしていて、けっこう騒々しい。

太平洋の真ん中にあるパルミラ環礁では、研究者たちが浅瀬のサンゴ礁でカンムリブダイのあとをつけて泳ぎまわり、何時間も連続で観察して口にするものをすべて記録した。この調査は魚の観察記録として大きな成果を残すことになった。発表された論文に書かれた調査方法には、六〇分かそれ以上の時間続けて観察したときの記録のみを結果として示したとある。シュノーケリングでカンムリブダイのあとをつけた時間の最長記録は五時間二〇分だった。一匹のブダイは平均すると毎分三回サンゴをかじり取っていた。

　サバンナにいるゾウと同じようにカンムリブダイも、そこに存在すると明らかにわかる印を周辺の環境に残す。このブダイが口いっぱいにサンゴを頬張るときには、折った小さなサンゴのかけらを落としていくこともあり、生きていればこのサンゴのかけらはまた礁に身を固定して新しいサンゴ礁に成長する。ブダイがかじり取ったサンゴ礁の空きスペースは、新たにサンゴの幼生が取りつく空間になる。カンムリブダイは生きているサンゴも死んだサンゴも大量に掘り返して、石灰岩やそのほかの海底堆積物をかきまぜたり移動させたりし、サンゴ礁の大きな物質循環にたいへん重要な役割を果たしている。

　成熟したカンムリブダイ一匹は、合計すると一年に硬い石灰岩の礁を四〜六トン食べていることになる。サンゴを主食とする食事は栄養に乏しいので、これほどの量を摂取する必要がある。魚の餌になるのは、サンゴの炭酸カルシウムでできた骨格を覆うすい生きた組織の層なので、飲みこんだもの全体の二パーセントくらいしか消化吸収できない。喉の奥にある第二の歯列（咽頭歯《いんとうし》と呼ばれる）でサンゴを粉末状に砕き、長い腸で栄養になるものを吸収したあと、残った残骸は糞として排出する。

　魚の糞や尿はほかの生物の大事な栄養源になる。一九八〇年代初頭にジョージア大学のジュディ・マイヤーは、米国領バージン諸島のサンクロワ島のサンゴ礁で魚の調査をした。藪《やぶ》のようにからみ合った枝サンゴには、体に青と黄色の縞模様があって銀色の大きな目をしたイサキ類が日中は群れていた。しかし日没になるとイサキ類は近くの海草が繁茂する場所へ移動し、軟体動物やカニ類で腹を満たした。そして日の出前にはまたサンゴ礁に戻ってサンゴの家でくつろぎながら、食べたものを消化して排泄した。マイヤーとその研究チームによると、魚が棲み着いているサンゴ礁周辺の海中の栄養塩濃度は、魚がいないサンゴ礁の五倍になった。これはイサキ類が毎日ここで排泄するためだと考えられた。一年間を通して見ると、魚が生息するサンゴ礁は、魚がいなくて糞の恩恵を受けられないサンゴ礁より成長が二倍早い。イサキ類という脊椎動物は、海草とサンゴ礁という二つの生息地を行き来しながら摂食と排泄を繰り返すことで、二つの環境を結びつける大事な役割をになっているらしい。

もっと最近になって魚類生態学者のジェイコブ・アルガイヤーは、サンゴ礁が魚の尿にどれくらい依存しているかについてだけ、何年にもわたって調べた。ノースカロライナ州立大学のクレイグ・レイマンとともに共同で行なった研究では、数百種という魚を捕まえ、一匹ずつそっと海水入りのビニール袋に入れて三〇分間だけ放置し、魚を入れる前と後のビニール袋内の海水の栄養塩濃度を計測した。そして、それぞれの魚がリンや窒素をどれくらい排泄しているのか（おもに尿だが、鰓からも少量排出する）を計算した。アルガイヤーは得られた数値を同僚のアベル・バルディビアとコートニー・コックスのデータとつき合わせた。バルディビアとコックスはカリブ海各地の数百というサンゴ礁（漁業が盛んな海域もあれば、厳格に保護されていて実質的に漁業が行なわれていない海域もある）の魚の個体群について素晴らしい調査を行なっていた。アルガイヤーはデータをすべて合わせて解析し、サンゴ礁から魚がいなくなると、利用できる栄養塩の量は、魚がたくさんいて尿が豊富に供給される健全なサンゴ礁の半分になってしまうと推定した。

サンゴ礁の栄養バランスは不安定である。わずかなことでたちまち栄養過多にもなれば、栄養不足にも陥る。サンゴ礁は、透明度が高くて栄養が乏しい熱帯の海域で発達するように進化してきた。限られた栄養を再資源化・再利用する効率的な生態系なのだ（対照的に藻場のような環境は常に栄養の補給を必要とする飢えた生態系で、海底から栄養塩に富んだ水がわき出ていることが多い）。栄養塩による汚染が進むとサンゴ礁では大きな問題が起きることが知られている。家庭用排水や農業排水のリン酸塩や硝酸塩が海に流れこむと、海藻が繁茂してサンゴを覆いつくしてしまう。しかしこれには表裏一体の問題もひそむ。自然に栄養塩が供給される仕組みがなくなると、さらにひどい事態になる。

アルガイヤーたちの研究からは、サンゴ礁にとってきわめて重要な栄養塩の多くは魚に蓄えられていることがわかり、特に糞や尿の量が多い大型の魚は大事な存在になる。アルガイヤーは一メートルもあるカンムリブダイと格闘してビニール袋に入れたわけではないが、もし入れようとしたら、魚を入れるだけでなく、大量に排出する糞を受け止めるためにかなり大きな袋が必要になるだろう。私もパラオにいたときにカンムリブダイが目の前で用を足すのを何度か見たことがあるが、白いチョークの粉のような糞が海底に沈んでいった。パルミラ環礁でカンムリブダイを調査した研究者たちは、成魚は一時間に二〇回以上糞をすると記している。

魚はほかにも周囲の環境に重要な影響をおよぼす。カンムリブダイの親戚にあたるブチブダイ、ナガブダイ、ハゲブダイなどは草食性で、サンゴ礁から海藻を引きちぎって食べるための強力な顎を持つ。石灰岩も削り取って食べる。食べたものはすべて消化管を通り抜けて、口とは反対の側から変わりはてた姿で排出される。イギリスのエクセター大学のクリス・ペリーは、二〇一五年に研究チームを引き連れてモルディブ諸島へ行き、平らな島々をつくる砂の出どころを調べた。そして、バックカルー島近辺の砂質堆積物の八五パーセント以上にブダイが関係していることを見出した。つまり、島のほとんどがブダイの糞でできていた。これからもし熱帯で砂浜の散策をする機会があれば、海中でせっせと食べ、嚙み砕き、排泄することによって、歩いている足の下の白い砂をつくるのを手伝っている魚がいることに思いを馳せてほしい。

もっとも強い毒を持つ魚、バッツナゲッダ――アイスランド、一六世紀

アイスランドには陸に棲む動物はほとんどいないが、川や池や島のまわりの海には不思議な魚がたくさんいる。無害な魚もいて、それを人々は生活のために利用する。酒にウナギの仲間を五匹入れておけば、それを飲んでも誰も酩酊しない。ガンギエイの頭の中から取り出した石を使えば、一回につき一時間だけだが、透明人間になることができる。

しかし、アイスランドの多くの魚は危険なので近づかないのが無難だろう。ロドシルングールというマスの仲間は、寒さから身を守るために白い毛皮をまとい、筋肉には毒がある。オフグ・ンギはマスに似た石炭のように黒い皮膚の魚で、後ろ向きに泳ぐ。このどちらかを食べれば、即座に死にいたる。

また、水がよどんだ溝や水たまりに近寄ったら、ローククルに気をつけよう。これは、死んで腐りかけたウナギを魔法使いが生き返らせた魚だ。ローククルが生息する水に足を踏み入れると魚が足にまとわりつく。皮膚も骨も溶かすほど強い毒を持っているので、からみついたローククルをすぐに取りのぞかなければ足が溶けてなくなってしまう。

そしてアイスランドでもっとも強い毒を持つ魚はバッツナゲッダと言う。小型のヒラメのような形をしていて、色は燃えるような黄金色。きわめてめずらしい魚なので、激しい嵐の前夜の、霧が出るような日にしか目撃されていない。捕まえたいなら、黄金を釣り餌にして、人間の皮膚で

できた手袋をはめなくてはならない。釣ったらガラス瓶に入れ、馬革で何重にも巻く。そうしないとガラス瓶を焼き溶かして地中深くへと沈んでいってしまう。この魚には悪霊から守ってくれる力があると言われ、恐ろしい化け物も追い払ってくれる。

chapter

7 毒を持つ魚

——人と魚毒の深い関係

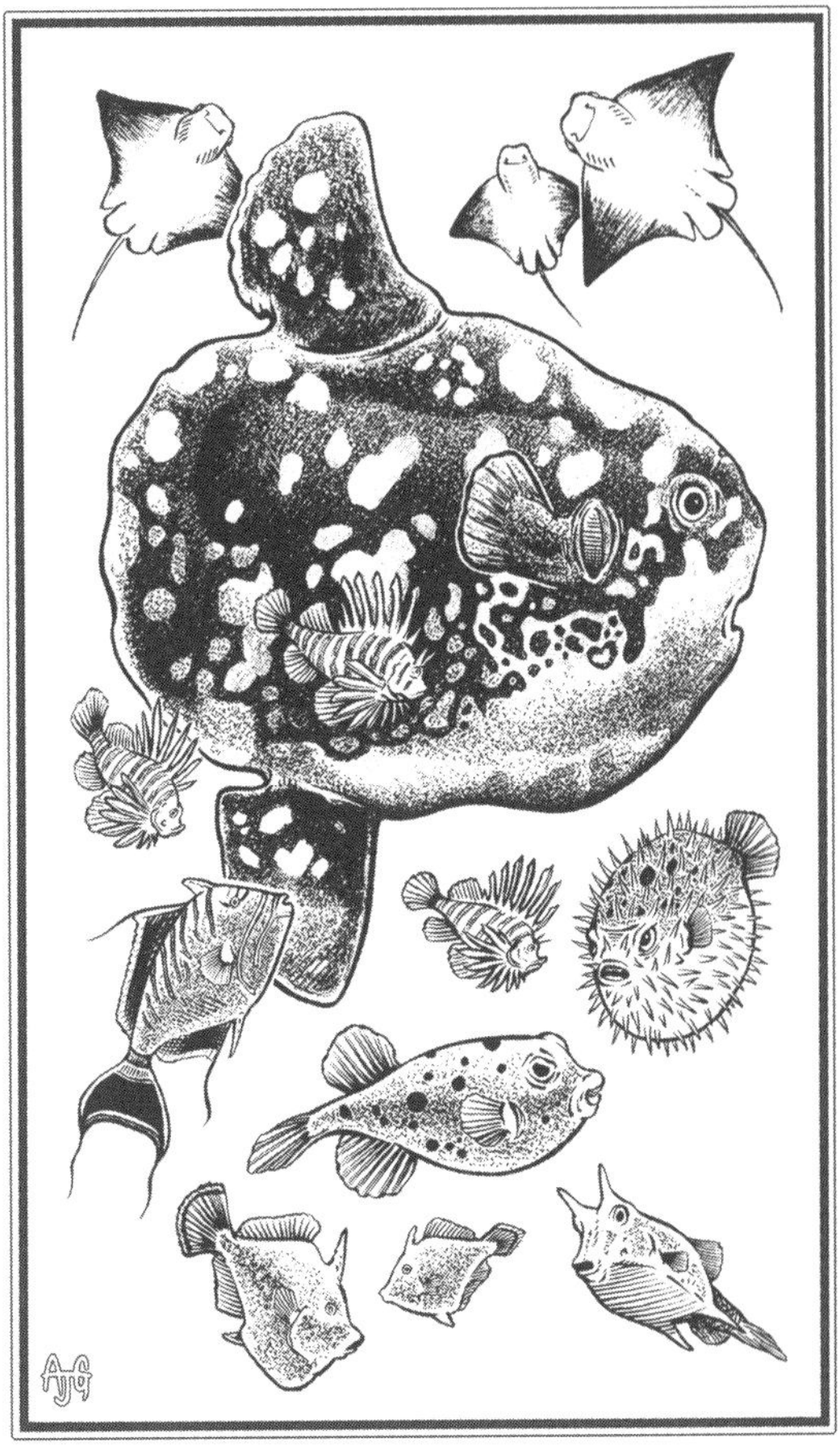

ハワイ大学の海洋生物学者ジョージ・ロジーは、一九七〇年代の初めに海の中で二五〇時間もオウゴンニジギンポを観察した。英語では「まつ毛のあるハープ形の尾のイソギンポ」という意味の名がつけられている。左右のそれぞれの目から後方に向けて黒い線がのび、それが太いつけまつ毛のように見えるので「まつ毛のある」魚ということになり、黄色い尾の形が楽器のハープになんとなく似ていて、鰭《ひれ》の条線を弦に見立てて「ハープ形の尾」となった。ロジーは太平洋の中央部にあるエニウェトク環礁[1]でスキューバ・ダイビングをしていて、捕食者を前にしたときのこの魚のふるまいと、捕食者がそれに示す反応に興味を抱いた。

ロジーは、自分が大きな捕食者のふりをして水中でイソギンポに近づいたらどのような行動をとるかを観察した。たいていの場合、イソギンポは最初はゆっくりと遠ざかるように泳ぐ。ところがロジーが止まると、イソギンポたちはくるりと向きを変えて、進んだり止まったりしながら、ロジーのすぐ目の前までやってきて静止した。サンゴ礁の穴の中にいるものは、ロジーが近づくと穴を出て目の前に来て顔を見つめてくる。どの魚もせいぜい一一センチしかなく、ロジーよりはるかに小さいのに、まるで怖いもの知らずだった。

海から上がって、実験水槽でも捕食魚がイソギンポを食べようとする様子を観察した。小さなイソギンポを飲みこんだハタの仲間は、すぐに頭が震え始め、顎をぎこちなくつき出した。すると数秒後にイソギンポがその口から無傷で脱出した。

オウゴンニジギンポが異常に勇敢なのは歯並びにも一因がある。英語で「牙のあるイソギンポ」とか「サーベルタイガーの歯を持つイソギンポ」などと呼ばれるイソギンポ類の仲間で、どれも下顎に一対の鋭い歯を持つ。オウゴンニジギンポの場合は激しく嚙みつくだけではないことを、ロジーはエニウェトク環礁での調査で思い知った。

ロジーは一九七二年に発表した論文で、二匹のオウゴンニジギンポを捕まえて「水着の小さなポケットに入れた」ときのことを記している。捕まえた魚を入れておくところがほかになかったのだろうが、ポケットに入れた理由はともかく、イソギンポの鋭い牙でどのような目にあうかをすぐに悟ることになった。このとき知ったこととして、「うかつにも腰まわりの大切な部分に嚙みつかれることになった。(中略)嚙まれたときは、ハチに刺されたような激痛が走った」と書いている。

ロジーは嚙まれた傷の様子について科学者らしい記録をとった。一〇分ほど出血が止まらず、炎症が起き、赤く腫れた部分が嚙まれて二分後には数ミリメートルだったのに、一五分後には直径一〇センチにもなった。その腫れは四時間経っても引かず、嚙まれた箇所の腫れは一二時間続いた。「皮膚の組織はそれから数日のあいだ、さわると硬かった」と記している。この特別な「牙のあるイソギンポ」が毒を持っていることは疑いようがないことを、ロジーは身をもって知ったのだ。

1――もう少し東にあるビキニ環礁とともにエニウェトク環礁は、米国政府が一九五〇年代と一九六〇年代に六七発の核爆発の実験を行なう場となった（このときに出た放射能を利用して、ニシオンデンザメの寿命が四〇〇年以上になるだろうということが科学的に解明された）。一九七〇年代にエニウェトク環礁のルニット島では、放射能汚染された土壌や泥を掘り上げて積み重ね、コンクリートの板で覆った。一時的な対策として行なわれたのだが、今もそこはそのままになっていて、放射能がもれ始めている。

フグはなぜ自分の毒で死なないのか

すべての脊椎動物の中で、魚は有毒な種類が多いことがわかりつつある。一〇年前までは、毒を持つ魚は二〇〇種くらいしかいないと広く考えられていた。しかし詳細に調べたところ、最近は、三〇〇〇種近い魚種がポケットの中には入れたくない魚だということが明らかになっている。

魚が海できわめてうまく生活できているのは、毒を利用できたからだという面もある。ほかの魚に食われないようにするための重要な手段として利用してきたのだ。電気ショックと同じように魚はこれまで毒をつくる機能を繰り返し進化させ、少なくとも、一八回は毒素をつくる独立の分類群を生み出してきた。ナマズ類、ギンザメ類、ネコザメ類、アカエイ類、アイゴ類、ニザダイ類にも毒を持つものがいる。その種数の多さを考えると、ヘビに噛まれたり、カモノハシの毒の爪で引っかかれたりするより、毒を持つ魚に刺される可能性の方がずっと高い。

魚の毒で人間が死ぬことはめったにないが、ほかの毒を持つ動物と比べると刺されたあとの痛みがひどい。おそらく一例（タンガクウナギ類だが、その生態はほとんどわかっていない）をのぞいて、魚はこの化学兵器を攻撃するためではなく身を守るために使っているので、捕食魚たちはすぐに毒を持つ魚を避けるようになる。ロジーがあの牙のあるイソギンポを水着のポケットに入れたとき、イソギンポたちは恐怖におびえ、具合の悪いことになったと思ったので、その事態に対処するために、調合した化学防御物質を中空の歯を通じて敵に注入したのだ。[2] この魚種の毒の成分分析が二〇一七年に行なわれ、いろいろな成分にまじってアヘン様のペプチドが含まれていることがわかった。ヘロインやモルヒネが結合するのと同じ神経受容体に結合する。この毒素のおもな作用は血圧を四〇パーセント引き下げることだ。それくらい血圧が下がると、眩暈《めまい》がしたり、しばらく座っていなければならなくなったりする。おそらく捕食魚も同じような目にあって頭がふらふらし、イソギンポが捕食魚の口から無事に脱出するのに役立つのだろう。ロジーの調査でもそうだった。

一般に毒のある魚は、こちらからぶつかっていかなければ魚の方から攻撃してくることはない。ミノカサゴ類のような魚は、刺すことを知らせる鮮やかな体色をしているので見つけるのは難しくない。しかし、うまく変装している毒魚も多く、海底や河床にうずくまるようにして生活している。イギリスで砂浜を歩くと、砂の中に隠れているトラキナス類の魚を踏むことがある。ほかの毒のある魚の多くと同じようにトラキナスも変形した鰭の棘《とげ》に毒がある。ミシマオコゼ類がいる米国の海岸を歩いても同じような痛い目にあう。そして、アカエイ類を踏みつけると、エイは尾を跳ね上げて、返しのついた毒針で足をつき刺してくる。[3]

もっとも危険な毒魚といえばオコゼ類だろう。オコゼ科の魚は海藻の生えた岩に変装していて、そこにオコゼがいるとわかっていても、まわりの環境と見分けるのは難しい（口絵⑰）。特にツノダルマオコゼは背中に一三本の棘が並んでいる（一七六六年にカール・リンネはラテン語で「林立する」を意味

2——最近の研究によると、牙のあるイソギンポの祖先は、大きな魚の肉を食いちぎるためにまず巨大な牙を進化させたらしい。オウゴンニジギンポなどの一部の魚のグループは、進化のもう少しあとの段階で、毒だけでなく歯の端から端まで深い溝も進化させた。毒のある動物がこのように進化するのはめずらしい（最初に歯ができたことがめずらしい）。ヘビはまず毒を進化させて獲物を捕まえるようになった。そのあと獲物に毒を注入する効果的な手段として中空の牙を進化させた。

する学名〈*Synanceia horrida*〉をつけた)。毎年オーストラリアでは数百人がオコゼをうっかり踏みつけ、棘の根元にある毒腺が人の体重で圧迫されて毒が足の奥深くに注入される。そうすると痛みのために何日も足を引きずることになる。解毒剤もあるが、歩くときには足元に注意するのがいちばんだ。ただ、オコゼの変装は見分けられないことが多いので、サンゴ礁では不用意に生き物にさわろうとしない方がよい。

刺すだけではなく体に毒があるという意味で危険な魚がほかにもいる。一匹食べるだけで人が死ぬこともあるのに、古くから人はフグに深く魅了されてきた（象形文字で書き残した古代エジプト人から、高いお金を払って命を危険にさらす日本人のグルメまで）。日本のフグの調理人は、数年間の修行をしてフグを調理する免許を取得する。法律でフグの調理に免許が義務づけられるまで、毎年日本では数十人が「フグ毒」で命を落としてきたが[4]、今は死者が年に二、三人に減った。それは、運が悪い（あるいは向こう見ずな）人たちということになる。

フグを食べるのがなぜそれほど危険かというと、フグは体内にテトロドトキシンと呼ばれるアルカロイド系の毒物質を持っているからだ。フグの肝臓、生殖器、皮膚、腸に蓄積する物質で、熟練した料理人は、こうした内臓をどのように取りのぞけばよいのかよく知っている。神経に作用するこの強力な毒物質は、一ミリグラム（針の先くらいの量）口にしただけで成人でも死亡する。加熱しても不活性にならないし、解毒剤もない。テトロドトキシンはフグ自身が生産するわけではなく、テトロドトキシンをつくるバクテリアを餌として食べると体内に蓄積する。そのバクテリアに汚染されていない餌をフグに与えていると、毒性が徐々に弱くなる。食べても安全なフグを養殖で生産しているが、天然ものを食べるスリルを味わいたい日本人にはあまり人気がない。

テトロドトキシンを含む動物はほかにもたくさんいて、それらも食べない方がよい。二〇〇九年にはニュージーランドで、五匹のイヌが砂浜に打ち上げられたウミウシを食べたあとに死んでいる。ヒョウモンダコ類をいじめると噛まれて小さな傷ができ、痛くはないものの致死量のテトロドトキシンを注入されると死にいたる。この毒物は「イモリの目」を調合した魔法の薬が実在することも臭わせる。アカハライモリと、フキヤガマかコガネガエルを壺に入れて調合すると、恐ろしいテトロドトキシン入りの煎じ薬が出来上がる。

イモリ、タコ、ウミウシ、フグなどの動物が自身の毒で死なないのはなぜなのかわからなかったのだが、最近になって解明が進んできた。テトロドトキシンは神経細胞のナトリウムポンプに結合して、神経の信号が伝達されるのを妨げる。神経と筋肉のあいだの連絡がなくなると最終的には麻痺が起きる(さらに呼吸困難に陥って死にいたる)。

テトロドトキシンの作用は、ごく簡単に止められることもわかった。こうしたナトリウムポンプとして機能しているタンパク質のアミノ酸をいくつか変えるような、遺伝的な突然変異があればよいのだ。変異があれば、テトロドトキシンが結合して神経の伝達情報を遮断することもなくなるので、たとえ毒に接するようなことがあっても神経は正常に働き、テトロドトキシンに反応しない体になる。フグ類で

3――アカエイ類がいるかもしれない海岸で水の中を歩くときは、底の砂をかきまぜるように足を動かしながら進むとよい。そうすればエイを踏みつける前にエイに逃げていくよう促せる。もし刺されたら、いちばん効果があるのは足に湯(火傷をしないくらいの熱さの湯)をかけることだ。毒のタンパク質成分を変性させて不活性にすることができる。

4――日本語で「フグ」は「河豚」とも書くが、フグ料理には豚ではなくトラフグ属の魚を使う。

はそのような抵抗性が繰り返し進化し、遺伝的変異が起きるたびに、ポンプになっているタンパク質の同じアミノ酸が変化した。神経細胞を働かせつつ毒に対する抵抗性を強めるという制約の中で、自然選択は同じ遺伝子を同じように変化させたりもとに戻したりという微調整を繰り返した。

　米国カリフォルニア州には、神経回路のタンパク質にこれと同じ変異が起きて、テトロドトキシンまみれの毒イモリを食べられるようになったヘビがいる。テトロドトキシンに対するきわめて強い耐性があるので、一匹のヘビを殺すには六〇〇人の人を死なせるのに必要な量のテトロドトキシンが要る。

　フグはテトロドトキシンに対する抵抗性を獲得したことでさまざまな恩恵を受けてきた。テトロドトキシンが含まれるものを食べることができるようになって餌の種類が増え、強力な化学的防御法を手に入れた。雄のフグには毒を好む性質さえ見られる。雌は産んだ卵の表面に毒を塗りつけて捕食者に食われるのを防ぐが、雄はその臭いに誘われて寄ってくる。

　フグは、体の組織にテトロドトキシンを取りこむだけでなく、捕食者に対するめずらしい防御法をもうひとつ編み出した。興奮していないフグは体がデコボコしていて流線形とは言えず、口は横に広くつき出し、目も飛び出ている。しかしフグを怒らせると体をぱんぱんに膨らませて棘だらけの玉のようになる。そのようなものを餌として飲みこむことを考えてほしい。

　以前フグは癒顎目《ゆがくもく》[5]と呼ばれるグループに分類されていたが、現在はフグ目と呼ばれる。英語ではフグ目を長ったらしくテトラオドンティフォルメ[6]と呼ぶが、これはフグ目の魚の多くには四本の出っ歯があるためだ。テトロドトキシンという毒素名の由来にもなっている。フグの仲間には、ほかにも防御機構を発達させた魚がたくさんいる。ハリセンボン類も体を膨らませる。鱗《うろこ》が細長くとがって基部は三叉《さんさ》に広がっているので、体を膨らませたときにとがった先を上にして鱗を固定することができ、体中が棘で覆われていれば膨らんだ体をかじられずにすむ。

フグ類のうち英語で「箱フグ」「牛フグ〔コンゴウフグ類〕」「長持フグ〔ハコフグ類〕」と呼ばれるものは、硬い箱のような骨格や断面が三角形や四角形の骨格で内臓が守られていて、六角形の鱗に覆われる（「牛フグ」は瞼《まぶた》の位置に角《つの》のような突起があるので「ウシ」）。「ハコフグ」は鎧《よろい》のような体で身を守るだけでなく、驚かせたり圧迫したりすると有毒な粘液を放出して体の周囲に漂わせ、嫌な敵を追い払う。英語で「引《ひ》き金《がね》魚」と呼ばれるモンガラカワハギ類は、捕まりそうになるとサンゴ礁の穴の中に逃げこんで背中にある鋭い棘を素早く立て（これが「引き金」と呼ばれるゆえん）、穴の中にしっかり身を固定して捕食者に引きずり出されないように身を守る。

そしてやはりフグ目に分類される真骨魚《しんこつぎょ》類の中でもっとも体が大きくなるマンボウは、単純に体を巨大化させることで捕食者から逃れる。孵化《ふか》したばかりの稚魚は小さいが、成長がきわめて早く、体重が一日に一キロずつ増える。これまで記録に残る最大のマンボウは体重が二・三トンで、アフリカゾウの雌の成獣に匹敵する。

フグ類や近縁の危険な魚は研究者の関心の的になり、魚が持つ力を解明して利用するための努力が続けられてきた。ある一人の女性は、フグが膨らむ理由や毒を持つことになった秘密を解明するのに生涯のほとんどを捧げた。

5——英語ではプレクトグナート。ギリシャ語で「ひねった」を意味するプレクトスと、「顎」を意味するグナートスを合体させた。
6——テトラは数字の「四」、オドントは「歯」を意味する。

フグとある女性科学者の冒険

ユージェニー・クラークは「シャーク・レディ」の異名で知られ、まだ女性が科学の世界ではめずらしかった一九四〇年代に研究者として人生を歩み始めた。当時は単独の冒険旅行に出かける女性もいなかった。サメが無能な殺人鬼ではなく、物事を覚えることができ、学習することもできる、知的能力が高いほかの動物と同じであることを初めて見出した科学者でもある。そしてクラークが研究の対象にしたのはサメだけではなかった。「フグ・レディ」と呼ばれてもおかしくはない。

嬉しいことに、私は二〇一一年にジェニーに会って話をすることができた。その年のバレンタインの日に、私は米国フロリダ州のモウト海洋研究所で、タツノオトシゴとそのめずらしい性生活についての招待講演をすることになり、その時期にジェニーがフロリダにいるかどうかをすぐに問い合わせることにした。ジェニーは退職してから、一九五五年に設立した研究所があるモウトに戻っていた。ジェニーの助手から電子メールが届き、私の講演の次の日なら、昼食をとりながら話ができると知らせてくれた。

しかし驚いたことに、バレンタインの日の夜に初めてジェニーに会うことになった。決められた時間でタツノオトシゴの講演をしてから質疑応答があり、そのあと著書にサインをするために小さな机に座った。順番待ちの列がのびていくのにふと目をやると、見覚えのある人が並んでいるのに気づいた。すぐに別の女性がやってきて、前かがみになって私の耳にささやいた。「私の友人のユージェニー・クラークさんです。あなたと一緒に写真を撮りたいと言っています」。私は一瞬面くらってその女性を見つめたが、笑顔に戻ってぎこちなく答えた。「どなたなのか知っています」

そのとき撮った写真には、二匹のシャチが跳びはねる絵が描かれたプルオーバーを着てニコッと笑うジェニーが私の肩に手をまわし、優しく腕を握りしめている様子が写っている。私の顔はまだぎこちない笑みのままだった。

翌日、昼食を一緒にしてからは私の緊張が解け、ジェニーとは昔からの懐かしい友だちのように話せた。私がジェニーについて知りたいと思っているのと同じくらい、ジェニーも私や私の仕事に関心があるようで、私が行った場所や見た海について、目を輝かせながら尋ねてきた。

そのときまで私はジェニーを彼女の著作でしか知らず、出会ったのは彼女がもう少しで九〇歳になるというときだった。ジェニーはそれまで七〇年にわたって、研究や冒険旅行を通じて地道に輝かしい成果をあげてきていて、まだそれが続いていた。

ユージェニー・クラークは一九二二年に生まれ、二歳のときに父が亡くなってからは日本人の母によって育てられ、ニューヨーク市で大きくなった。初めて魚を見たのは、自由の女神を遠くに臨める、マンハッタン南端にあるバッテリー・パークの水族館だった。その日は土曜日で、母親は仕事へ行く途中で九歳になるジェニーを水族館に送り届け、ジェニーはそこで数時間過ごすことになった。「私が水の中の世界にかかわることになったのは、単なる偶然だった」と、ジェニーは一九五三年の最初の著作『銛《もり》を手にする女性（Lady with a Spear）』で記している。「真鍮《しんちゅう》の手すりから体を乗り出して水槽のガラス

に顔を近づけ、海の底を歩いている気分を味わった」

そのあと週末のたびに水族館を訪れるようになり、自分で魚を飼おうと思うようになるまでに時間はかからなかった。母親に頼んで、狭いアパートに水槽をおくスペースをつくってもらった。魚だけでなく、サンショウウオ、ヘビ、ヒキガエルなどほかの動物も飼うようになり、地元のペットショップからは、死んだネコやサルを解剖するためにもらってくるようになった。しかし心をとらえて離さなかったのはいつも魚だった。「高校生のあいだは、ずっと魚のことが頭から離れなかった」と記している。

その後、マンハッタンのアッパー・イースト・サイド地区にあるニューヨーク市立大学ハンター校で動物学を専攻し、卒業したら、深海の探索で世界的に有名なニューヨーク動物学会のウィリアム・ビービ[7]のような仕事に就くことを夢見た。一九三〇年代にビービはオーティス・バートンとともに小さな鉄球の中に入り、バミューダ諸島の沖の水深が九〇〇メートルを超える海に潜った。ビービとバートンは人間が潜る深度の記録を更新し続け、深海の動物が本来の生息空間で生活しているさまを目にした初めての人類になった。

ジェニーが学部生としての研究を終えようとするころに第二次世界大戦が始まり、若い米国人の動物学者が生計を立てるための選択肢はきわめて限られていた。母親は、有名な魚類学者の秘書[8]として働けるようになったときに備えて、タイピングと速記を習うようアドバイスした。しかしジェニーは母のアドバイスにはしたがわなかった。手に職をつけるのではなく、化学を学んで産業用プラスチックの研究職に就き、大学院の学資にあてた。そして夜になると、ニューヨーク大学で大好きな魚類学などの講義に出席した。指導教官だったチャールズ・ブレーダー教授はアメリカ自然史博物館の魚類関係の学芸員もしていて、この博物館でジェニーに魚の世界をのぞかせた。その後長いあいだ、魚はジェニーとともに泳ぎ続けることになる。

自然史博物館の「魚のホール」でジェニーはフグ目（当時はまだ癒顎目と呼ばれていた）の魚たちを初めて目にした。マンボウ類、フグ類、モンガラカワハギ類、ハコフグ類の乾燥標本や液浸標本がガラスケースに収められ、それをブレーダーの指導を受けながら詳しく調べ始めた。一九四七年に発表した最初の三三ページの論文は、これらの魚についてブレーダーと共同で執筆した。進化の系統樹を作成し、受精後の胚《はい》が細胞の塊からくねくねと動く稚魚になるまでどのように成長するかを調べ、体を膨らませる種類については、どのように膨らませるのかを調べた。そして膨れるものの多くは、胃の一部が大きく伸び縮みすることを見出した。消化管に空気を吹きこみ、どの部分がいちばん伸び縮みしやすいのか、生きていれば大きく膨らむ可能性があるのはどの部位なのかも調べた。フグ類やハリセンボン類の多くには明らかに膨らむと考えられる消化管の袋があったが、調べた大きなマンボウにはなかった。

それまでフグ類は、驚くと水面まで泳いで口から空気を吸い、ビーチボールのように海面に浮いて敵から逃れると考えられていた。よく研究者がほかの魚でするのと同じようにフグを水の中からつかみ上げると、確かに空気を吸いこんで膨れる。しかしジェニーが気づいたように、フグは自然環境下ではわざわざ水面まで泳ぐようなことはしない。まわりの水を吸いこむだけなのだ。およそ一五秒かけて四〇回水を吸いこめば、もとの大きさの三倍に膨れる。それほど大きく膨れるためにフグは肋骨で内臓を守

7——Beebeと綴り、「ビービ」という楽しげな読み方をする。

8——オーストリア人の水中冒険家ハンス・ハスの助手になったロッテ・バイエルを意識していた。その後ロッテは、ハスと結婚して彼が制作するドキュメンタリー映画に出演するようになった。

るのをあきらめ、皮膚はふつうの魚の八倍ものびるように進化した。その二〇年前にブレーダーは、ニューヨーク港の下流域で数十匹のフグを捕獲したことがあった。やさしくつついて膨れるように促したあと、吸いこんだ水を計量カップに吐き出させた。そのときの結果もその論文に記されている。二〇センチほどの中程度の大きさのフグは一リットル以上の水を飲んでいた。水ヨーヨーに使う風船を五個膨らませたときの容量に匹敵する。

ジェニーは一九四六年に修士論文を完成させてから、研究を続けるためにカリフォルニアにあるスクリップス海洋研究所に移った。そして一年後のまだ二五歳のときに、海外で海洋生物学者として働かないかとの誘いを受けた。ビービの足跡をたどるという夢がやっとかなうときが来たと思った。米国野生生物局が新しい漁場を開拓しようとしていて、フィリピン諸島の周辺の魚類調査をするためにジェニーに白羽の矢が立ったのだ。しかし、ジェニーがフィリピンまでたどりつくことはなかった。途中でハワイに立ち寄ったときに拘束され、ジェニーの日本人の血筋について連邦捜査局（ＦＢＩ）が調べていると告げられた。そこで二週間待たされているあいだに、その研究事業で唯一の女性研究者という理由によって彼女を排除しようとする力が働いていると確信し、ジェニーは職を辞退することにした。『銛を手にする女性』には、「私のかわりには男性が雇用された」と記している。

しかしジェニーはあきらめたわけではなく、すぐに熱帯の海を調べる機会に恵まれる。ニューヨークへ戻ったジェニーは博士課程の研究を続けた。最初はペットとして飼っていたカダヤシの仲間のソードテール類やプラティ類といった淡水魚の繁殖方法に注目することにした。そのころ、チャールズ・ブレーダーはバハマ諸島のビミニ島にあるレルナー海洋研究所の所長になっていた。ジェニーはそこで数カ月を過ごし、ホルマリン漬けの硬い標本ではなく、生きた魚を初めて研究することになった。

網や罠や釣り針を使ってビミニ島のまわりの海で何百匹も癒顎類を生きたまま捕まえて、海の中の囲いや研究室のコンクリートの水槽で飼育した。飼っている魚を何時間も観察し続け、なぜ逆立ちをする魚がいるのかを解明した。ビミニ島のカワハギの一種〔*Monacanthus ciliatus*〕（これも癒顎類）が見慣れない行動をすることについてはウィリアム・ビービがすでに報告していた。おもに雄が、腹部のたるんだ皮膚を広げ、鰭をすべてつき出して派手な演技をする。そのときその雄は鼻面を下に向けて体を激しく震わせる。二匹の雄が出会ったときにこのような行動をすることが多い。二匹とも鰭を広げながら頭を下げていくが、通常は二匹のうちの大きい方が、これ見よがしの逆立ち行動を最後まで行ない、もう片方の雄は鰭をたたんで泳ぎ去る。

雄のカワハギには厳格な順位があることをジェニーは発見した。飼って調べていた魚の中の一匹が明らかに最上位のボスで、すべての逆立ち闘争に勝利した。次の順位の雄は、ボス以外の相手との逆立ち闘争にはいつも勝利した。「という具合に順位が決まっていた」とジェニーは記している。いちばん順位が低い雄は、餌の時間になると餌場にやってくるのが最後になり、やがて死んでしまった。「かわいそうな病弱な雄は『(鳥の)つつきの順位』ではなく、『逆立ちの順位』によって蹴落とされてしまった」

学位研究の終わり近くになって、さらに遠くの海を探検する機会に恵まれた。戦争末期には太平洋の島の多くを米国が領有するようになっていた。戦後、米国海軍研究局は広範囲に散らばるこれら辺境の島々を調べる意欲満々で、関心がある研究者を募集した。ジェニーはそれに応募し、女が単身で辺鄙《へんぴ》な島へ出かけていってする仕事ではないというまわりの心配をよそに、赴任するときに持っていく器材の準備をたった二週間で整えることになった。任務は魚の毒について調べることだった。熱帯の海域では魚の毒が問題になっていて、太平洋全域に展開する米国軍の隊員のあいだでは懸案事項になっていた。

捕まえたばかりの魚でも毒を持っているものを食べると、新鮮なのに（腐敗したわけではないのに）さまざまな症状が出る。食べた次の日あたりに嘔吐、下痢、腹痛、痙攣《けいれん》、麻痺といった不快な症状が現われ、寒いのに暑く感じたり暑いのに寒く感じたりすることもあれば、歯が全部抜け落ちるような感じに襲われることもある。魚にはフグのテトロドトキシンのほかにも気をつけなければならない毒がある。幻覚を起こすものとしてシガテラ毒やサキシトキシンが知られ、それ以外にも構造がわかっていない毒物質が存在する。魚を集めて化学分析のために研究施設に送るというのがジェニーの仕事で、そうすれば食べても安全な魚の種類を知るのに役立つということだった。一九四九年六月にジェニーはカリフォルニアの米軍基地から水上飛行機に乗り、四基のプロペラエンジンの音を聞きながら日が沈む海へ向けて飛び立ち、四カ月のあいだ島々をめぐりながら毒魚を探すことになった。

最初に立ち寄ったのはグアム島だった。そこではジェニーはすぐに地元の漁師の知恵と技《わざ》を借りることにした。出会った漁師の一人は、金網と竹でつくった大きな漁網をしかけていて、そこにはかなり大きなフグが七匹かかっていた。「その魚がほしいと指さしたが、漁師は首を横にふり、食べるしぐさをしてから腹を押さえ、苦しそうな顔つきをして見せた」と記している。ジェニーが探していたのは、まさにそういう魚だった。

そこからはるか西にあるパラオ諸島へも行き、地元のフェリーや渡し船に乗って周辺の島々へ出かけた。小さな漁村に滞在したときには銛で魚をつく方法を習った。島の女たちはジェニーのために踊りを披露し、床を汚さずにビンロウの実を上手に食べる方法を教えてくれて、男たちはジェニーが砂に描いた絵を見て魚を探すのを手伝ってくれた。どこへ行っても、毒を持った魚の話を聞けないかと耳をそばだてた。ある島では、地元で「メアス」と呼ぶアイゴの仲間のことを教えてもらったが、これはすでに何度も食べていたのに具合が悪くなったことはなかった。噂によれば、パラオでいちばん大きなバベルダオブ島のある村では「メアス」を食べると危ないということだった。ジェニーは地元の銛つきの名人と一緒にその村へ出かけていって噂の真偽を調べることにした。名人は、夜に浅い海草の陰で眠っているアイゴをついてきた。地元の漁民たちはその魚を見て、今は安全だが、一〇月から一月にかけて獲れる「メアス」を食べると、眠くなったり、怒りっぽくなったり、笑い続けたりするようになると言った。この時期には絶え間ない風が東から吹き寄せ、特殊な緑藻が湾の中で繁殖する。アイゴがその緑藻を食べ、緑藻に含まれる有毒物質が魚の体内にとどまるなら、季節によっては食べると中毒を起こすとも考えられる。ジェニーがそこへ行ったのは八月だったので、アイゴについての手がかりを得るには早すぎた。せっかく獲れたので生の「メアス」を少し食べてみたが、頭痛すら感じなかった。

特定の魚を食べると高揚した気分になることを知っていたのはパラオの人たちだけではない。地中海にはさまざまな名で呼ばれるサレマというタイの仲間がいて、その名前のひとつが「ユメミウオ」[9]で、時々その名のとおりの症状が見られる。一九九四年には、フランスのコートダジュール海岸にあるカンヌで休暇を過ごしていた男が、興奮した動物が自分に向かって叫んでいるとか、車の中を巨大な虫がたくさん這いまわっているのが見えたとか言い出して病院に収容されたが、次の日には「ユメミウオ」を食べた後遺症から回復している。二〇〇四年にはやはりフランスの地中海沿いの海岸で年配の男が自分で「ユメミウオ」を料理して食べ、二時間後には人の叫び声と鳥が鳴き叫ぶ声に苦しみ、そのあと二晩もひどい悪夢にうなされた。古代ローマ人がこうした幻覚作用のある魚を嗜好品として使っていたとい

9――生物学者は *Sarpa salpa* と呼ぶ。

う話もある。しかし、こうした向精神作用のある毒魚が、誰かの精神状態を数カ月に一度ないし年に一度変えるためにひそかに使われたとしたらどうだろう。このような恐ろしいことが本当に現実に起きたことがあるのだろうか。

フグと生ける屍《しかばね》――ゾンビ伝説

カリブ海のフグの乾燥粉末から抽出された物質をめぐって、「ゾンビー（zombie）」の言い伝えやゾンビーが実在するかどうかについての大論争が一九八〇年代に起きた。西洋の文化がゾンビーの伝承に真剣に関心を示したのは二〇世紀初頭になってからだった（当時は米国がハイチを占領していた）。昔からハイチにあったボドゥン教（vodoun）が、西アフリカの魔術ならびにローマカトリックの儀式と結びついて、綴り違いの堕落したブードゥー教（voodoo）になった。気に入らない誰かの蠟《ろう》人形に針を刺すと死人がよみがえってあたりをさまよい、口にできないような面倒を引き起こすと教えた。

ハイチでは「ゾンビ（zombi）」（ハイチで昔から使われていたもとの語の綴りにはｅがない）の脅威はきわめて現実的なものだと考えられている。子どもたちの多くはゾンビそのものを怖がるのではなく、自分がゾンビにされるのを怖がる。秘密のボドゥン社会の規律を破ると、罰が下されてゾンビにされると教えられながら育つからだ。神職者は異端者を不死の体に変え、魂を瓶の中に保存して墓からよみがえらせることで、意志を持たない奴隷にする。ゾンビをつくることは国の法律で禁じられてもいる。あなたは死んでゾンビとしてよみがえったと、誰かを納得させるような行為は殺人未遂と見なされる。誰かを生き埋めにしたら、たとえ犠牲者が生きたまま救出されても、それは「現実に」殺人を犯したことになる。

一九八二年にハーバード大学の博士課程の学生が、どのようにゾンビをつくるのかを調べるためにハイチへ出かけていった。ウェイド・デイビスは、ボドゥン教の神職者が人をゾンビに変えるときに使うと言われる調合物を手に入れようと思っていた。ハーバード大学の指導教官たちは、そうした調合物は近代医学や手術の手法を大転換させると確信していた。誰かを人知れず昏睡に近い状態にしたあと、好きなときにまた起こすことができる場面を想像すればよい。米国航空宇宙局（ＮＡＳＡ）の研究者までもが関心を示した。そのような薬物があれば、宇宙空間の長旅のあいだ宇宙飛行士の活動を抑制しておけるだろう。

このように民間伝承とＳＦが奇妙に合体したことで拍車がかかり、デイビスはハイチで数カ月を過ごすあいだに八種類のゾンビ薬を手に入れて帰国した。デイビスは神職者がゾンビをつくり出す場面に立ち会うことさえ計画していたが、そのような計画は実現せず、ハーバード大学の倫理委員会が胸をなでおろしたのは疑いない。しかし、殺人未遂の共犯にはならなかったものの、デイビスの研究がもたらした騒動は、そのあと何年も尾を引いた。

デイビスは、ゾンビの秘密を知りえたとして果敢にも論文を発表した。犠牲者に自分は死んだと思いこませ、生き返って永遠の奴隷になると信じこませるために、ボドゥン教の神職者たちは植物と動物（カエル、ムカデ、タランチュラ、人の遺骸）の濃い抽出物を飲ませるとデイビスは報告している。その抽出物には仮死状態になるような毒作用があり、一時はまるで死んだように見える。そして別の調合物を与えると、その犠牲者を永遠にゾンビのような状態を保つことができる。デイビスによれば、仮死状態にする調合物の主要成分はフグから集めたテトロドトキシンだった。

あらゆる分野の学術関係者がデイビスの主張を念入りに検証し始めると、すぐに激しい議論がわき起こった。民族誌学者はデイビスの手法に拍手喝采を送り、ハイチで過ごした時間が足りなかったとも言った。デイビスが聞き取り調査をしたのは、以前にゾンビだったと主張する一人を含めてほんの数人だけだったが、デイビスは地元民の言葉（クレオール語）を話せなかったので、通訳を介して調べているうちに肝心な点が混乱したのかもしれない。秘密のボドゥン社会とゾンビ作成技術のあいだに、はっきりとした関連があることもデイビスには証明できていない。神職者たちが金儲けのチャンスと見て、だまされやすい外国人に偽の調合薬を売りつけただけのことだとも言えないだろうか。

　デイビスは生物学者たちの逆鱗にもふれた。化学分析をしていないにもかかわらず、学位研究ではゾンビ薬にはテトロドトキシンが重要だと明言したからだ。根拠にしたのは神職者たちの言葉だけで、神職者たちが挙げたさまざまな配合物の中に数種類のフグが含まれていたことだけにもとづいた発言だった。あとになってわかったことだが、デイビスは実際には調合物を少し分析していた。この分析でフグ毒はまったく検出されなかったのに、論文では検出されなかったという結果にふれなかった（デイビスは素直に過ちを認めたが、検査の精度が悪かったので結果は信用できなかったとも言っている）。そのあと毒物の専門家がデイビスの持ち帰った八つのサンプルのうちの二つを調べたが、結果は「驚くべき」とは言いがたいもので、マウスに注射しても中毒症状は何も出なかった。

　その調合物は人間がゾンビになると信じている人にしか効かないのだろうと思ったとデイビスは明言しているが、それは嘘ではないだろう。[10]また、神職者が厳密な配合をしているわけではないことも明らかで、テトロドトキシンの量が変動するのは不思議ではないとも述べている。効力が弱すぎたり、まったくなかったりする調合物もあれば、効き具合が強すぎて服用した途端に死にいたるものもあり、中《ちゅう》庸《よう》を選んだゴルディロックスの童話の身の毛もよだつ改変版と同じように、ゾンビを生み出すのにちょうどよいものもある。

しかし実際のところは、こうした調合物の主要成分は常にフグ毒であるというデイビスの理論を裏づける証拠はやはり何もなかった。そしてデイビスは、自分の言い分を疑うなら、信頼できる証拠を示すよう要求するのではなく、間違っていることを証明してみろと言って、問題をすり替えた。

こうした学術界の泥仕合のような議論はメディアを巻きこんだ騒動に発展して、真実をますます闇に葬ることになった。デイビスが自分の学術論文を『蛇と虹——ゾンビの謎に挑む』という書名で出版して、それがベストセラーになると「ゾンビ伝説」というタイトルで映画化された。ところが、映画監督のウェス・クレイヴンが一九八四年の大ヒット作「エルム街の悪夢」に続く作品として制作したハリウッド版では、デイビスをモデルにした登場人物は生き埋めにされてゾンビになる。デイビスは、自分はその映画とは無関係だと声明を出し、「ハリウッドの映画の中で史上最悪の出来だ」と酷評した。

ウェイド・デイビスはそのあとゾンビの研究を続けることはなく、フグの秘めたる力を世に知らしめる手がかりを示すこともなく、別の研究をしている。ハイチでは、ボドゥン教の神職者が乾燥させたフグを粉にして調合薬をつくり、奴隷を生み出すために使っているということはあり得る。そして人間は動物を使ってほかにもいろいろと奇妙なことをしでかす。必ずしも効果があるわけではないが、例えば、センザンコウの鱗から秘薬をつくったり、精力剤になると考えてトラの骨を食べたりする。

はるかに信頼できる使い道としては、テトロドトキシンをそのまま殺人兵器として使うことだろう。

10——実験動物のマウスがゾンビを信じていなかったと思っていたわけではないだろう。

イアン・フレミングの小説007シリーズ第五作『ロシアから愛をこめて』でジェームズ・ボンドは、ロシアのエージェントのローザ・クレッブが靴の中に隠していたテトロドトキシンを塗ったナイフで刺されて倒れる。しかしボンドはいつものように運よく危機を脱する。

現実の世界では、二〇一一年にシエラレオネを訪れたイギリス人が、おそらくはフグ毒を巧妙に投与されて殺されている。仕事仲間と昼食会を開いた数日後に不可解な突然死をとげ、遺体からテトロドトキシンが検出された。死因不明のまま開かれた公判で審問を受けた検視医は、不正行為がなかったとは言えないと証言した。また、二〇一二年には米国イリノイ州のシカゴ在住の男が、研究者のふりをしてフグの精製抽出物を化学薬品会社から購入して七年半の禁固刑に処されている。シカゴ・トリビューン紙によれば、テトロドトキシンをためこんでいたとして有罪判決を受けたその男は、妻を殺害して生命保険金を受け取ろうとたくらんでいたという。もし毒を投与する段階に達していたら、その効き目は確かだっただろう。なにしろ男は九八ミリグラムのテトロドトキシンを所持していて、これを使えば一〇〇人近くの人を殺すことができた。

九二歳で水深二五メートルのフグの巣を観察

ユージェニー・クラークは、太平洋の島で毒魚の研究を終えたあと米国へ戻って博士論文を完成させた。そしてフルブライトの奨学金をもらってエジプトへ一年間行き、今度は紅海で毒魚を求めてさらなる冒険をしたときのことを、著書の『銛を手にする女性』の最後のいくつかの章に記している。それを読んだ金持ちの後援者が二人、米国にもエジプトと同じような研究拠点を新たに設立するための資金を提供することにした。そしてジェニーにその指揮をとってもらおうと考えた。

そして一九五五年にジェニーは、最初は一部屋分のスペースしかない木造のケープヘイズ海洋研究所をフロリダ州のメキシコ湾東岸の海岸に設立した。その後、研究所はサラソータから北へ車で一時間ほどの距離にある場所に移され、モウト海洋研究所と改称した。設立のずっとあとになって私はここでジェニーと会った。

座っておしゃべりをするなかでジェニーは、ケープヘイズにいたころの楽しかった出来事を話してくれた。サメの幼魚を飛行機に乗せて日本へ運んだこともある。魚の研究に熱心だった平成の天皇がまだ皇太子だったころに日本に招待され、贈り物として、鐘を鳴らすことを学習したサメを持参した。そのサメは、サメの知能についての画期的な研究の成果の一部だった。サメに物の形や規則性を学習させることができると初めて示したもので、食べ物という見返りを得るために、音が鳴る鐘を取りつけたボタンを鼻で押すことを学んだ。日本へ向けて太平洋を飛行機で横断する旅のあいだ、そのサメはジェニーの隣の座席におかれた携帯用の水槽の中でおとなしくしていた。「ほとんどの人は気づかなかったのよ」とジェニーは笑いながら言っていた。「体が小さかったからね。六〇センチもなかったの」

大評判になったテレビのシリーズ番組「ジャック・クストーの海の中の世界（The Undersea World of Jacques Cousteau）」にサメ類の専門家として登場した一九六八年に、ジェニーはフロリダを離れてメリーランド大学のすぐ北の地域へ移り住み、そこで残りの人生を魚類学者として過ごした。数千人におよぶ学生を教えたり指導したりするかたわら、時間があれば海外へ出かけて自分の研究を続けた。スキューバ・ダイビングの草分けになり、深海艇の操縦の訓練を受けて、あこがれだったウィリアム・ビービよりもはるかに深い海を、ビービの鉄球よりもはるかに性能のよい潜水艇に乗って探検した。

私が会ったときジェニーはまだダイビングを続けていて、水中の世界から身を引く気配はなかった。三年後の二〇一四年六月に九二歳のジェニーは、生涯続けたフグ目の調査地であるソロモン諸島へ、ダイビング調査の一行を率いて行っている。そのとき調べたのは、小さなマンボウをのばしたような体をした五〇センチほどのアミモンガラだった。ジェニーは三〇年近く、特に巣をつくる行動を観察しにときおりここを訪れて海に潜ってきた。

モンガラカワハギ類やフグ類や近縁な魚種の巣づくりの行動はほとんどわかっておらず、謎に包まれたままになっている。一九九五年に日本南部の奄美諸島でダイビングをしていた人たちが、砂地の海底に精巧な円形の模様が描かれているのを見つけた。直径二メートルはあり、二つの同心円の中心からスポーク〔車輪の中心部から放射状に出る構造物〕のような模様が放射状にのびる。同じような不思議な模様はソロモン諸島のまわりでも散発的に出現していたが、誰がなぜそのようなものを描くのか、誰も説明できないでいた。しかし二〇一一年に潜水調査をしていた研究者が、小さな雄のフグの仲間がこうした砂の造形物をつくっている現場をとらえた。そのあと別のフグの芸術家を一〇匹観察して、円形模様をつくる手順が明らかになった。フグは鰭で海底をあおいで線を描く。まず土台となる円を描き、さまざまな角度から円の中心へ向かって泳ぎながら砂を盛り上げた稜線を築く。次に中央部を波形の模様で埋め、最後の仕上げの段階で貝殻やサンゴのかけらを集めてきて、円のまわりにていねいに並べる。すべてが完成するのに少なくとも一週間はかかる。[11] そのあと、うまくいけば雌のフグがやってきて雄がつくった巣を調べ、気に入れば中心に卵を産んで立ち去る。勤勉な雄はさらに六日間そこにとどまり、巣が潮流によって消されていくあいだ発育する卵を見守る。[12]

モンガラカワハギ類の巣はこれほど手がこんでいない。多くの種はサンゴのかけらを集めて山にするだけだが、人間のダイバーだろうと誰だろうと、侵入する者があれば猛烈に攻撃してくる。ジェニーのアミモンガラの調査では、怒り狂った魚に追い払われることだけでなく、水深にも悩まされた。巣をつくるモンガラカワハギ類は、通常は水深が三五～四〇メートルの深いサンゴ礁の斜面を利用する。これは、ふつうのスキューバ・ダイビングでは長くはとどまれない水深になるが、それにもかかわらずジェニーと一〇人あまりの有志ダイバーたちは、アミモンガラが巣をつくってその巣を守る様子を延べ三三〇〇時間も観察した。このとき観察したことについてまとめた論文は、ジェニーが亡くなる直前の二〇一五年二月に発表された。そこにはモンガラカワハギの巣の位置、産卵するときに仮装用の黒っぽいアイマスクに似た模様が顔を横切るように現われること、雄ではなく雌が巣を守る様子の詳細についても書かれている。

ジェニーが最後に潜ったときには、九二歳にしては信じられないくらい深い、水深二五メートルの海底にあるフグの巣を観察している。それまでも長年、想像以上の長い時間を水に潜って過ごした。二〇〇八年にモウト海洋研究所で取材を受けたときには、最近潜った水深について口を滑らせ、そのことについては記事にしないよう記者に約束させている。「どれくらい深くまで潜ったかは誰にも言わないでほしい。そんなに深くまで潜ってはいけないことになっているから」と言ったという。

11――フグと造形物の相対的な大きさは、人の成人と直径三〇メートルの造形物と同じになる。

12――雄のフグがこのように精巧な造形物をつくるのは、海底の砂を掘り返して卵の発育に適した柔らかい砂地を用意するためという可能性もある。放射状の模様は巣の中心に向かう水の流れを生み出し、潮流の方向にかかわらず、細かい砂と新鮮な酸素に富んだ水を円の中心の産卵地点へと導くのかもしれない。通り過ぎる雌のフグの関心を引くためにも役立っていると思われる。

巨大魚チプファラムフラ――モザンビーク、伝承

マケンイー部族長には娘が大勢いた。なかでもチチングアネはお気に入りで、ほかの姉妹はそれを妬ましく思っていた。村にある自宅を修繕するための泥を川へ集めに行ったときに、姉たちはチチングアネに、滑りやすい急な斜面を下りて自分たちのバケツに泥を入れてくるように言いつけた。そして、斜面を下りたら一人ではのぼってこられないのを知りながら、チチングアネをおき去りにした。

チチングアネが助けを求めて叫んでいたら、川の中から低い声が聞こえてきた。「娘さん、どうかしたのか?」。声の主《ぬし》は水の世界を支配していた巨大魚のチプファラムフラだった。「こちらへ来て私の腹の中で暮らせば、ほかのところへはどこへも行きたくなくなるよ」と言う。そこでチチングアネは魚の大きな口の中へ足を踏み入れ、腹の中へ滑りこんだ。驚いたことに、そこにはたくさんの人がいて、トウモロコシやカボチャの畑を耕していた。みなチチングアネには親切で、それまでにない幸せを感じた。

チチングアネの母親は何があったのか知って、川へ行って娘に戻ってくるよう呼びかけた。チチングアネはキラキラ光る鱗を見せながら、「もう私は魚なの。水の中で暮らしているの」と言った。しかし母親に会ったら家が恋しくなり、巨大魚に家へ帰ってもよいか尋ねた。チプファラ

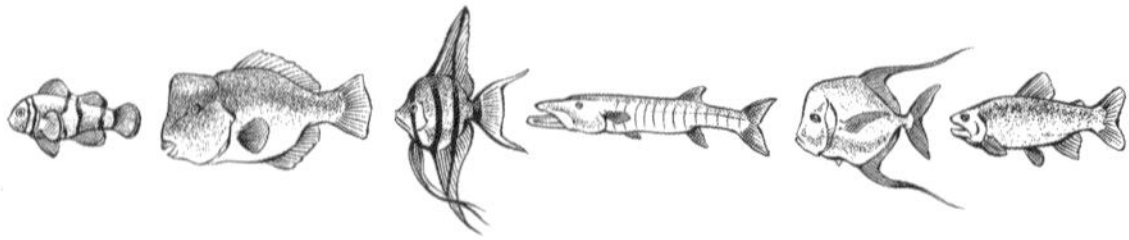

ムフラはチチングアネが家へ帰ることを許し、お土産として魔法の杖をくれた。その杖で自分の体の銀色の鱗にふれると、鱗は硬貨になった。それを使って母親は、チチングアネが戻ったことを歓迎するための盛大な宴会を開いた。

そのあと、部族長の娘たちが薪を集めていたとき、姉たちはチチングアネといちばん下の妹に、いちばん高い木に登っていちばん高い枝を切り落とすよう言いつけた。ちょうどそのとき、一本足の人食い鬼の一団が通りかかり、ほかの娘たちはチチングアネと妹を木の上におき去りにして逃げてしまった。人食い鬼は二人を見つけて、その木を切り倒し始めた。しかしチチングアネが魔法の杖を取り出して、斧でできた伐り跡をもとに戻したので、木はしっかりと持ちこたえた。結局、人食い鬼たちは木を切るのに疲れはて、その場に寝こんでしまい、鼾《いびき》が夜の空に響いた。

二人は木から飛び降りて走って逃げようとしたが、鬼たちは目を覚ましてあとを追いかけてきた。川岸に着くとチチングアネは魔法の杖で水にふれて歌った。「チプファラムフラ、水を止めて！」。すると川の水が止まったので二人は川を走ってわたった。わたりきるとまた杖で水にふれて、「チプファラムフラ、水を流して！」と言った。人食い鬼たちは川をわたっている途中だったので、怒濤のような水に飲まれて流されてしまった。

家へ帰る途中、二人は人食い鬼が住んでいた洞窟を見つけた。洞窟には鬼たちが食べた人間の

骨が山積みになっていて、その人たちが身につけていた金の腕輪や宝石、ネックレスが残されていた。二人はきれいな宝石類を身につけ、巨大魚がくれた魔法の杖を明るく灯して行く手を照らしながら、暗い森の中を走った。すると突然空き地に出て、そこには大きなお城があった。城の護衛は二人がまばゆい宝石を身につけているのを目にして、どこかの王女様だと思って城に招き入れた。次の日、チチングアネと妹は王様のハンサムな息子たちと対面し、結婚の申し出を受け入れた。その後はお城の中で王女様として幸せに暮らしたということだ。

chapter

8 太古の海の魚たち

——化石魚から進化をさぐる

もしスキューバ・ダイビングの道具を持ってタイムマシンで時間の旅をすることができるなら、私はダイヤルを三億八〇〇〇万年前のデボン紀に合わせ、奇妙な海の魚たちを見に行きたい。デボン紀は壮大な進化の実験が行なわれた時代で、魚として生きていくためのさまざまな機能が試された。無顎類の一種であるガレアスピス類と骨甲《こっこう》類は、弾丸形やシャベル形をした大きな頭で水をかきわけながら泳いでいた。ドリアスピス類は、丸みをおびた鎧《よろい》のような体形をしていて、ミニチュアのノコギリエイのように頭から角《つの》が前方へつき出ていた。平らな三角形のエグロナスピス類は海底の砂からシュノーケルの先を出していたので、どこに隠れているかすぐにわかった。ハイギョ類とシーラカンス類の祖先は、雲のように群れるコノドントと呼ばれるミミズに似た魚を捕食していた。水中を飛ぶように泳ぐ棘魚《きょくぎょ》類は英語で「棘《とげ》のあるサメ」とも呼ばれ、体はダイヤモンド形の微小な鱗《うろこ》に覆われ、それぞれの鰭《ひれ》の脇には鋭い棘があった。

しかし何にもまして出会いたいのは板皮《ばんぴ》類で、鎧に身を包んだこの魚はデボン紀の海に君臨していた。小型の板皮類はマッチ箱に入るくらい小さいのに、ものものしい鰭を体の側面から横につき出しているので、まるで腕があるように見えなくもない。上下に平たい板皮類はアカエイ類のように海底にはりついて生活していた（進化によってエイ類のような板鰓《ばんさい》類が出現するにはまだ時間がかかった）。そして脊椎のある最強の捕食者の板皮類が初めて水中を泳ぎまわるようになると、海底には暗雲がたれこめた。

ダンクルオステウス類は少なくとも一〇種類いたと考えられている。どっしりとした大きな頭は鎧のようで、その鎧が顎に達する部分が牙になっていて、口を開け閉めするときにこの上下の牙は、巨大な植木鋏《うえきばさみ》が自ら刃を研ぐように剪断《せんだん》した。板皮類になって初めて顎が備わったので、ダンクルオステウス類が見せびらかす顎はとても恐れられた。デボン紀の海を泳いでいたサメ類は長さが一メートルもないので、長さが六メートル、体重が一トンにもなるダンクルオステウス類に尾から簡単に丸呑みされてしまった。

この巨大な板皮類には、同じダンクルオステウス類以外に怖いものはほとんどなかった。体の大きなものが競争相手を追い払ったり食べてしまったりするときには、激烈な闘いが繰り広げられたと思われる。現生する大きな水中捕食者であるホホジロザメやイリエワニの三倍もの力で噛みつけば、巨大な牙で相手に深い傷を負わせることができた。二匹のダンクルオステウスの闘いになると、相手の鎧が割れたという手ごたえがあるまで、何度でも噛みついた。

当然のことながら現世のダイバーは、生きた板皮類やほかのどんな古代魚とも出会うことはない。しかしこの太古の世界について知っていると、私たちが目にする魚がどうしてそのような姿になったのかを知る手がかりになる。

これまで数億年にわたって生き延びて繁栄してきた祖先種の魚たちがいなかったら、魚が今のように水の世界を席巻することもなかった。過去に目を向ければ、古代魚が環境に適応しながら繰り返し自分の体をつくり変えてきた様子を知ることができる。魚に限らず地球上の生き物はみな盛衰を繰り返してきた。現在の生物としての重要な特徴（例えば顎）の多くを最初に進化させたのも古代魚だった。咀《そ》嚼《しゃく》したり微笑《ほほえ》んだりするために必要な口周辺の精密なつくりの骨は、脊椎動物の進化には欠かせないものだった。このような骨があったからこそ、効率的に餌をとる方法が数多く生まれたのだ。古代魚はほかにもいろいろ試しているが、現在まで保持することができなかった特徴は、消滅した奇妙な特徴として化石に記録が残るだけになった。どの特徴も、輝かしい魚の王国の歴史に何かしら貢献したことに変わりはない。

人間は岩石を読み解けるようになったおかげで、古代の生き物について詳しい情報を手にすることができた。水中の生き物の世界については、古生物学者たちが断片的な情報をつなぎ合わせて、かつてなかったほど詳細に説明できるようになっている。化石になった骨や石に刻みつけられた生き物の痕跡がどのようにしてできたのかを再構築し、魚がかつてどのような姿をしていたのかを浮かび上がらせることができる。

性器を持つ最古の魚

世界各地で素晴らしい化石が発見されてきたことで、遠い過去についての驚くような事実が明らかになった。そうした場所のひとつがゴーゴー累層と呼ばれる巨大な石灰岩の断崖で、西オーストラリア州北端に位置するキンバリーの人里離れた暑い砂漠にそびえ立つ。このゴーゴー累層には初期のグレート・バリア・リーフに生息していた動物たちが多数保存されている。グレート・バリア・リーフはデボン紀に発達した海岸で、ゴンドワナ超大陸の南岸にサンゴ礁が一四〇〇キロメートルにわたって連なっていた。ここに生息していた魚は、死ぬとサンゴ礁の近くにある深い入り江に沈んですぐに泥に埋まり、遺骸に石灰石が沈着した。このように石灰岩の塊（ノジュール）になったおかげで魚は押し潰されることなく、そのままの姿で保存されることになった。

　一九四〇年代にここで初めて魚の化石が発見されて以来、いくつもの研究チームが幾度となくこの場所を訪れ、ていねいに石灰岩のノジュールを地層から発掘した。古生物学者に贈られた完璧な古代のイースターエッグと言ってよく、中に眠っていた宝物を古生物学者たちは慎重に取り出した。石灰岩のノジュールを博物館の研究室へ持ち帰って酢酸（酢と同じ濃度）にそっと沈めると、化石のまわりの石灰岩が徐々に溶けて、精巧な魚の立体骨格が現われた。しかも、保存されていたのは魚の骨や装甲板のような組織だけではなく、体の内部の軟組織も保存されていた。およそ三億八〇〇〇万年も前の筋繊維や神経細胞も、収縮して最後の電気信号を送った状態で石の中に閉じこめられていた。

　魚の体内にもっと小さな魚が入っている化石も見つかった。当初、これは魚の捕食を示す化石だと考えられていて、小さな魚は大きな魚の最後の食事だと思われていた。ところが咀嚼した痕跡や噛み砕いた形跡がなく、小さい方の魚の骨が胃酸で分解され始めた様子も見られなかった。ゴーゴー累層の専門家のジョン・ロング（現在はアデレードにあるフリンダース大学で教えている）がそのあと化石の板皮類を調べたところ、体内で見つかる小さい魚は、丸呑みにした餌の魚ではなく、胎児であることが明らかになった。わずかに螺旋《らせん》を描きながら母親と胎児をつないでいた小さな臍《へそ》の緒を見つけのだ。ロングらは二〇〇八年に、この魚の学名をマテルピスキス・アッテンボローイと名づけた。「マテルピスキス」はラテン語で「母魚」を意味し、「アッテンボローイ」は一九七〇年代に「地球の生き物たち」というテレビ番組でゴーゴー累層を特集したデイビッド・アッテンボローにちなむ。

二〇一〇年にロンドンで行われた動物命名法国際審議会で講演したアッテンボローは、ゴーゴー累層の取材旅行の思い出を語っている。オーストラリアの番組共同制作者たちは、状態のよい化石はすべて掘り出されて博物館に収蔵されたので、ゴーゴーへ行っても何も見るものはないと断言していた。仮にそうだとしても、このすごい魚が発見された場所を撮影したいとアッテンボローは言い張り、撮影班をキンバリーへと運ぶヘリコプターが渋々手配された。

キンバリーに到着したときのことをアッテンボローは講演で語っている。「ヘリコプターから降りて大きな岩に足をおいたら、その岩に長方形の鱗甲《りんこう》があった」。それは明らかに、取りつくされたと言われていた板皮類の化石だった。アッテンボローは半信半疑の番組共同制作者に向かって、これは何だと尋ねたときの様子を話している。オーストラリア人の返事は、「わざわざ尋ねるなよ！」だった。これを聞いて会場の聴衆は大笑いし、アッテンボローも笑いながら「でも彼は大らかだったので、その化石を私が持ち帰るのを許してくれました」とつけ加えている。

それから数年後に発見された板皮類の新種にアッテンボローの名前をつけることになったと、ジョン・ロングから連絡があったときのことも講演で語っている。もちろん自分の名をつけてもらうのは嬉しかったのだが、「考えてみたら、体内受精ということは交尾するということです」。これが何を意味するか聴衆が理解するのをしばらく待ってから、言葉を続けた。「生命の歴史の中で脊椎動物が交尾をしたことを示す最初の例証に私の名前がつけられてしまったのです！」。会場はまたどっと笑いに包まれた。「私にはそれがいささか気がかりです」とアッテンボローは嘆かわしそうに言っている。

しかしその講演から数年後にジョン・ロングはまた新たな発見をすることになり、デイビッド・アッテンボローの懸念は払拭されることになった。エストニアのタリン工科大学を訪ねて標本箱の板皮類の化石を調べていたロングは、その中にL字型の骨を見つけたのだ。ロングはこの骨が精子を運ぶ交接器だと気づいた。現生のサメ類やエイ類も交尾するときに同じような器官を使う（起源となる体の部位は異なる）。この発見により、博物館や個人の化石コレクションが見直されることになり、その結果、エストニアと同じ種類の板皮類の雄の付属器がほかにも多数見つかった。板皮類の交接器が見つかるのはこれが初めてではなかったが、この板皮類はその時点で最古とされていた種類で、おそらくマテルピスキス・アッテンボローイよりも数百万年古い時代を生きていた。だから、記録されている化石の中ではこちらが最古の性器になり、脊椎動物に有性が出現した指標と見なされることになった。板皮類のすべてで体内受精と胎児の出産が見られるわけではないが（卵を産むものもある）、比較的早い進化の段階で出現した繁殖方法だということがわかる。これゆえ、特に真骨魚類《しんこつぎょ》など多くの現生の魚は、この太古に編み出した交尾という生殖方法から、またもとのように卵を産む手法に戻したことになる。

この太古の魚たちが次にどのような段階に進んだのかは、また別の発見があって詳細が明らかになった。二〇〇四年に米国ペンシルベニア州ではパインヒルの斜面を削って高速道路一五号線のバイパスを建設する工事が行なわれ、地中深く埋まっていた化石のつまった岩が露出した。フィラデルフィア自然科学アカデミーの古生物学者が調べたところ、大きな目のある大きな頭の小さな板皮類の稚魚が無数に見つかり、かつて稚魚の生育場所だったと推測できた。ここでは板皮類の成魚の化石は見つかっていないので、雌はここへ来て産卵したあと卵の世話をせずに泳ぎ去ったと考えられる。稚魚たちは干上がっていく水たまりで死ぬことになったのだろう。静かなよどみの水位が急に下がり、水たまりに閉じこめられて孤立し、生きていくのに必要な酸素がなくなった。死んだあと腐敗しないうちに泥が押し寄せて遺骸をそっと埋めた。こうして稚魚の化石化が始まり、ほんのわずかな時間を生きた証しが岩に刻みつけられた。ベルギーの採石場でも、板皮類の生育地で稚魚が同じように化石として保存されているのが見つかっている。どちらも、親と子の世代が別々の水域で生活することを示す最古の例として知られる。今日でも親と子で生息地が異なる動物種は多い。

デボン紀の海は、ゴーゴー累層で見つかった素晴らしい化石の魚と同じような魚であふれていたものの、そうした魚は化石という痕跡をほとんど残していない。しかし、古い時代の魚の生活をのぞき見る方法はほかにもある。例えばテオドント類はデボン紀に生息していた無顎類の一群だが、化石の記録がほとんどない。ごくまれに見つかる状態のよい化石のいくつかを見ると、体が紡錘《ぼうすい》形のものや、ジンベエザメのミニチュア版のように体は平らで大きな口があるものや、体は縦向きで大きな葉状の尾鰭があるものがいた。しかしテオドント類の化石のほとんどは微小な鱗がまばらに残っているだけだ。

そこでスペインのバレンシア大学のウンベルト・フェロンとヘクター・ボテラは、化石の報告数が少ないテオドント類の詳しい生態を知るために二〇一七年に新しい手法を使った。テオドント類の微小な鱗の形状を顕微鏡で調べ、現生のサメ類の体表を覆う歯状突起と比較したのだ。歯状突起は、棲む場所や移動方法などサメ類の生態によって形が異なる。サメ類の歯状突起と同じようにテオドント類の鱗の形も生活習慣や生息場所と関連があると仮定すれば、この古代魚にはさまざまな生活様式が見られたことをフェロンとボテラは示した。

鱗が磨耗に耐えられる程度を見れば、海底でじっとしている種類か、岩礁の穴や割れ目に隠れ棲む種類かがわかる。群れになって泳ぎまわるテオドント類の鱗には棘があり、外部寄生虫が取りつくのを防いだ。筋状に凹凸模様が刻まれていれば、泳ぎが速いサメ類の歯状突起にも同じような模様があるため、

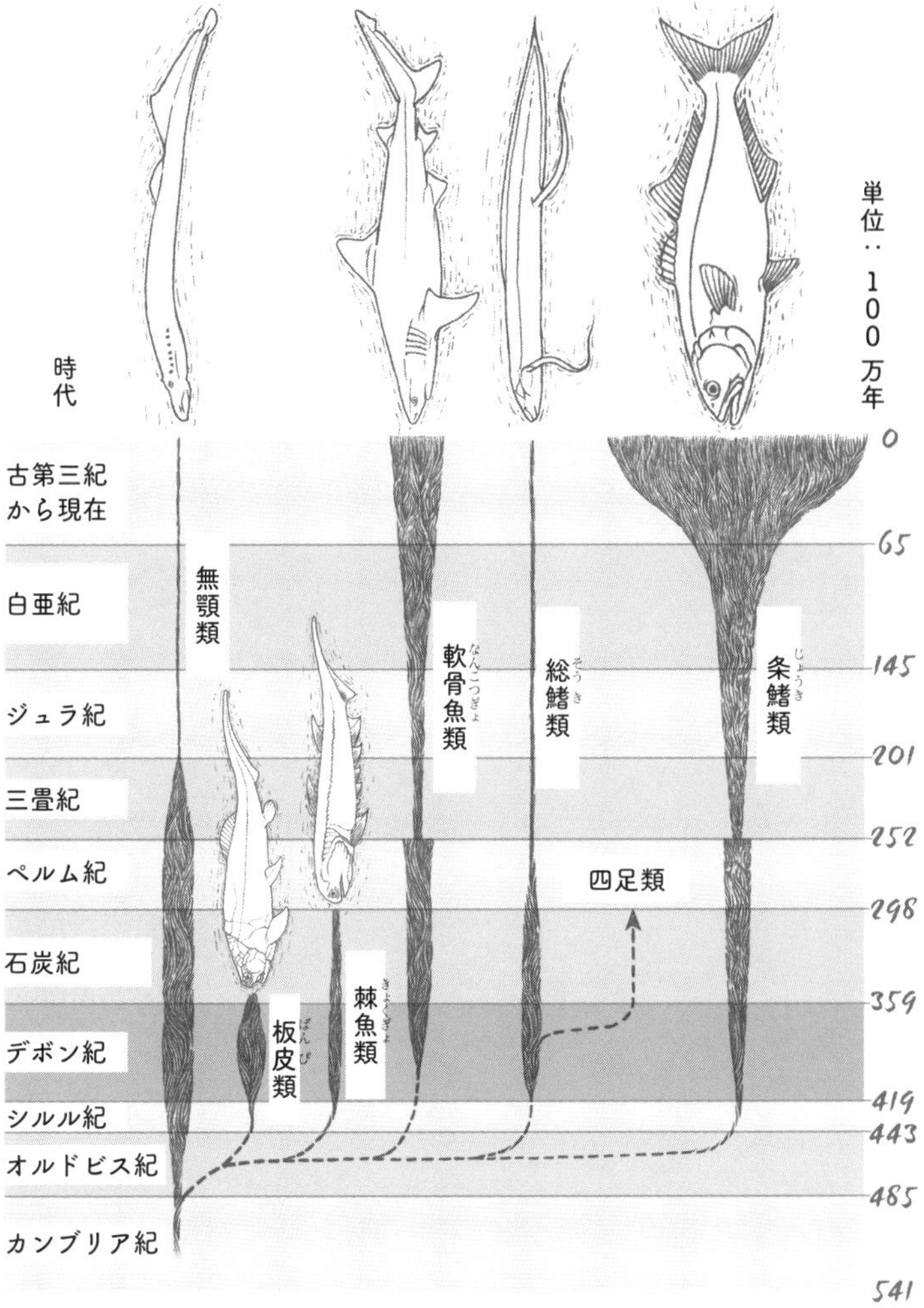

おもな魚類の分類群の起源と絶滅

水の抵抗を減らすための鱗ということになる。生物発光する現生のサメ類とよく似た鱗を持つテオドント類もいて、発生させた光が表皮を通り抜けるようになっている。テオドント類が暗闇で発光すると言いきるには標本数が足りないので、テオドント類の鱗の化石がさらに発見されて調査できるようになるのをフェロンとボテラは心待ちにしている。

テオドント類のほかにもガレアスピス類、骨甲類、コノドント類といったさまざまな無顎類は、ヤツメウナギ類やヌタウナギ類につながる祖先種とともに魚の進化系統樹の根元近くの枝を構成している。こうした初期の無顎類をどのような配置にするかはまだ議論の余地があるが、はるか昔のことなのでしかたがないだろう。[1] 新しい化石が発見されるたびに、そしてそれを調べる新しい手法が考案されるたびに、これまでわかっていることに新たな情報がつけたされている。顎を閉じることができて歯が動かないように固定されている板皮類が出現したのは、もっとのちの時代だったことははっきりしている。そしてそのあと「棘のあるサメ」と呼ばれる棘魚類が出現した。この一部が（たぶん）サメ類やエイ類につながる祖先種だった。

デボン紀の海には、これらの魚をはじめ、ハイギョ類、シーラカンス類、サメ類、条鰭《じょうき》類が同居していた。しかし地球上の生命の歴史を見ると、魚の進化系統樹の下部に位置する枝のこれほど多くの魚が時を同じくして繁栄したような時期は、およそ三億六〇〇〇万年前のデボン紀が終わろうとするころだけだったことがわかってきた。どの魚の時代も永遠には続かなかった。

生物は絶滅する——舌石《ぜっせき》の教え

一七世紀にイギリスの植物学者ジョン・レイが、ロンドン王立協会を破産させそうになったあの問題の『魚の歴史』を編集していたとき（第1章参照）、レイは動植物だけではなく化石も調べていた。そしてある疑問がわき、生涯その疑問に悩まされることになった。化石はどのように石に閉じこめられたのだろうか。どのようにできたのだろうか。

当時は化石の出現や消滅についてさまざまな学説が飛びかっていた。広く受け入れられていた説のひとつは、岩が生き物になろうとするときに化石が岩からにじみ出るというものだった。別の説では、聖書に書かれている大洪水で陸に押し上げられた海の生物が化石だとしている。ジョン・レイはどちらの説にも納得できなかった。レイは信仰心が厚く、すべてではなく一部の化石がノアの時代の洪水のときにできたとしてもおかしくないとは認めていたが、一度の破局的な洪水で運ばれてきたのなら化石はすべて同じ岩の層に埋まっているはずなのに、そうではないことを目にしていた。訪れる場所によって化石はさまざまな岩の層に埋まっていたのだ。さらにおかしなことに、それほどの大雨が降って洪水が起きたのなら生き物は海へ流されるのであって、山へ流されるはずがない。大洪水によって動物が海から陸へ流される、あるいは山の上にまで流されるなど、ありえないと考えていた。

1——時間を距離に置き換えればわかりやすい。人間が海に潜って探検を始めた時期が過去へ向かって歩き始めて一〇〇メートルの地点だとすると、三億八〇〇〇万年前の昔まで行こうとしたら月まで歩かなくてはならない。

各地を調べてまわる旅でレイは地中海に浮かぶマルタ島に立ち寄り、高い山の上の岩の中に、当時は「グロッソペトラ（舌石）」と呼ばれていたきれいな三角形の石があるのを目にした（ギリシャ語で「グロッソ」は舌、「ペトラ」は石を意味する）。中世ヨーロッパではこの舌石に強い力が宿っていると信じられていて、人々はペンダントとして首にかけたり、洋服に特別なポケットをつくってそこに縫いこんだりした。もしヘビに噛まれたら、この三角形の石を取り出して患部に押しあてると命が助かるとも信じられていた。また、もし誰かに毒殺されるような気がしたら、ワインのグラスに舌石を入れておけばよく、解毒剤として事前に身を守ることができた。ローマ時代の著述家の大プリニウスは著書の中で、舌石は月食のときに空から降ってくると書いているし、ヘビか竜の舌が石化したものだと信じている人もいた。しかしジョン・レイには、これらの石がサメの歯のように見えてしかたがなかった。

それより以前にフランスのモンペリエへ行ったときに、レイはデンマーク人の解剖学者ニコラス・ステノに会っている。どうやら二人はそこで化石について議論したらしい。ステノはホホジロザメを詳しく調べたことで知られている。イタリア西部の海岸沖をホホジロザメが泳いでいるのを漁師が見つけ、おそらく投石器でしとめて陸に引き上げ、木にくくりつけて叩き殺した。そのサメの頭部がフィレンツェに運ばれ、そこでステノが解剖してさまざまな体内構造を詳しく調べた。鼻面に点々とあく小孔もこのとき調べられ、のちにステノの教え子のステファノ・ロレンチーニが詳細を発表している（電気を感じる膨らみがロレンチーニ器官と呼ばれるゆえん）。ステノはホホジロザメの歯を間近で観察して、石のような舌石はサメに由来するもので、かなり昔に抜けたサメの歯が深い泥の層に埋もれて保存された結果、化学成分が変化して石になったに違いないと確信していた。[2]

舌石が本当は何なのかをつき止めたのはステノが最初ではなかったが、動かしがたい証拠を示したことで、化石の起源についてのそれまでの考え方が変化していくことになった。岩の中にサメの歯があるのは証拠のひとつではあったが、ジョン・レイは、それまで知られていた生き物とは似ても似つかぬ化石の数々を前にして、さらなる謎に直面することになった。化石になったこれらの動物は、はるか昔の時代に生息したあと絶滅したのだろうか？　これはレイの信仰に反する考え方だった。レイにしてみれば、慈悲深く聡明な神は、自分の完璧な創造物である動物が死に絶えるのを許すはずがなかった。絶滅は選択肢になかったと言ってよい。

そこでレイは、この問題を解決するために頭をめぐらせ、石に閉じこめられている見慣れない動物たちは今でも地球上のどこかに生息していて、それを誰かが発見するのは時間の問題であるに違いないと考えた。まあ、ありえないことではない。シーラカンスを見ても、数百万年前に絶滅したと思われていたのに、一九三八年に南アフリカ沖で生きたものが発見されている。しかしシーラカンスは非常にまれな例だ。手つかずの熱帯雨林を恐竜がまだ密かに歩きまわっているとか、マリアナ海溝の底に巨大な古代ザメがひそんでいるなどということはまずありえない。現在のように探検家が地球上をくまなく調べまわっていれば、今ごろは誰かが一匹くらいは発見していてもおかしくない。

生物が絶滅するという考え方は、フランス人の動物学者ジョルジュ・キュビエの研究のおかげで、やっと一九世紀になってから進展をみた。キュビエは、世界の生きた魚の目録を『魚の自然史』として編

2——サメの歯の化石は、土砂が堆積して岩が出来上がるという理論（下部には古い堆積層、上へいくほど新しい堆積層）をニコラス・ステノが発展させることにもつながった。この理論は、岩の層について調べる層序学という地質学の主要分野の基礎になった。

纂していたときに、これまで知られている化石の魚をすべて使って同じようなものを編纂する案を練っていた。

キュビエが亡くなる数カ月前の一八三一年に、ルイ・アガシーという若いスイス人科学者がパリの国立自然史博物館へキュビエを訪ねてきた。二人はそれまでしばらく手紙のやり取りをしていて、キュビエはアガシーがアマゾン川の魚について書いた原稿に感銘を受けていた。アガシーは中央ヨーロッパの魚の化石についての本を書こうとしていて、最初はキュビエの土俵に踏みこむのではないかと心配していたが、このときパリを訪問したことで執筆の構想が大きく膨らんだ。数カ月にわたってアガシーを指導したキュビエは、アガシーの化石を扱う技術や化石に対する情熱が比類ないものであることを見抜き、パリの博物館に収蔵されている貴重な魚の化石について描きためた自分のスケッチやメモをすべてアガシーに託すことにした。

そのあと数年にわたってアガシーは、これらの資料と、スコットランドの旧赤色砂岩を含むヨーロッパ各地の地層から得られた化石を調べ、ふんだんに図版を載せた『化石魚類の研究 (Recherches sur les poisons fossiles)』五巻を一八三三年から一八四三年にかけて出版した。その本には数千もの化石の細部にわたる図版が収録され、当時はカメか大きなコウチュウかもしれないと考えられていたものも含まれていた。アガシーはそれらを板皮類と名づけたが、顎のない魚だと考えていた (無顎類の頭骨の内部がわかる化石標本や顎の構造がわかる標本は一九二〇年代になってやっと調べられた)。この奇妙な魚たちは当時泳ぎまわっていたどの魚とも違い、キュビエなら間違いなく絶滅した種類にしただろう。

その何年も前にキュビエは絶滅が起きた証拠を示していた。キュビエはパリ郊外で掘り出されたゾウの骨を詳しく解剖学的に調べ、その大きさと形から、インドとアフリカに現生するゾウとは明らかに種類が異なると結論づけた。体が大きすぎるので、地球上のどこかに第三の種類が隠れているとも思えない。パリで見つかった骨は、すでに存在しないゾウのものに違いない（のちにマストドンと名づけている）。「こうした事実はすべて、（中略）人間より早い時代に別の世界が存在していて、何らかの破局的な事態によって消滅したことを示す証拠のように私には思える」とキュビエは記している。キュビエはこの破局を「革命」と呼び、それが数百万年の間隔をおいて繰り返し起きて、そのつど地球上から生き物が一掃されたと結論するようになった。

キュビエが革命と呼んだ出来事は、現在は大量絶滅として知られていて、これまでの地球の歴史の中で五回起きている。引き金となった出来事はそれぞれに異なるが、地球の気候の急速な変化が関係する場合が多く、そのときによって特定の生き物グループが死滅した。

最初の大量絶滅はオルドビス紀の末（およそ四億四三〇〇万年前）に起こり、海洋生物の半分以上が一掃された。二回目はデボン紀の終わりごろに起き、このときは海の生物が何度か繰り返し絶滅の波にさらされた。ゴーゴー累層のような熱帯の広いサンゴ礁も死滅した。魚類も全種の四分の三が絶滅した。無顎類は数が少なくなり、コノドント類も大きく数を減らし、テオドント類は消滅し、ガレアスピス類と骨甲類の生き残りはまだ泳いでいたものの、鎧に包まれた大きな頭をそのあと見かけることはなくなった。シーラカンス類は希少種になり、ハイギョ類は海のものは駆逐されて淡水に生息するものだけが生き残った。そして板皮類もいなくなった。

この大きな激変の背後にある原因は陸上で起きた出来事だと考えられている。デボン紀の絶滅のころはちょうど陸上に動物が出現し始めた時期だった。パイオニア的存在の無脊椎動物が水から出て陸上を這いまわり始めてしばらく経っていて、両生類は進化によって手にしたばかりの足で陸上を歩き始めていた。一方で植物はまったく異なる方法で大地を利用していた。すでにおよそ一億年にわたって水辺や湿った大地で生活してきたが、デボン紀の終わりには開けた乾燥地にも進出し、地球史上初めて高木が天をつくように育った。森林が拡大し、樹冠の密生した葉がさかんに光合成を行ない、大量の二酸化炭素を吸収した。地表を覆っていた温室効果ガスが希薄になり（今日の人間が二酸化炭素を放出しているのと逆）、地球の気温が急降下して氷河期に突入した。水は氷結して氷河となり、海水面が下がり、多様な生物が繁栄していた浅海は干上がってしまった。

緑化しつつあった大陸は海の緑化にも関与していたかもしれず、海水から酸素が奪われて海の生物を死に追いやったのかもしれない。つまり、陸上の植物が岩の奥まで根を張って岩を割り砕き、土壌が形成されると栄養塩が放出されて海へ流れこみ、これがプランクトン性の藻類を大発生させる栄養源になり、海が鮮やかな色の渦巻き模様に彩られた。こうした藻類が死んで海底に沈むと、大量の遺骸をバクテリアが分解する際に水中の酸素を大量に消費し、ほとんどの生物は生存できないデッドゾーン（死の水域）が生まれた[3]。

しかし、デボン紀の終わりの大量絶滅のときに、それまで何億年も繁栄してきた特定のグループの生物、それも特に魚類の中の特定のグループが死に絶えたのはなぜなのかについては、十分な解明が進んでおらず、学者の見解も分かれる。はっきりしているのは、海の大再編成が起きたということだ。板皮類はもはや勢力を誇る捕食者ではなくなり、大海原を見まわりながら海底にいる獲物を捕えることもなくなった。板皮類が抜け落ちた海洋の生態系には大きな空白ができて、そこを埋める次の生き物が現われるのが待たれた。そして、ある魚類のグループがその空白を大いに利用するようになる。

サメ類の繁栄

米国モンタナ州のベアーガルチ石灰岩と呼ばれる岩の地層には、かつては広い海洋の縁にあった浅い湾の名残が見られる。石炭紀（およそ三億一八〇〇万年前）に形成された厚さ三〇メートルにもなるこの地層で、数十年にわたって古生物学者たちはこつこつと発掘を続けてきた。このベアーガルチの化石を調査することで、多くの生命が失われたデボン紀以降の様子が解明されようとしている。新しく始まった興味深い海の世界で、サメ類やその親戚筋の魚が主役の座を射止めた時期にあたる。

湾の底ではバランステア類がじっと身をひそめていた。太く短い尾と、よくめだつ鰭を持ったサメで、まっすぐに立てた体はねじれた葉のように見える。泳ぎは決して速いわけではないが、硬い殻の中にいる無脊椎動物を器用に引きずり出して、嘴《くちばし》のようになったデコボコの歯板で噛み砕いた。広い海ではファルカタス類のサメの大きな群れがよく見られた。ファルカタスの雄と雌は簡単に見分けられる。雌は体が魚雷形で、現生のアブラツノザメ（英語で「棘のある犬魚」）とよく似ていた。ただ、体がはるかに小さくて一五センチくらいしかなく、犬（ドッグ）と言ってもせいぜいホットドッグだった。

雄には鰭が変形した交接器があり、これで精子の受けわたしをした。また、これとは別に鰭の棘が長くのびてできた角が額《ひたい》にあり、その先は湾曲して鼻につくほどだった。ベアーガルチ石灰岩の化石の専

3——今日でも、おもに農場排水や下水処理施設から流れ出た水によって栄養過多になった海域では、よく似たデッドゾーンが見られる。

門家であるリチャード・ランドは、何をするためにこの角を使ったのかがわかる化石を見つけた。それは雌のファルカタスの化石で、雄の角に顎でしっかり噛みついていた。二匹は化石になっても一緒だったわけだが、ふつうに想像するのとは逆の態勢で、雌が雄の上に乗って、腹を雄の背に押しあてていた。これが古い時代の前戯の一場面だったのかもしれない。

ウナギのような姿をしたハーパゴフットア類のサメの頭にも別の奇妙な被り物があった。雄の目玉の前に長い触角が二本つき出ていて、先がカニの爪のように二分していた。これは、現生のギンザメ類が決定的瞬間に伴侶を離さないために使う器官（頭にある収納性のもの）と同じ使い方をしたと推測できる。

ベアーガルチ湾付近では、ほかにもステタカントゥス類のサメが泳ぎまわっていた。ステタカントゥス類はこれまでに二種類見つかっている。片方の種類は三メートルくらいあり、もう片方はタイセイヨウサケと同じくらい（七〇センチ）で、どちらも頭に奇妙なものをつけていた。雄の背鰭には巨大な歯ブラシのようなものがあり、同じようなブラシが目の間にもうひとつあった。

ステタカントゥス類の化石は一世紀以上も前から知られていたが、なぜそのように奇妙な飾り物を進化させたのかについては、いまだに根拠のない説が飛びかう。いちばん大きくて印象的なブラシを持つ雄を雌が選んだのかもしれない（雄のステタカントゥスには胸鰭の後方から鞭のようにのびる鰭もあって、これも求愛行動で使ったのかもしれない）。雄が雌の取り合いをするときに歯ブラシの剛毛を誇示し合ったのかもしれない。シカのように頭と頭をつき合わせて闘うときに、角ではなくブラシをこすり合わせたのかもしれない。

頭にあるブラシはおそらく交尾と何か関係があったのだろうが、別の解釈もある。一九八四年に発表された論文では、この針状のブラシには人間の勃起組織とよく似た微細構造が見られると指摘されているので、ステタカントゥスのブラシも同じように膨らんだのだろう。捕食者に襲われたときにブラシを膨らませて、自分よりも大きくて危険な魚の顎に似せて敵の攻撃をかわしたのだろうか。そうかもしれない。あるいは、現生のコバンザメ類のように、自分よりも大きなサメ類の腹にブラシで取りつき、別の場所へ連れていってもらったとも考えられる。もしそうだったら、自分で発明した面ファスナーで好きなところにくっつくという独特な手法を用いていたことになる。

ベアーガルチ湾に生息していたのは奇妙な姿のサメ類だけではなかった。板皮類が海からいなくなったあと条鰭類も分布を広げて種類が増えていたし、シーラカンス類も多くの種類が見られ、ヤツメウナギのもっとも初期のグループとして知られるハーディスティエラ類もいた。かつての繁栄を誇るほどではないものの、無顎類の中にもデボン紀の大量絶滅をくぐり抜けたものがいたことがわかっている。また、それほど風変わりでないサメ類も、ギンザメ類には現生のものとよく似た姿のものがいた。ほんのわずかの鱗や歯が見つかっているだけの種類もいて、これらはどのような姿をしていたのか、あるいはどれほど奇妙な姿をしていたのかわからない。めずらしい軟骨魚類が生息していたのは決してベアーガルチ湾だけではなかった。石炭紀のあと数百万年のあいだ、海に生息するサメ類はどれもまだ試行錯誤を続けていたので、類を見ない結果が出ることもあった。

岩の中に優雅に螺旋を描く化石が見つかったときには、すでに絶滅したタコあるいはオウムガイの仲間のアンモナイトだろうと考えられた。直径が二〇センチほどで大きすぎもせず、小さすぎもせず、螺旋はおおむね対数螺旋（渦巻きが一定の比率で外向きに広がる）を描いていた。しかし、貝殻よりもサメの歯に似ているという指摘が出た。骨格の化石は見つかっていないので、このペルム紀（およそ二億九八〇〇万年前に始まった）のサメがどのような姿をしていたかは想像をたくましくするしかない。歯の大きさから考えると体は平均して四メートルだが、実際はそれよりはるかに大きかったと思われる。興味をそそられる謎は、あのギザギザの螺旋状のものが体のどの部位だったのかということだろう。

古生物学者たちは、このヘリコプリオン類が絶滅した動物の一群であると判明したあと一世紀以上にわたって、見つかっている化石が骨格にどのように配置されていたのか考え続けてきた。あの螺旋状のものはサメの尾の先にぶら下がっていたとか、背鰭から後ろへたなびいていたとか、長い下顎の先からピザカッターのようにつき出ていたといった説が出されている。アカエイ類のような平らな腹部に円形の歯が横向きに寝るようにはまりこんでいたという説すら出た。二〇一三年になって米国のアイダホ自然史博物館の研究者たちがある化石の研究を発表してから、やっと新しい展開が見られた。

レイフ・タパニラが率いる研究グループは、一九五〇年代に発掘された螺旋状の化石を収蔵庫から取り出してCTスキャナで調べた。軟骨の断片がまだこびりついている標本で三次元画像を構築してみたら、ヘリコプリオンは螺旋形の歯が下顎深くに埋まっていたことが明らかになった。まるで口の中に丸鋸《まるのこ》を備えていたかのようだ。人間で言うと舌がある位置なので、自分の舌の真ん中にモヒカンのように歯が並んでいるところを想像してもらうとわかりやすいだろう。喉の奥では常に新しい歯がつくられて残りの歯を前へ押し出し、歯列全体は螺旋を描きながら舌の下方へ埋もれていく。ヘリコプリオンの螺旋構造物では中心にある歯がいちばん小さくて古く、幼い時期につくられたものだ（軟体動物の貝殻も同じで渦巻きの頂点がいちばん古く、幼生が孵化《ふか》した直後につくられる）。

タパニラの研究チームが手に入れた新しい情報や新しい動物のイメージは、ヘリコプリオン類が現生のサメ類やエイ類よりもギンザメ類に近縁であることを示す手がかりになった。さらに、螺旋形の歯はそれだけで機能していた。つまり上顎には歯がなかったらしい。

ひとつ謎が解けたら次の謎が生まれる。このギンザメに似た動物には歯が並ぶ螺旋構造物がひとつしかないが、それをどのように使っていたのだろうか？　さまざまな説がまた提唱され、ある別の絶滅した魚の手がかりを与えてくれることになった。

ヘリコプリオン類と近縁なエデスタス類には、上顎と下顎の両方に渦巻き状の歯があるが、きっちりとした螺旋を描かない。エデスタス類は顎をハサミのように使ったとも考えられるが、歯の渦巻きはすれ違うように配置されていないので、これはありえない。刃が反り返っているハサミを使うことを考えるとわかりやすい。そして二〇一五年に、コロラド大学のウェイン・イタノが別の仕組みに思いあたった。エデスタス類の顎はポリネシアで伝統的に使われているレイオマノという武器に似ているとイタノは考えた。これは巨大な卓球のラケット、あるいは、平らな木製の櫂《かい》のような武器で、敵の肉を引き裂くために、縁にサメの歯を外向きに取りつけてある。エデスタス類は、イカのような体の柔らかい獲物を歯で引き裂いたのではないかとイタノは考えた。口を大きく開けて頭を上下に激しくふれば、それができたと思っている。

こうした鋭い歯を持つ捕食者の中には、餌を食べたときの痕跡を残しているものもいる。米国インディアナ州で見つかったエデスタス類の化石は、バラバラになった大量の硬骨魚の骨と同じ岩から出土した。頭だけしかない魚もいれば、尻尾しか見つからない魚もいる。細長い皮膚の断片に尾がぶら下がっている状態のものもあれば、頭がきれいにちょん切られたような傷を負った魚もいた。この大虐殺がエデスタス類によるものだという確たる証拠は今のところ何も見あたらないが、最重要容疑者であることに変わりはない。その当時は、おそらくヘリコプリオン類も同じようなことをしていたのだろう。口を大きく開けて螺旋形の歯をむき出しにし、頭を上下にふりながらイカや魚の群れに切りこめば、恐ろしい捕食者になりうる。

今日の海では、これらの奇妙なサメたちが泳いでいる姿は見られない。その多くはペルム紀の終わりころ（二億五〇〇〇万年くらい前）には絶滅していたが、生き物の世界に破局を引き起こすことなく静かに消滅したようだ。そして海がまた大量絶滅によって大打撃を受けて大きく変容するまで、それから二億年近くが経過した。

海の生物の構図が変わった白亜紀の大絶滅

地質学のカレンダーでおそらくいちばん知られている大量絶滅は、恐竜という人気のある動物の一群が地球に永遠の別れを告げた六六〇〇万年くらい前の白亜紀の終わりに起きた。[4]このときは、恐竜だけでなく多くの魚（特に大きな魚）やそのほか数多くの動物群もいなくなるほどの大量絶滅だった。

マグロやカジキとそっくりだが今は絶滅した条鰭類の一群だったパキコルムス類も、白亜紀が終わるころの広い海を泳いでいた。そのほとんどは海の食物連鎖の頂点にいる捕食者で、メカジキのように長い嘴状の突起を前方へつき出しているものもいれば、バショウカジキのように餌を狩るときに魚の群れを集めるための丈の高い背鰭を持つものもいた。

パキコルムス類の中には餌を濾《こ》し取って食べる体の大きなものもいた。なかでもリーズイクティス類は大きく、これまでの進化で出現した硬骨魚を見わたしても私が知るかぎりでいちばん大きい。体は少なくとも一六メートルになり、ロンドンを走る二階建てバスよりもわずかに長い。[5] この魚の化石は、アルフレッド・ニコルソン・リーズという農夫が、一九世紀の終わりにイギリスのピーターバラで最初に見つけた。当初、専門家はステゴサウルスの背中にある骨質の板だと言ったが、あとになって、本当は巨大な魚の頭蓋骨だと気づいた。この巨大魚には、見つけた人の名前と、本当はどのような動物なのかという謎を解き明かすのが難しかったことにちなんだ学名（*Leedsichthys problematicus*）がつけられた。

数年前まで、リーズイクティスは中生代（二億五二〇〇万〜六六〇〇万年前）を通じて唯一の濾過食者だと考えられていた。立派な魚だったのに、ほんの数百万年のあいだ濾過食の簡単な実験をしながら生きただけの魚として進化史の片隅に追いやられていた。しかし最近になってオックスフォード大学のマット・フリードマンが古生物学者の研究チームを組織して、これまでに見つかった化石を再検証し、

4――これまでは、六五〇〇万年前に起きたと言われてきたが、最新の年代測定の結果からは、もう一〇〇万年早かったことがわかっている。

5――従来の推定でリーズイクティスは、これまで進化の過程で出現したもっとも大きな真骨魚類として、三〇メートルのシロナガスクジラといい勝負をしていた。しかし最近になって化石の骨格断片にもとづいて計算された結果、そこまで大きくはなかっただろうと言われている。とはいえ、一六メートルなら過去と現在の真骨魚類の中で最大級であり、そのほかの魚類全体を見まわしても、平均的なウバザメ（一五メートル）より大きく、ジンベエザメ（二〇メートル）に次いで二番目ということになる。

リーズイクティスは一種ではなかったことを見出した。パキコルムス類の濾過食者は少なくとも一億年にわたって複数種が次々と出現し、口を大きく開けて海を泳ぎまわりながら水中の微小な動物を濾し取って食べていたのだ。白亜紀の終わりにこうした種類がいなくなったことで、新しい濾過食魚が台頭するための生態学的な空白ができたのかもしれない。[6]

とにかくこのときの大量絶滅は、単にパキコルムス類のように大きくてめだつ条鰭類が失われただけの出来事ではなく、海の生き物の構図がまた大きくぬりかえられる事件だった。現生の新しい魚が生まれてくるための道筋をつけるような変化もいくつか起きている。

最近になって、白亜紀の終わりに起きたことを知るための重要な手がかりが海底から引き上げられた。深海掘削プログラムに参加した事業者がネットワークを組み、世界各地の海に印をつけておいて、その地点の深海から海底の土砂堆積物の長い柱状サンプル（コアサンプル）を引き上げたのだ。サンプルは、数億年かけて堆積した泥やシルトの地層に数百メートルの深さまでドリルで穴をあけて採取された。

取り出した泥の中には、魚が死んだときに海底にばらまかれる微小な歯や鱗の化石が含まれていた。こうした微小化石は、動物の体全体の化石よりもはるかに広い範囲で見つかる。動物の体が化石になるためには、死体が化石へと変質するあいだ押しつぶされたり曲げられたりせずに悠久の時間を耐え抜かねばならないので、動物の体が手つかずのまま残って見つかる確率はきわめて低い。しかし歯や鱗ははるかに丈夫で、はるかに莫大な量が残る。数グラムの土砂堆積物の中に微小化石が数百と見つかることもある。この微小な遺骸を調べれば、変遷を続けるもっとスケールの大きな海洋の様子をうかがい知ることができる。

サンディエゴにあるスクリップス海洋研究所では、エリザベス・シーベルトとリチャード・ノリスが深海で採取したコアサンプルから数千におよぶ微小化石を選り出した。七五〇〇万年前から四五〇〇万年前にかけての期間に見つかる条鰭類の歯とサメ類の歯状突起を年代順に集めたところ、その期間の途中でははっきりと魚種が変遷したことを見出した。白亜紀の終わりの堆積物では、微小化石の半分以上がサメ類の歯状突起だった。しかしそのあとの地質年代である暁新世の初めには、条鰭類の歯が突然大きく増え、サメ類の歯状突起の二倍から三倍もの数になった。

このような変化は、イリジウムという化学元素を含むうすい層をはさんで起きていた。イリジウムは地球上ではめずらしい元素だが、隕石にはふつうに含まれる。イリジウムの層は六六〇〇万年前に地球に衝突した巨大な隕石によってもたらされたものだと考えられていて、世界中の岩に消すことのできない刻印を押した。条鰭類の歯は、イリジウムの層のあとの時代に数が増えただけでなく、大きさが三倍になった（平均すると、一ミリメートルだったものが三ミリメートルになった）。だからといって、必ずしも魚の体が三倍の大きさになったわけではないが（小さな魚の中には大きな歯を持つものもいれば、逆の場合もある）、魚たちが新しい餌のとり方に適応しつつあったことや、新たな生息地へと分布を拡大しつつあったことを強く示している。

歯と歯状突起の割合の急激な変化についてシーベルトとノリスは、二〇一五年に発表した論文でさまざまな説明を試みている。何らかの理由で単に条鰭類の体が大きくなり始め、吐き捨てる歯の数が増えただけかもしれないが、それだと歯が大きくなったことを説明できない。六六〇〇万年前に海全体が大

6――マンタ類とジンベエザメは暁新世の終わり（およそ六〇〇〇万年前）に初めて出現し、ウバザメは始新世（それよりおよそ二〇〇〇万年あと）の中ごろに出現した。

きな変化をとげたからだというのが、シーベルトとノリスが到達した見解だった。

そのとき以前は、岸から離れた外洋では条鰭類の数は相対的に少なく、大西洋や太平洋をめぐっている海流にはサメ類が多かった。数百万年のあいだはこれが安定した状態で、それが変化するようには見えなかった。堆積物のコアサンプルでは（特に南太平洋のサンプルでは）、イリジウムを含む変化層に達するまで条鰭類の歯とサメ類の歯状突起の比率は拮抗していた。このような安定した状態が何らかの理由で突然乱され、条鰭類がそのあとすぐにサメ類に取って代わることになった。

シーベルトとノリスは、白亜紀という地質年代を終わらせることになった大量絶滅に注目している。イリジウムの層をまき散らした隕石のせいもあるが、大きな火山活動によって二酸化炭素と二酸化硫黄が大気中へ吐き出されたことも拍車をかけた。空は暗くなり酸性の海が拡大して、生き物のいない世界が広がった。そしてその一回前の大量絶滅のときと同じように、わずかに生存した動物には新しい可能性がひらけた。今度は（理由は完全には解明されていないが）、生き物のいなくなった水域に強引に割りこんでいって繁栄したのはサメ類ではなく、条鰭類だった。

現生の条鰭類の主要グループの多くは一億年前から五〇〇〇万年前の期間に出現したことが化石の記録からわかるというのが、これまでの定説だった。フグ類、アンコウ類、ウナギ類など白亜紀の地層から見つかっているものもあり、それに、ニシン類、イワシ類、ミノー類、コイ類、マグロ類、サバ類、カレイ類などのほか、今では素晴らしく多様な真骨魚類のほかの種類が加わった。条鰭類が数を増やして繁栄することになった正確な時期や関係する要因は、それほどはっきりわかっているわけではない。しかし、微小化石から得られる新しい情報によって詳細が明らかになってきて、今日私たちが目にする魚が水中の世界で幅を利かせるようになるのに大量絶滅が重要な役割を果たしたことが示されている。

このような魚類相の変化は、アンモナイトの消滅や、プレシオサウルスやモササウルスといった海で生活する巨大爬虫類の消滅とも関係があるかもしれない。いずれも白亜紀の末には絶滅していたからだ。こうした捕食者がいなくなったあと、条鰭類の魚たちは以前のように食料をめぐって競争を繰り広げることも少なくなり、襲ってくる捕食者も減った。

同じ時期に陸上でも似たような事態が進行していた。恐竜がいなくなったことで、毛皮に覆われた体の小さな夜行性の哺乳類が、隠れひそんでいた場所から出てくる準備が整ったのだ。六六〇〇万年前に巨大隕石がたまたま地球に衝突していなかったら、海や湖や川は、これほどまで多くの種類の魚（骨ばった鰭をふって泳ぐ魚）であふれかえることもなかったかもしれないし、その魚を眺めていろいろ考えをめぐらせる人間もいなかったかもしれない。

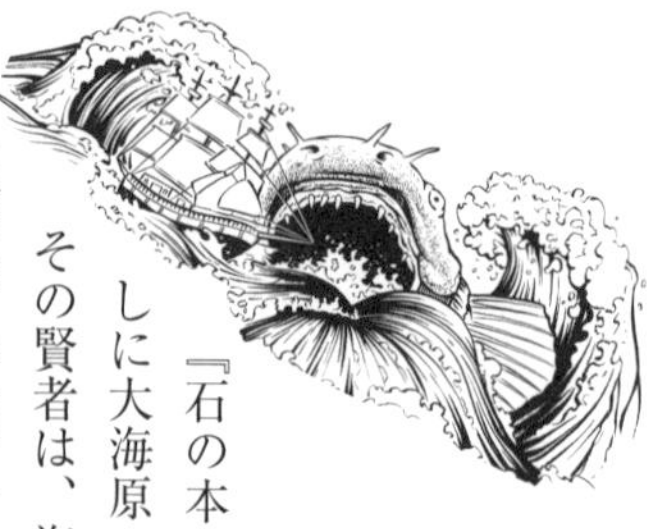

海の医者――ペルシャ、八世紀

『石の本（The Book of Stones）』に、自然のことをよく知る、名のある賢者が海の医者を探しに大海原へ航海に出る物語がある。

その賢者は、海の医者と言われる不思議な魚の頭の中には、万病を治せる黄色い宝石があると信じていた。その魚が海の生き物の傷に頭をこすりつけると傷が治った。黄色い宝石は銀を金に変えることもできたので、賢者はその宝石を手に入れようとした。

賢者と船乗りたちは何週間も探しに探して、やっと魚の医者が集まっている場所を見つけた。網を投げ入れたら一匹捕まえることができたが、その魚はすぐに美しい女に姿を変えた。女は誰にも理解できない言葉を話し、船乗りたちのけがや病気を治すという不思議な力を披露した。

そのうち船乗りの一人がその女と恋に落ち、女は男の子を産んだ。どこから見ても人間と変わりなかったが、額だけは光り輝いていた。

男たちは、女が船の上で自分たちと一緒に幸せに暮らしていると思っていたのだが、女はある夜、息子をおいて海に飛びこんでいなくなってしまった。

船乗りたちが航海を続けると、恐ろしい嵐に遭遇した。巨大な波が船を洗い、難破は避けられないと賢者が覚悟を決めたそのとき、海の医者の奇妙な女が荒れ狂う波の上に立っているのに気づいた。

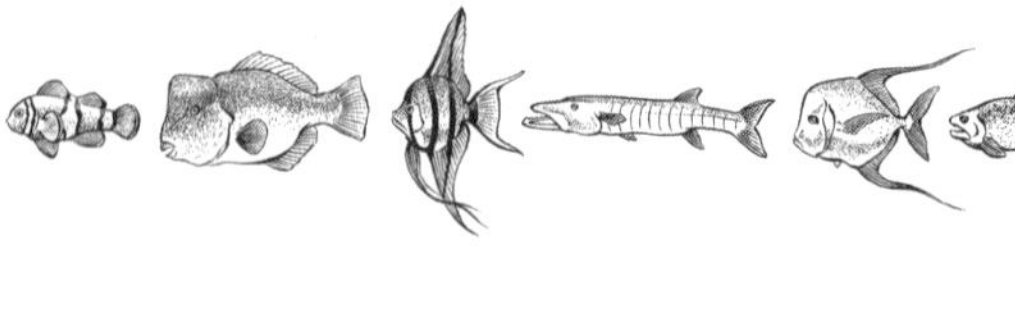

男たちが助けを求めると、女は大きな魚に姿を変え、波が穏やかになるまでその大きな口で海水を飲み続けた。息子は母親のあとを追って海へ飛びこみ、波間に消えた。そして翌日、船に戻ってきた息子も、頭の中には眩《まばゆ》く光る黄色い宝石を持っていた。

chapter

9 魚のオーケストラ

——海は魚たちのたてる音に満ちている

メキシコ湾流は米国フロリダ州東岸の沖をかすめるように流れる。ここは水深がとても深く、水はきれいな青色をしている。左右に大きくゆれるダイビング用の船の甲板の手すりに私はしっかりつかまりながら、これまで見たどの海よりも濃い青色の海面を見下ろした。手すりから手をのばして水につけると、ペンキに手を入れたときのように手が濃い青に染まるような錯覚に陥るほどだった。金色に輝く海藻の破片が通り過ぎていった。はぐれた海藻が大きく渦巻くサルガッソ海から流れてきたのだろう。海の色を見ながら船のデッキにいるだけでも楽しかったが、もっと深い海の中で見たいものがあったので、潜水服を身につけて海に飛びこんだ。水に入ると青さはそれほどでもなくなり、深く潜るほどに色はさらに褪《あ》せた。

水深三〇メートルの砂地の海底に難破船が横たわっているのが見えた。一九八九年に米国の税関が拿《だ》捕《ほ》したタンカーなのだが、マリファナを満載していたことから、穴をあけて沈没させることにした船だ。今は水中の生き物の新しい棲《す》み処《か》になっていた。海藻やサンゴ、そのほかさまざまな柔らかい生き物に覆われて輪郭のわかりづらくなった甲板をめざし、潮流に洗われない船べりの陰の、水が動かない場所で身をかがめた。

すぐ近くにはタンカーの上部構造のハッチ（昇降口）があり、そこで黒い影がうごめいた。中にいる生き物を目で確認する前に私はその気配を聞いた。気配を感じ取ったと言った方がよいかもしれない。ハッチの中で生き物が発する水圧の鼓動が私の体に響くように伝わってきたのだ。低く響いてきたのは、パイプオルガンの低音のような五〇ヘルツか六〇ヘルツくらいの音だったと思う。そして大きな音がしたと思ったら、船の残骸がゆれているのに気づいた。と同時にそこから魚が出てきた。イタヤラだった。大きな花崗岩から彫り出したような魚で、体重はヒグマくらいあっただろう。

難破船が海底に横たわって以来イタヤラはそこを別荘として使っていて、夏になると集まって産卵していた。しかし昔に比べると、西大西洋の中央部に生息するイタヤラの数は大きく減ってしまった。少し前までイタヤラはドッグフードの缶詰に加工されていて、遺骸は麻薬をつめて米国へ密輸するのに使われていた。ここ数十年はスポーツ・フィッシングの格好の標的になり、釣り上げられたイタヤラは船上で釣り主と写真に納まったあと海に投げ捨てられた。二〇〇九年には、釣り人がイタヤラと一緒に写ったそうした記念写真を記録として使い、生息数が歴史的にどのように減少したのかを解析した研究が発表されている。一九五〇年代に釣り上げられたイタヤラは船上の人間の身長を大きく上まわることが多かったが、すでに一九七〇年代後半には、それほど大きなイタヤラの数は一〇分の一に減っていた。

米国の領海ではイタヤラ釣りが一九九〇年代に禁止され、そのあと少なくともフロリダ州の東の海域では数が少し持ち直したかに見える[1]。時季を見計らって潜れば、この大きな魚が群れているのを目にすることができるかもしれないし、低いイタヤラの声が海の中に響きわたるのを聞くことができるかもしれない。この声がどのような役割を果たしているのかはわかっていない。おそらく警戒音だろうが、雄が雌に自分を誇示しているのかもしれない。いずれにしてもこの大きな魚がおしゃべりなのは疑いない。

1——この原稿を書いているあいだにも、イタヤラ釣りをまた解禁するための嘆願書が出されている。解禁すると産卵できる大きさの魚の数がまた減少すると研究者が警告しているにもかかわらず、こういう要望が上がる。

魚は音が聞こえず物言わぬ動物だと思われがちだろう。少なくとも頭からつき出るような形の耳は持たない。そして海の中の音は水面下でしか伝わらない。水中の音波は水から大気中へ出ていくことはなく、水面で跳ね返されて海の深みへと進んでいく。魚が音を聞き分けるのは確かなのだが、水中の世界がどれほど音に満ちているかということに人間が気づくまでに長い時間がかかった。これは、耳が水で満たされている状態で音を聞き分けることに人間がうまく適応していないためなのだ。空気中を伝わる音波は耳の穴を通って内耳に達する途中で鼓膜を振動させるが、この穴が水で満たされていると鼓膜が湿ってしまって音がくぐもって聞こえる。

　水から空気中に放り出されたときに大声で抗議する魚は、しゃべる魚として古くからたくさん知られている。アリストテレスはカッコーのような声をあげる魚、ブーブーと唸る魚、笛を吹くような音をたてる魚について記している。サメの中にはキーキー声をあげるものがいるとも述べている。

　空気中では左右の耳に音波が届く時間がほんの少しずれるので私たちの脳は音の方向を検知できるが、この仕組みも、魚が出す音を水中で聞き分けるのを難しくしている。水中では音波は空気中よりはるかに速く進むので、音は左右の耳にほとんど同時に到達し、音源を特定するのが難しい。スキューバ・ダイビングで騒々しく呼吸する合間には、まわりに満ちているさまざまな音が聞こえる。イタヤラが発する大きなわかりやすい轟《とどろき》のような音でなければ、何が進行中なのかわからない。

とにかく、人間の耳は魚が出す音を聞き分けたり区別したりするのに向いていない。水中で音を出すのがどういうことなのかを知るため、あるいは魚のおしゃべりを大いに楽しむためには、水中の音を聞き取るための特別な録音装置が必要になる。そのような装置が世に出たのはそれほど昔のことではない。

米国海軍と海の中の不明な音

一九六三年一二月、短い巻き毛の女性が米国東海岸のロードアイランド州から北のメイン州に向けて、灰色のシボレーのアウトドア用ワゴン車を運転していた。車にはさまざまな機材が積みこまれていた。多数の防水マイクロフォン、一〇〇メートルのケーブルを数巻き、送受信のできる無線機とトランシーバー、乾電池の包みや発電機、キャンバス地の折りたたみ式水槽とともに、車の屋根にはアルミ製のボートが結わえつけてあった。おしゃべりな魚を探すという使命にすぐに対処するための移動式音声認識基地だった。その車を運転していた女性は、偶然にもマリー・ポーランド・フィッシュという名だった。仲間内ではボビーと呼ばれていた。

ロードアイランド大学の研究室長だったボビーは、研究費を米国海軍から支給されていた。その当時は魚が出す音について軍が大きな関心を持っていたからだ。昔から船乗りたちは、海で奇妙な音を聞いたと報告していた。うめき声、ドンドンという音、鎖をジャラジャラ鳴らすような音が聞こえると、船が呪われているのではないかと船乗りたちは怯えた。第二次世界大戦中には、遠くを航行している船や潜水艦のスクリューの音を水中マイクで聞き取れなくなるという事態が発生して、このような騒々しい音が大きな問題になった。潜水艦の乗組員は、さまざまな出どころ不明の音を耳にした。穏やかなピーピーという音、油で何かを揚げるような音、しわがれ声のような音、金槌で釘を打つような音、口笛を吹くような音、ウシがモーモー鳴くような音、石炭が金属の板を転がり落ちるときのような音、丸杭を並べた柵の表面を棒で払ったときに出るカタカタというような音などがあった。特大の戦艦の音もかき消すほど海の騒音がひどいこともあり、戦時の重要な探査ができないことすらあった。

音源を特定する初期調査では、水中の騒音の一部が波、風、潮汐《ちょうせき》によるものだとわかったが、ほとんどは動物が出す音だと判明した。敵の潜水艦が近くを通ったときの音や振動で起爆するはずだった機雷が、魚のあまりにも騒々しい音で爆発したことさえあった。海の生き物はいつ、どこでいちばん騒がしいのかなど、その騒々しさについて知れば、明らかに戦略を立てやすくなるということでボビー・フィッシュの出番となった。

戦争が終わってから二〇年のあいだ、ボビーはこうした音の記録をとりながら、目には見えない音源（ほとんどの場合は魚）を特定してきた。水中の世界の音を集めるために、戦争の置き土産のひとつとして開発された水中マイクを川や湾内の調査拠点に設置した。ロードアイランド州のナラガンセット湾では、一九五九年から一九六七年にかけて調査船が毎週魚を捕まえてボビーの研究室へ運び、それぞれが出す音が録音された。水槽に水中マイクをぶら下げ、一日の異なる時間帯、魚が水槽に入れられて間もない時期、ほかの魚が水槽に加えられてこみ具合がひどくなったとき、魚が暴れたとき、といった異なる条件下で魚が出す音を録音したのだ。そうした状況におかれても頑固に口をつぐむ魚には弱い電気ショックを与えることもあり、そうすると魚は尾を引くような声をあげることが多かった。この手法については、痛めつけられていないときの自然な声ではない可能性が高いということで専門家の批判を浴びた。

米国沿岸やカリブ海沿岸にある研究施設や水族館へもボビーは調査用に改造した車で出かけていって、飼われている魚が出す音を調べた。その調査車両での最初の遠征が一九六三年一二月で、そのときは冬の魚の合唱を録音するためにメイン州のブースベイ・ハーバーへ向かっていた。同行していたのは海洋学者のポール・パーキンスと電気技師のウィリアム・モウブレイで、録音記録には、これから調べる魚の名前を吹きこむ二人の声も入っている。

一九七〇年にボビーはモウブレイとともに『北大西洋西部に生息する魚が出す音（Sound of Western North Atlantic Fishes）』を執筆した。この本には、魚が出す音の特性を目に見える形で示すスペクトログラムが数多く収録されている。[2] 魚の声の音色や高低を図にしたところ、しわがれ声のような音と吠え声のような音の違いや、ブンブンという羽音のような音と唸り声のような音の違いをうまく区別できることがわかった。その本には、ボビーがブースベイ・ハーバーで録音したスペクトログラムも載っている。例えばシロイトダラに近縁のポラックをキャンバス地の水槽に入れるときに体にふれると、足踏みのような音を出した。スペクトログラムを見ると、塗りつけたペンキを櫛で引っかいたような波形が繰り返し現われた。

ブースベイでは一九六三年にカジカの仲間のギスカジカの一種〔*Myoxocephalus aenaeus*〕の声も記録している。この魚のスペクトログラムには、低い周波数と高い周波数にはっきりと分かれた二本の線が現われ、両方が四秒続いたあと、また二秒続く。ナラガンセット湾のすぐ外で見つかって海中の飼育槽で飼

2——この本のスペクトログラムではy軸に周波数、x軸に時間の経過を示している。周波数が大きいほど高い音になる。

われていたマンボウの声の記録もある。ブタが鳴くようなブーブーという音を出し、さわったり持ち上げたりする度合いが大きいほど音が大きくなった。プエルトリコのイタヤラは、つつかれるたびに大きな轟のような音を出した。スペクトログラムには柔らかい絵筆で短い線を描いたような波形が並んでいた。バハマ諸島のイタヤラは声をたてずにおとなしくしていたが、あるとき、巨大な口で水中マイクを飲みこもうとした。

こうした研究成果によって、海軍は魚がたてる音を除去して敵の音を感知できるようになった。ボビー・フィッシュは盗聴器と解析装置を使って、水中の雑音から魚種ごとの音を選り分けられるようにしたことになる。やかましい魚は何百種もいることも明らかにしている。『北大西洋西部に生息する魚が出す音』の導入部で書いているように、「魚が音を出す仕組みはさまざまで、多くの魚は独創的な仕組みを持っている」。

魚の発声の仕組みをさぐる

電気を発生させたり毒素をためこんだり光を発したりする能力と同じように、音を出す仕組みは魚類の進化の過程で何度も出現した。体のさまざまな部位が音を出す道具に変形している。ヤスリをかけるような音は歯ぎしりして出す。クマノミ類には顎をパチンと閉じる腱があり、そのときにカチカチと鳴らす歯の音がさえずりのように聞こえたり、ポンという音に聞こえたりする。サンゴ礁に生息するイサキ類は英名を「grunt《グラント》（ブーブー言うこと）」と言うが、喉の奥にある二番目の歯列（咽頭歯《いんとうし》）をこすり合わせてブーブーと音を出すことから、そう呼ばれるようになった（口絵⑳）。ハリセンボン類は歯のない顎の骨をこすり合わせて錆びた蝶番《ちょうつがい》のような音をたてる。タツノオトシゴ類はプランクトンを捕まえるために頭を上方に向けると、頭骨の後ろの二つの骨がすれ違うときにカチッという音が出る。頬の中で唸り声のようなゴロゴロという音もたてる（その音を出す仕組みはまだ完全に解明されていない）。カジカ類は筋肉を使って胸帯[3]をカタカタ鳴らす。北米大陸の川や湖ではよく見かけて声を聞くこともできるアメリカナマズは、ちょうどコオロギやキリギリスが鳴くときのように、鋸歯状《きょしじょう》の鰭《ひれ》の棘《とげ》を別の骨のざらざらした部分にこすりつける。クローキンググラミーは東南アジア原産で、池や田んぼに生息していてペットとしても人気がある。名前の「クローキング」というのは英語で「しわがれ声」という意味があるが、胸鰭を発声用に特化した腱に打ちつけたときに出るギターをつま弾くような音にちなんでいる。

魚の発声装置としてもっとも広く知られるのは浮袋だ。この空気がつまった臓器は、ソーセージのような形をしていたり、工作用の細長い風船をねじって二つの部分に分けたような形をしていたりすることが多い。もともとは魚が呼吸する肺として進化した。やがて水に浮くための器官になり、さらにさまざまな形態に変化して音を出すような適応をとげた。

ふつうの風船で出せる音を考えるとわかりやすい。膨らませておいて指で叩いたときに出る音、表面を別のものでこすったときに出るキュッキュッという音、吹き入れ口から空気を少しずつ出したときに出るピーピーという哀れっぽい音。このほかにも魚は浮袋を使っていろいろなやり方で音を出す。だが、浮袋をはじけさせて大きな破裂音を出すことだけはしない（進んでしようとしない）。

3——人間の肩甲骨と鎖骨が魚の胸帯に相当する。

魚の多くは発声のための筋肉を持っていて、これで浮袋を振動させる。筋肉を収縮・弛緩させると浮袋がブーンといった音や唸り声のような音をたてる。浮袋を前方に引きのばす筋肉を持つ魚もいる。引きのばしておいて突然放せば、浮袋がもとの位置に戻るときにパチンと音がする。モンガラカワハギ類には体の両側に太鼓がある。鱗甲《りんこう》と呼ばれる大きな鱗《うろこ》が並んでいる部分の内側に浮袋が接し、そこを胸鰭で叩くと、鱗甲が一度へこんでからまたもとの形に戻るときに太鼓のような音が出る。ガマアンコウ類はやかましく鳴く魚なのだが、ハート形の浮袋を高速で振動させて霧笛《むてき》のような音を出す。発音用の筋肉が二セットあり、それぞれがガマアンコウの浮袋の一部で異なった高さのブーンという音を出し、それらが合わさって人間の赤ん坊の泣き声によく似た、聞き捨てならない（特に雌のガマアンコウにとっては）複雑な音になる。[4]

魚がなぜ音を出すのか、どのように役立つのかを詳しく知るためには、魚の声に耳をすますだけでなく行動を観察しなければならない。魚の行動を録画した映像からは、多くの種が発声を警戒音として使っていることがわかってきた。争いになったときに攻撃的な怒鳴り声をあげたり、捕食者を驚かせるために大声で叫んだりする。

アマゾンに生息するピラニア・ナッテリーは、状況によって三種類の声を社交辞令として使い分けて叫び合う。鼻をつき合わせるように出会ってしまったときは、まだ闘争にならないうちは鋭い叫び声を繰り返し発し、立ち去らなければどのような目にあうかを知らせるための警告音を出す。道端で起きる威嚇的な人間の脅し合いのピラニア版と言ってよい。そのあと小競り合いになったら、そしてそれが食物をめぐる争いだったら、ピラニアたちはにらみ合うように円を描いて泳ぎながら噛みつき合い、もっと低いドンドンという音を出す。どちらの攻撃音も筋肉で浮袋を振動させて出す。三つ目の音は歯ぎしりのもっと高い音で、片方が一方的に発する。闘争に勝った方が負けた方を追いかけながら発し、「俺の勝ちだ。お前の負けだ。二度と来るな！」と言っているのだろう。

太平洋のニシンやタイセイヨウニシンは、これよりはるかに性質は穏やかだ。浮袋から肛門を通して糸状に泡を放出することでコミュニケーションをとっているらしい。泡の列からは音波が出て、長い場合にはそれが七秒間続き、研究者はこれを高周波反復音（FRT）と呼んでいる。光を遮断した大きな水槽を赤外線カメラで撮影した映像には、若いニシンが泡を出しながらゆるい群れをつくって泳ぎまわる様子が映っている。水面をスクリーンで覆って魚が空気を吸えないようにすると、ニシンは数日したら無言になった。おそらく、浮袋を満たすための空気を水面から飲みこむことができず、オナラのもとがなくなったためだろう。[5] ニシンは群れの仲間と夜間に連絡をとるのに泡を使っているとも考えられる。照明をつけて互いに姿を見ることができるようにすると静まり返る。ニシンは腸のガスを使ってコミュニケーションをとる唯一の動物として知られる。

水中がもっとも騒々しくなるのは、魚が求婚したり産卵したりする時期だ。北大西洋の春のうねりのはるか深みでは、雄のモンツキダラが海底近くできれいな円や八の字を描いて泳ぎながら、ゆっくりし

4——これは非線形音と呼ばれる。映画制作者は観客の感情を高ぶらせるために、決定的瞬間に非線形音を利用する。アルフレッド・ヒッチコックは映画「サイコ」のシャワーのシーンで使っている。

5——ニシン類や、そのほかいわゆる有気管類と呼ばれる魚（ビチャー、ガー、ナマズやウナギやマスの一部）は、消化管と浮袋が気管でつながっていて、浮袋に空気を満たしたり、浮袋からオナラを出したりできる。この気管がないほかの魚は、浮袋と腸管との連絡を失ったかわりに、ガス腺を使って浮袋にもっとゆっくりと気体を出し入れする。

たノックのような音を発する（大きな水槽でもこの求愛の儀式を行なうので、このような行動が明らかになった）。海の底は暗く水が濁り、音が大切な連絡方法になる。雌は雄の呼び声を聞きつけて、様子を見にやってくる。そうすると雄はその雌のあとを追いかけ、雌の前を泳いで行く手を遮って鰭をふり、皮膚の色素細胞中の色素を移動させて腹を横切るように三個の斑点を浮き上がらせて見せることもある。通常は、昔から「悪魔の拇印《ぼいん》」と呼ばれている斑点が一個しかない。雌を追いかけているあいだ、ノックのような音はどんどん速くなり、やがて音がつながってバイクのエンジンのような音に聞こえる。少なくとも一〇分、二〇分は休まずに音を出し続け、うまくいけば最後に雌が上方向へ向かって泳ぎ、二匹はぴったりと体を寄せ合う。雄の声は精子を放出すると同時に震えるようなフィナーレを迎え、おそらく雄の声がクライマックスに到達したのに反応して雌は数千個の卵を水中に放出する。すると雄は突然静かになり、二匹は離れ離れに泳ぎ去る。北大西洋のモンツキダラの産卵地で底引き網漁船が漁をしているときに、モンツキダラたちはこのようなことをしている。

耳石《じせき》で音を聞く

人間も求愛の儀式で魚の浮袋を使う。一〇〇年くらい前のヨーロッパでは、再利用可能なコンドームに魚の浮袋が使われた。ナマズ類やチョウザメ類の浮袋がちょうどよい大きさだと考えられ、取りつけるべき場所にリボンで結びつけられた。中国では、乾燥させた魚の浮袋でつくったスープは強壮効果があると考えられている。トトアバと呼ばれる大きなニベの仲間はカリフォルニア湾にしか生息しておらず、浮袋（マウと呼ばれる）に途方もない値がついた。不法取引のために大量の魚が水揚げされて、今や絶滅が危惧される状態になっている。世界でいちばん小さなイルカであるコガシラネズミイルカもメキシコの同じ狭い海域にしか生息せず、やはり絶滅が心配されている。コガシラネズミイルカは貴重なトトアバを捕獲するための刺し網にからまって溺死する。両種が絶滅する日も近いと思われるが、スープほしさに、こういうことが起きているのだ。[6]トトアバの浮袋で出汁《だし》をとれば子宝に恵まれるとか催淫効果があるなどと信じて、スープ一杯をすするのに高額を支払う人は多い。

魚の浮袋はビールの濁りを取るのに今でも使われている。コラーゲンに富む乾燥浮袋を加えると酵母が凝集するのが早まるので、ビールの液体部分と酵母が分離しやすくなり、透明な発泡性のビールが誕生する。イギリスのビール工場は、昔はキャビア生産の副産物として手に入るチョウザメ類の浮袋をロシアから輸入して使っていた。値段の高騰にともなって別の供給源を探したところ、一七九五年にスコットランドの発明家ウィリアム・マードックが安いタイセイヨウダラの浮袋でも効果は同じだということを示した。一九世紀になるころには色の濃いポーター・ビールや黒ビールにかわって色のうすいエールが好まれるようになり、パブでは陶器製や金属製の大型ジョッキよりも透明なグラスで透明な酒をがぶ飲みするようになった。最近はアイシングラスとも呼ばれる魚の浮袋のゼラチンを使った製法は風当たりが強くなり、動物性の原料を使わずに、例えば海藻を使うような製法や、何もせずに酵母が沈殿するまで辛抱強く待つような製法をビール工場は取り入れている（あるいはそうした手間をかけずに、濁りが残るビールを提供する）。

6——この原稿を執筆している時点で、コガシラネズミイルカの生息数は三〇頭以下だと推定されている。飼育繁殖の試みはつい最近失敗に終わった。

音に関係するもうひとつ別の魚の器官には、不思議な力があるとされる。これまで人間は長いあいだ、動物の体内で見つかると言われる石（ヘビ石やガマ石など）[7]が持つ不思議な治癒力に心を奪われてきた。魚の石も例外ではない。魚の頭の奥深くには耳石（英語ではotolith《オトリス》。ギリシャ語で「oto」は耳、「lithos」は石の意味）という小さな硬い石がある。紀元一世紀に大プリニウスは、魚の耳石は鼠径《そけい》部の腫れや目の痛みを消す効能があると記している。一六、一七世紀の書物には、魚の耳石を粉にしてワインにまぜて飲めば腎臓結石や鼻血の治療に効果があると書かれている。マラリアに罹《かか》らないためのお守りとして身につけてもよい。動物を使った妙薬ではよくあることだが、魚の石も性欲を高めると言われた。イタリアの天文学者でもあり鉱物学者でもあるカミルス・レオナルドスは、一五〇二年に出版した自著『石をうつす鏡（Mirror of Stones）』で、魚の耳石が「一日の贅沢な時間を生んだ」と明言している。つまり、耳石を持っていると、なぜだか日没前になまめかしいふるまいをするようになるということだ。

　現在でも耳石をありがたがる風潮はさまざまな形で続いている。アイスランド、ブラジル、トルコの漁師たちは、粉にした耳石を尿路感染や喘息の民間治療薬として今でも使う。スペインの漁師は耳石をポケットに入れて、嵐から身を守ってくれる護符にする。北米では五大湖のエリー湖の浜辺を歩くと、ニベの一種（英語で「羊の頭」〔*Aplodinotus grunniens*〕）の耳石を拾うことがあるかもしれない。この魚には頭の左右に一対の耳石があり、その形が鏡像体になっている。時にはアルファベットのＪの字の溝が走るものがあり、これは幸せをもたらす。Ｌの字が刻印されているものは幸運石として知られ、幸せが運ばれてくるだけでなく恋愛にも恵まれる。

　魚の耳石が本当に何か人の病気を治すとか幸運をもたらすという証拠はないが、魚が音を聞くときには大事な役割を果たす。魚は自分の体と同じ密度の水中を泳ぐので、音波は体を通り抜けていくことが多い。音を通過させてしまわないように、魚は内耳に炭酸カルシウムでできた大きな石を持つ。耳石は水よりも密度が高く、つまり魚のほかの体の部分より密度が高いので、音波に反応する動きが体のほかの部分よりゆっくりになる。スノーグローブをふったときの白いプラスチックの破片の動きのような感じだ。魚の耳の中の構造は人間と似ている。人間の内耳の蝸牛《かぎゅう》のように、液体がつまった小部屋がいくつもあって感覚毛が並んでいる。この小部屋のそれぞれに一個ずつ耳石がある。[8] 耳石が感覚毛と異なる振動をすると、神経がとらえたその情報が脳へ送られる。また、耳石が重力の方向へ落下すれば、魚には天地がわかる。トビウオ類の耳石は特に大きい。これはおそらく、空中を滑空するときに左右のバランスをとることがとても重要だからだろう。

ある魚の情報として手に入るのが耳石だけでも、その耳石を持っていた魚のことがいろいろとわかる。体の外側に貝殻をつくる軟体動物と同じように、魚は耳の中で常に炭酸カルシウムを分泌して耳石に新しい層をつけ加えている。顕微鏡でその層を数えれば、死んだときの魚の年齢を知ることができる。さらに詳細に観察すると、毎日のように塗られる炭酸カルシウムの層のあいだにタンパク質の層がはさまれているのもわかり、魚が何日生きていたか推定できる。耳石から魚種を知ることもできる。波が表面を磨いたビーチグラスのようなものもあれば、米粒に圧力をかけてつくるポン菓子のように表面がざらざらのものもある。耳石の外縁が海面の波のように見えるものもあり、魚の頭の中にある石から海の状

7――カエルのガマとは何の関係もないが、調べてみたら、絶滅したレピドテスという魚の歯の化石だった。
8――条鰭類には耳石が六個ある。ヤツメウナギ類は四個、ヌタウナギ類は二個。サメ類の耳石は砂粒ほどの大きさしかない。

態を予測できると長く考えられてきたのもうなずける。現実には耳石から未来は予測できないが、過去のことなら私たちに教えてくれる。

魚の耳の中にある石には、それぞれの魚が生きてきた物語が化学的に詳しく記録されている。成長するにつれて耳石は炭酸カルシウム以外にもバリウムやマグネシウムなど水の中の微量な物質の痕跡を刻み、こうした物質は海域や川の場所によって異なる値を示す。耳石に刻まれた化学物質の量を測定すれば、魚が何を食べたのか、成長する時期に合わせてどこを泳いでいたのかを知ることも可能になり（例えばアマゾンにいる大きなナマズのように）、泳いだ場所の水温までわかる。耳石は密度が高くて硬いので、魚の体のほかの部分が分解しつくしても残る場合が多く、化石にもなりやすい。古生物学者は数億年前に化石になった耳石から魚の生活を読み取ろうとしていて、太古の海の水温を知るときにも耳石を利用する。

目が見えなくても位置を知る方法

魚は耳だけでなく、それとはまったく別の、頭や体の横を走る感覚器官を持っている。これは側線《そくせん》と呼ばれ、魚の体全体を大きな耳にしてしまう。進化のごく初期に出現した古い器官で、もっとも古い側線の化石はオルドビス紀（四億八〇〇〇万年くらい前）の顎のない魚で見つかっている。現生の魚にはすべて側線がある。[9]

側線の基本となるのは感丘《かんきゅう》と呼ばれる構造物で、小さな毛があって、その毛が曲がると神経に信号が送られる。内耳にある微小な毛と本質的には同じ働きをする。感丘は魚の皮膚の表面にあることもあれば、皮膚や鱗の下の管の中にある場合もある。魚の横腹に並ぶ点々模様は、こうした管に水が入る入り口だ。側線があることで魚は体にあたる水の流れを感じ取り、体長くらい、あるいは体長の二倍くらいの近い距離の水の振動を感知する。獲物を探している魚は、水面に落ちてもがきまわる昆虫がたてる騒々しい振動から虫の正確な位置を特定できる。ほかの動物が水中を泳いだときにかすかに残す痕跡をたどることもできる。何か動物が脇を通り過ぎたあとには、しばらくのあいだ航跡が残る。側線の震え方によって通り過ぎた動物の大きさや速さを知ることができ、追いかけるべきか、すぐに逃げるべきかを決める。

ブラインドケーブ・カラシン類〔例えば *Astyanax mexicanus*〕のように、光が届かない場所に生息している目がない魚にとって側線はとても重要な器官になる。目が見えるほかの魚と違い、この魚は脇を通り過ぎる物体の位置を知るのに側線を使う。目が見えなくても、口から水を吸いこむときの微妙な圧力の撹乱を検知して物体にぶつかりそうかどうかを知ることができるので、例えば生息している洞窟の壁面など静止している構造物の位置もわかる。その物体に近づくほど速く口をぱくぱく動かすようになるのは、おそらく速い水の流れをつくり出すためで、そうすれば目の前にあるものについて、より多くの情報を得ることができる。地下洞窟を飛びかうコウモリは獲物を捕らえるときや道順を知るのに超音波を使い、その下の水中では魚が超音波に匹敵する反響定位の手法で洞窟の水路を調べまわっていることになる。

もっとも耳がよいのは、耳石や側線だけでなく浮袋の助けも借りる魚たちだ。気体を圧縮できるこの風船のような器官は音を発するだけでなく、音が体を通り抜けるときに音波の圧力で振動するので音を

9——魚以外で側線に相当する器官を持っている唯一の動物は両生類だが、幼生期にだけ見られる場合が多い。

検知できる。これは魚が優れた生き物であることを示すもうひとつの秘密と言える。音を聞き分ける道具として使えるよう、数多くの魚種が浮袋に何らかの手を加えている。

浮袋で音を聞き分けるときに、首に鎖のように連なる骨（カタカタと鳴る）を使う魚もいる。浮袋と内耳をつなげている四つか五つの脊椎骨が変形してできたものだ[10]。全魚種の四分の一の種類ではこの大切な小さな骨が音を増幅している。淡水環境で数が多い魚（ミノー類、ナマズ類、コイ類、ドジョウ類、ナギナタナマズ類、ピラニア類[11]）を繁栄に導いた要となる特徴が、これらの脊椎骨による聴覚の向上だと考えられている。淡水環境は水が濁っていることが多くて視界が限られるので、音や聴覚が多くの魚の生活で重要な役割を果たす。

それ以外の魚では、浮袋の延長のような器官が側線につながっていたり、頭骨をつき抜けて直接内耳とつながっていたりする。ニシン類、メンハーデン類、イワシ類、カタクチイワシ類は、どれもこの方法で音を聞いていて、その中のいくつかは高音を聞き分ける能力がきわめて高い。

北米大陸の東海岸の沿岸海域で銀色の群れをなすニシンの仲間のブルーバックシャッドやアメリカシャッドと、メキシコ湾に生息するスミツキニシン属の一種〔*Brevoortia patronus*〕は、ほかのどの魚よりも高い音を聞き分けられる。これらの魚を飼育して、弱い電気ショックを使って何か音が聞こえたら心拍数を減らすよう学習させたところ、高ければ一八〇キロヘルツの音が聞き取れることが明らかになり（平均的な人間には二〇ヘルツから二〇キロヘルツの音が聞こえる）、コウモリ類やクジラ類と同じように超音波が聞こえる数少ない動物であることがわかった。

これほど厳密ではない魚の聴覚検査では、皮膚の表面に電極を取りつけて、水中のスピーカーで異なる音を聞かせたときの聴覚神経の活動を記録している（これは聴性脳幹反応〈ＡＢＲ〉と呼ばれるもので、人間の幼児の聴覚検査に使われる反応だが、ふつうは水中ではなく空気中で調べる)。キンギョ類は四キロヘルツ(ふつうのピアノで出せるいちばん高い音)までの音が聞こえ、浮袋と耳に連絡があるほとんどの魚も、これくらいの高さまで聞こえることが明らかになった。浮袋と耳がつながっていない魚はおよそ一キロヘルツ程度の音までしか聞こえない。

ニシン類、シャッド類、キンギョ類などの多くの魚で行なわれた聴覚検査からは、ある疑問が浮かび上がった。この魚たちはいったい何に耳をすませているのだろうか。

ニシン類もシャッド類も自ら超高周波の音を出すことはないので、仲間の声に耳をすませているわけではない。こうした魚の音を聞き分ける能力は、イルカ類が超音波を使ってニシンやシャッドの群れなどの餌を探すのを盗み聞きするために進化したのかもしれない。蛾の中にも同じことをするものがいて、コウモリの餌食にならないように超音波を聞いて警戒している。ニシン類やシャッド類には少なくとも一〇〇メートル離れた場所からイルカ類の声が聞こえるらしいとする研究もある。キンギョは今のところは声を出さないことになっているので、彼らも仲間の声を聞いているわけではない。キンギョも捕食者の音に耳をすませているのかもしれないし、水中の自分たちの世界のにぎわいを聞いているのかもしれない。

10——これらの骨はウェーバー器官と呼ばれ、人間の耳のキヌタ骨、ツチ骨、アブミ骨に相当する。鼓膜から内耳へと音を伝える役割を果たしている。

11——ここにあげたものも含め、ほかにも多数の魚が骨《こっ》鰾《ぴょう》類に分類される。淡水魚の六〇パーセント以上が骨鰾類になる。

音をたよりに生活する魚たち

ボビー・フィッシュが魚のたてる音の録音解析を始めた第一の目的は、水中の騒音を一つひとつ選り分けて、魚ごとの声を区別して魚種を特定することだった。それ以来、生物学者は一匹の魚が出す音や聞こえる音に着目し続けた。しかし、徐々に新しい研究手法が現われ、人間は水中のオーケストラに耳を傾け始めている。

地球は太陽からの光を浴びているが、同時に音波も浴びている。調査を始めたころは水中の音がただの騒音のように聞こえていたが、騒音以上の意味があることがわかってきた。西オーストラリア州の沖の海に多数の防水マイクを設置したところ、明け方と夕暮れどきには特徴的な合唱が数時間響いた。数千匹の魚が一日でいちばん活発に活動する時間帯に、互いを呼び合い、けんかをし、いちゃつき、産卵し、食事をするときに出す音の合唱だった。この騒々しい世界にも音の構成がある。

ニュージーランドの北島の沖には水温が低いがさまざまな魚が生息する岩場がある。ここに設置された録音装置からは、それぞれの環境に特徴的な音や音質があることが明らかになっている。水中の音を聞くだけで、海藻に覆われた岩場なのか、ウニが生息する岩場なのかがわかる。ウニが生息していれば、歯で岩の藻類をかじり取ったり削り取ったりする音がウニの殻に反響して聞こえるのだ。

こうした環境の音を魚たちがどのように聞いているのかは、よくわかっていない。魚が出す音を魚どうしで聞くために、環境に由来する音は聞かないようにしているのかもしれない。騒々しいパーティーで誰かと会話をするときの状況に似ている。しかし、生息地から聞こえてくる音を重視していることや、寄せ集めの騒音に耳をすませて有用な情報を選別していることを示す手がかりも得られている。

夜間の音は特に重要かもしれない。熱帯の浅海では、昼と夜とで居場所を変える魚が多い。日中はサンゴが多い岩場やマングローブの木の根のあいだに隠れて休んでいて、日が暮れると近くの海草の草原に泳ぎ出て餌をとる魚もいる。視力をたよりに狩りをする危険な捕食者に見つからないように、ほとんどの魚は暗くなってから移動する。生まれたばかりの稚魚は、サンゴ礁の腹をすかせた魚に遭遇しないように、孵化《ふか》してから数日あるいは数週間を沖の海で漂いながら過ごす。そうしているうちに潮汐や潮流に逆らって泳げるくらい筋肉や鰭に力がついてきて、稚魚は潮流とは逆の方向にある生まれ故郷へ向かって長い旅を始める。夜は体内に備えた地磁気の羅針盤を使い、昼間は天空の羅針盤を使って熱帯の太陽が照りつける角度を正確に把握する。生まれ故郷に近づくと、若魚《わかうお》は次に鼻と耳を使って生まれた水域にたどりつく。音を聞けば暗闇でも灯台のようにめざす方向がわかる。

ニュージーランドのオークランド大学のクレイグ・ラッドフォードは、これを確かめるために研究チームを指揮して、オーストラリアのグレート・バリア・リーフにあるリザード島のまわりの浅海一帯に、サンゴの破片で同じような見かけの小山をいくつも築いた。そして、この山の上に水中スピーカーを設置して、さまざまな生息地で録音した音を山によって変えて流した。この騒々しい夜が明けた翌朝、ラッドフォードと研究チームの仲間は、その山にやってきた若魚の数を数えてまわり、特定の生息地の音に誘われてやってくる魚がいるらしいことをつき止めた。若いスズメダイの一種はサンゴ礁の辺縁部のような音（テッポウエビ類がハサミを閉じるときに出す破裂音や物が割れる音）が聞こえる山にやってきた。若いタイの一種は大きなラグーンの音がする山に引き寄せられた。比較するために設けられた山からは静寂という音が流れたのだが、ここにやってきた魚の数はほかよりはるかに少なかった。まだ決めつけるには早すぎるが、魚たちは場所によって異なる音を聞き分け、いちばん行きたい水域にたどりつくときに耳をたよりにしているように見える。

魚が聞いている生息地の音の世界はていねいに作曲されている。決して場あたり的で突発的な音に満ちたものではないことが最近の研究から明らかになってきた。魚たちは単に好き勝手に叫び合っているのではなく、オーケストラが演奏するように声を合わせて合唱しているのだ。

南アフリカ共和国のクワズール・ナタール州のインド洋に面した海岸の沖（モザンビークとの国境近く）で、それを調べる研究が行なわれた。ここの海岸のすぐ沖には海底が削られた深い渓谷があり、水深一〇〇メートルにはシーラカンスが生息する洞窟がある。ラエテティア・ルペが率いたヨーロッパの研究グループはその洞窟の壁の岩の隙間に小さな録音機を設置し、二カ月後にそれを回収して洞窟に棲む生き物がたてる音を聞いた。以前に南アフリカ共和国の生物学者が小型潜水艇でこの海域の洞窟を訪れたことがあり、音を出すハタ類、アカマツカサ類、ガマアンコウ類など数百種にのぼる魚がそうした深海に生息しているのを目撃していた。[12]だから、録音を再生したら無数の音が入っていたことも、その大半が魚の声だったことも、驚くにはあたらないだろう。しかし、その魚の合唱には規則性が見られたことには驚いた。

録音されていた音の中でいちばんはっきり聞こえる音に注目して、ボビー・フィッシュの本にあったものと同じようなスペクトログラムを描いてみると、夜は魚が音を出して互いに距離を取り合っていることをルペの研究グループは見出した。周波数と時間の軸がある二次元のスペクトログラムにしてみると、それぞれの魚の声はスペクトログラム上で重ならず、ちょうどジグソーパズルのピースが並べられているような感じになった。魚種によって音をたてる時間帯や周波数が異なり、すべてを合わせると、場所によって特徴のある音の層が形成された。単発的に聞こえてくるボーンという低音、低いゆっくりとした拍子音、明瞭だがざらついた拍動音、破裂音、唸り声のような音、甲高い口笛のような音などが聞こえてきた。

日中に目覚めている魚種は雑多な音をたてることが多く、これは互いの姿が見えるので声と身ぶりを組み合わせているからだと思われた。例えば泳いで呼びかけながら目を引くように鰭を動かせば、騒がしい部屋の反対側にいる友だちに気づいてもらうために大声で呼びかけながら手をふるのと同じ効果がある。夜の暗闇では魚は互いに目で確認し合えないので、似た音の重なりが多いと困る。だから夜行性の魚は互いに声をかき消さないように気をつける。

生態系でさまざまな次元の分割が行なわれるように、こうした魚たちは音の世界を分割して生活している。集団になっている生物種は、異なるものを食べられるように占有する物理的空間を分け合うよう進化してきた。音の世界でも生物種ごとに縄張りをつくることが明らかになってきたのだ。

音の生態学は比較的新しい分野なので、具体的な事例はまだ陸上生態系で解明されたものがほとんどだ。魚と同じように音の世界を分割して互いの声がかき消されないようにしている鳥、昆虫、カエルは多い。陸上の研究は、世の中が人間の音で騒がしくなると、こうした声を出す生物種に問題が生じることを示している。車の交通量が増えれば鳥が互いの声を聞き分けるのが難しくなり、特に繁殖期には大事なメッセージを聞き逃すことにもなる。海中でも人間は、船の航行や地震の調査、水中ソナー、ある

12――シーラカンスがおしゃべりな魚たちに囲まれて一緒にしゃべるのか、だんまりを決めこんでいるのかはわかっていない。

いは、何千とある海底油田や天然ガス採掘基地などで音をたてている。水中の騒音公害の調査はもっぱら海洋哺乳類が対象になっているのが現状なので、魚が困っているかどうかは、まだわからない。魚についての研究はほとんどなく、解明にはほど遠いが、音をたよりに生活している魚がたくさんいることは十分に考えられる。ますます騒がしくなる地球の喧騒の中で、声を発する努力、あるいは自分の声を聞いてもらう努力をしている魚が海のここかしこに生息している可能性が高い。

魚と金の靴——中国の唐、九世紀

山の中の小さな家にシェ・ヒシェンという娘が、意地悪な継母《ままはは》と義理の姉妹と一緒に住んでいた。継母と姉妹たちはシェ・ヒシェンに、遠くの危険な森から薪を集めてきたり、深い井戸から水を汲み上げて運んだりするように言いつけた。

ある日シェ・ヒシェンがバケツを井戸から引き上げると、中にキラキラと光る金魚が入っていた。鰭は赤く、目は金色で、体はシェ・ヒシェンの指くらいの長さだった。シェ・ヒシェンが金魚を家に持ち帰って桶の水に入れると、金魚は中でぐるぐると円を描いて泳ぎまわった。残飯をやると金魚は毎日どんどん大きくなったので、飼い続けるためには桶をたびたび大きなものに取り換えなければならなかった。

やがて、金魚にちょうどよい大きさの桶がなくなったので、家の裏にあった池に放してやった。餌をやるためにシェ・ヒシェンが来ると金魚は近寄ってきて、池の縁に頭を乗せるようになった。しかし、そのようなことをするのはシェ・ヒシェンが来たときだけで、ほかの人が来てもしなかった。

池にいる大きくてきれいな金魚に継母が気づいた。継母はシェ・ヒシェンを妬ましく思い、金魚を自分のものにしたくなった。そこでシェ・ヒシェンに遠くの井戸まで水を汲みにいかせ、シェ・ヒシェンの服を着て池へ行った。金魚が寄ってくると、継母はすぐに金魚を鋭いナイフで刺

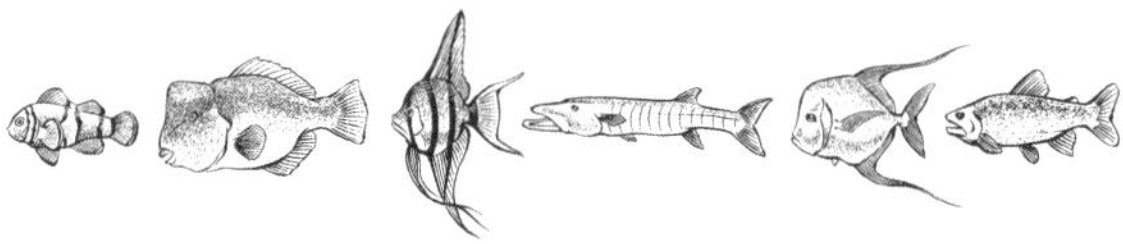

し殺し、大きな魚を大きな火で焼いた。「今まで食べた魚の中でいちばんおいしかった」と継母は思いながら、金魚の骨をまとめてごみの山に埋めた。

井戸から帰ってみると金魚がいなくなっていたので、シェ・ヒシェンは池の端に座りこんで泣いていた。そのとき、亡くなった父親を思い出させるような老人が近くを通りかかった。「あの魚の骨は、あそこにあるごみの山に埋まっている。行って骨を探し、枕の下におきなさい。何かほしいものがあったときには金魚に頼めば、願いごとが叶うだろう」と老人は言った。

老人が別れを告げて立ち去ったので、シェ・ヒシェンは教えられたとおりにした。骨を枕の下において、金魚にたくさんの願いごとをしたら、すぐにシェ・ヒシェンには美しい服や靴、宝石や真珠、最高級の食べ物が与えられた。金魚がいなくなったことは寂しく、シェ・ヒシェンの持ち物を盗んだり食べたりしてしまう継母を以前にもまして嫌うようになったが、いろいろなものが手に入るようになったことには感謝の念を抱いていた。

しばらくすると山の祭りが催されたが、継母はシェ・ヒシェンがお祭りに行くのを禁じた。そこでシェ・ヒシェンは家族がみな家を出てから、青い絹のドレスを着て金色の靴を履き、こっそりお祭りへ出かけた。しかし着いてそれほど経たないうちに義理の姉妹たちに見つかってしまい、シェ・ヒシェンは逃げ出した。走っていてつまずいた拍子に片方の金色の靴が脱げてしまった。

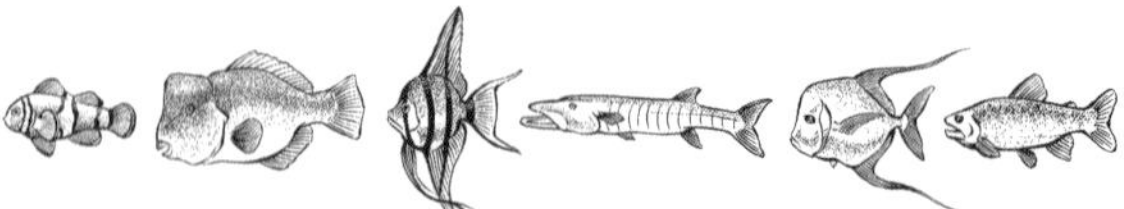

そこへカラスが来て、ぴかぴかと光る靴をくわえて飛び去り、大きな海をわたった先にある、偉大な王が治める島にその靴を落とした。手のこんだ細工がしてある靴を見た王は、家来に靴の持ち主を探すよう命じた。島にいる女たちがその靴を履いてみたが、足が大きすぎる人たちばかりだった。王は遠方の地も広く探すようにと家来を送り、やがて山の中にあるシェ・ヒシェンの家にもやってきて、もう片方の金色の靴を見つけた。シェ・ヒシェンは小さな靴を両足で履くことができ、王はすぐにシェ・ヒシェンと恋に落ちた。そのあとシェ・ヒシェンは王と結婚し、生涯ずっと幸運を呼ぶ金魚を忘れなかった。

chapter

10 魚の思考力

青と白と黒の縞模様がある小さな雄のソメワケベラ[1]がサンゴ礁でせわしなく動きまわっている。多忙な一日が終わろうとしていたが、このベラに世話をしてもらうために順番を待つ魚がまだ残っていた。五、六匹の魚の順番待ちの列の先頭にはアイゴの仲間が身じろぎもせずにいた。アイゴはすべての鰭《ひれ》を広げ、出っ歯の口を大きく開けて、茫然とショックを受けたような表情をしていた。しかしじつは、かなりくつろいでいたのだ。ベラとアイゴは親しい顔見知りだった。大きなアイゴは体に寄生虫が取りつくたびにベラのところへやってきたので、今日だけでも少なくとも一〇〇回くらい顔を合わせていた。

アイゴの口に取りついていたのは微小な吸血性の甲殻類で、ウミクワガタと呼ばれる等脚類の仲間だった。魚が通りかかるとサンゴ礁から飛び出てきて魚に取りつく。ミズダニと同じように、一時間ほど魚の血を吸うと落下する。魚はこのたかり屋に血を吸わせるよりも取りのぞいてもらう方を好むので、ソメワケベラはサンゴ礁いちばんの掃除屋として働くようになった。かなり頭を使う仕事なのだ。

数十種類におよぶ数百匹の魚がお客として毎日のように掃除屋のもとに通う。ソメワケベラはお客をすべて覚えていて、それぞれの客に合わせたサービスを提供する。ソメワケベラの生計は磨き抜かれた社交術にかかり、客との協力や交流が欠かせない。見知らぬ魚に対応できる賢さも役に立つ。毎日数千匹という寄生虫をおもな食料にしているので食いはぐれることはないが、本当のことを言うと寄生虫は好物ではない。栄養に富む魚の皮膚や、魚の体を覆うねばねばの粘液の方がずっと口に合う。

ソメワケベラが口にしたがっているものがもうひとつある。有害な太陽の紫外線を遮るための日焼けどめ物質で、浅い熱帯の海にはこの物質をつくる微生物がいたるところにいる。魚は体内で日焼けどめ効果のある物質をつくることができず、ほとんどは食べ物の微生物から入手する。魚が微生物を食べると消化管からこの物質が体内に吸収され、皮膚の保護層になっている粘液の中へ分泌される。人間が日光浴をするときに日焼けどめを塗るのとは違い、魚は日焼けどめを食べるのだ。日焼けどめは別の魚の皮膚をなめたり粘液をすすったりして取りこむこともできるが、特別の場合でなければそんなことはできないとソメワケベラはよく知っている。

こみ合ったサンゴ礁で自分の縄張りを確保するためには、ほかの魚の信頼を勝ち取る必要があり、そのために掃除屋は寄生虫を取りのぞくという仕事をきっちりとこなさなければならない。調子に乗って客を失うわけにはいかない。粘液を盗み取られて皮膚が傷ついた魚は二度とその掃除屋のもとへはやってこない。ソメワケベラが約束に反して寄生虫ではなく粘液を食べているところを並んで順番待ちをしている魚たちが目撃したら、その魚たちは列を離れて別の掃除屋を探しにいってしまうだろう。

ソメワケベラがアイゴの体を調べているうちに日が傾き、日暮れまでに掃除してもらおうとする魚の数が少なくなった。順番待ちの列には、くすんだ茶色のスズメダイの一種がいて、この日三回目の順番待ちをしていた。スズメダイは自分の小さな藻類の繁殖場から遠く離れることはないので、近くに気軽に訪ねていける掃除屋がほかにいなければ、愛想よくしなくてもこのスズメダイを客として失うことはないとソメワケベラは知っていた。また、おとなしい草食性のニザダイの仲間も並んでいて、こちらは

1———ソメワケベラ属には掃除屋が五種知られていて、いずれもインド洋から太平洋にかけての海域に生息する。カリブ海では色とりどりのハゼ類が同じような役割をになう。

初めて見る顔だった。そこでソメワケベラは少し大胆に食事をすることにした。青と黄色の蜂の巣模様のアイゴの体をもう一度調べて寄生虫を二匹取りのぞいてから、アイゴの皮膚と粘液を一口嚙み取ったのだ。アイゴは歯が立てられたのを感じて体をよじらせたが、ほとんど同時に鰭でアイゴの背中や腹をさすった。これは謝罪のような行動で、むっとしたアイゴの気分を落ち着かせて心地よい放心状態にしてやれば、血液中のストレスホルモンの濃度が少し下がる。ソメワケベラが時々皮膚を盗み食いするのを知りながらアイゴがこの掃除屋のもとを何度でも訪れるのはこのためかもしれない。

新たな客として大きなハタの仲間がやってくると、サンゴ礁には緊張が走る。大きなハタは大事な客だということにソメワケベラは即座に気づく。体が大きければ、むしり取るべき甲殻類がかなりたくさんついているだろう。しかしそれより重要なのはハタが捕食者だということで、小さなベラなら、掃除をしている最中に簡単に食べられてしまう。なぜだかベラにはハタがしばらく食事をしていないとわかり、そうするとベラは特別サービスを提供する。

こうしてソメワケベラのダンスが始まる。

尾を左右に大きくふると鰭だけを動かして、自分の一〇倍以上もある捕食者の屈強な体のまわりで体をくねらせてシミー・ダンスを踊る。するとハタはあくびをするように大きな口を開き、ソメワケベラは口の中へ滑りこむ。そして、小さなおいしい魚をつき通すにはうってつけの鋭い歯のあいだをていねいにつついてまわる。こうしているあいだは平和が保たれる。おそらくソメワケベラが絶えずやさしくハタを叩いたりなでたりしてなだめているので、ハタは餌をとることにしばらく興味を失うのだろう。捕食者と掃除屋という二種の魚には約束事があり、どちらもその約束をしっかり守る。違う場面で二種が遭遇すると状況はまったく異なるだろう。しかし掃除を請負う者として身のほどをわきまえて寄生虫だけを食べているかぎり、ソメワケベラが捕食されることはない。

生物学者たちは、自然のサンゴ礁で膨大な時間を過ごしたりガラスの水槽越しに眺めたりして、このような場面や似たような数多くの場面が目の前で展開するのを観察し、魚どうしのかかわり合いを調べてきた。ソメワケベラが取りのぞく数百匹、数千匹という寄生虫の数を数えることもある。掃除屋や顧客の魚がふるまい方をどのように決めているのか調べるための実験を工夫し、魚が互いをどのように認識しているのか把握しようとすることもある。魚たちがダンスを踊るところも、皮膚のかけらをくすねるところも、それを謝るところも観察してきた。このような研究によって、サンゴ礁の魚たちがどのように協力して体を清潔に保ちながら健康増進を図っているのかがわかっただけでなく、これまで長いあいだ見過ごされてきた魚の複雑で賢い生き方の詳細が明らかになった。

魚は、生まれつき身についている反射的な動きをするだけの、思考力のない単純な動物だと昔から見なされてきた。これは人間中心の研究にもとづく見方で、人間の脳がなぜどのように進化してきたのかを知るための手がかりをヒトに近い哺乳類の近縁種を使って調べてきた結果と言ってよい。しかしそれは近視眼的な物の見方とも言え、人間とは賢さが大きくかけ離れていると見なされた動物に対する関心を失わせることにもなった。新しい目線で魚を観察するようになり、もっともな疑問を発するようになったことで、魚はものを考え、驚くほどの賢さで問題解決にあたっていることに生物学者たちは気づき始めた。水中の脊椎動物についての凝り固まったイメージが変化すると同時に、知性が何を意味するのかについて、もっと大きな視点の豊かなものの見方を魚たちから教えてもらうようになったのだ。

勝者を好む

ほとんどの動物には何らかの認識力がある。さまざまな方法でまわりの世界の様子を感じ取り、情報を集め、それを咀嚼《そしゃく》して記憶する。発達した認識力（知性と呼んでもよい）があれば、過去から学び、蓄積した知識を未来の新しい問題解決に利用できる。生きていくための決まりごとにがんじがらめのままでいるのではなく、変化し続ける環境に対処するための柔軟で適応性に富んだ方策に近づくということなのだ。

いつの時代でも知性は定義が難しい概念だが、知性あふれる生き方を示す重要な点を列挙したら、魚類は多くの項目で合格点をもらえるだろう。前述したようなソメワケベラの仲間は同種や他種の魚と対話するし、長期記憶も優れている。掃除をしてもらいに訪れる客の体をなでて機嫌をとり、掃除をしてもらいにやってくる理由を察する。この客は掃除されるのを嫌がって二度と来なくなるだろうか？　ここ以外に掃除をしてもらうところはあるのだろうか？

ソメワケベラは互いに面倒も見合う。雄と雌は縄張りが重なっていることが多く、共同作業を行なう頻度が高い。雌だけで掃除をしていると時々粘液を少しかじり取ることに心を奪われがちになるが、雄が近くにいると、そうしない方がよいことをすぐに悟る。雌が皮膚をかじったことで客が怒って逃げ出してしまったら、雄は立腹して猛烈な勢いで雌を追いまわして噛みつき、罰を与える。雌が悪さをすれば雄の評判にも傷がつくのだ。さらに悪いことに、雌が盗み食いする客の皮膚や粘液が栄養に富んだものであるほど雌は大きく成長するので、雄に性転換して縄張りを乗っ取ろうとする確率が高まる。近縁のメガネモチノウオと同じように、このソメワケベラも性転換する。何度か厳しく叱られると雌は盗み食いをしなくなり、客は安心して二匹に体の掃除をまかせられるようになる。

ソメワケベラのように複雑な社会生活をするもののほかにも、高度な思考をしていると太鼓判を押されている魚はたくさんいて、なかには人間にのみ備わっていると思われていた能力が観察されるものもいる。グッピーやイトヨ類、目が見えない洞窟性の魚など、多くの魚が数を数えられる。[2] 数を認識できる魚を使った実験では、異なる大きさの群れを選ばせることで数的能力を調べられる。群れを選べる状況におかれると、通常はいちばん大きな群れに合流したがる。また、魚は道具も使う。テッポウウオ類は水の弾丸を発射し、イラ類は二枚貝を持ち上げて岩に打ちつけて殻を割る。

タイセイヨウダラは間に合わせの道具を使って餌をとる新しい手法を発明した。ノルウェーの研究チームは複数の水槽でタラを飼っていたが、数年前にそのうちの二つの水槽の三匹のタラが、給餌器から餌を放出するときに使う紐に、自分の体に取りつけられているプラスチック製の標識用のタグを偶然からませてしまった。口を使って紐を引っ張るよりタグをからませる方が楽に餌を食べられるとすぐに三匹は気づいた。口で紐を引けば、出てきた餌を食べるときにはまず紐を口から吐き出さなくてはならないからだ。やがて三匹は、上手に自分の標識タグを紐に引っかけてグイッと引き、すぐに体の向きを変

2——魚でもなく人間でもない動物で数を数えられるものとしては、チンパンジー、ゾウ、イヌ、イルカ、ハト、コウチュウやハチなどが知られている。

えて餌を飲みこむという技《わざ》を完成させた。

体や脳の片方の側をそれとなく好んで使おうとすることも、魚の高度な認識力を示す行動と見なせる。[3]見慣れないものをよく見ようとするときや危険が迫っていないかどうか確かめるときに、魚は左右のどちらかの目で見る。群れになっているときには、群れにいる仲間を左目で見るのを好む個体は群れの右側で過ごす時間が長くなり、右目で見るのを好む個体は群れの左側で過ごすようになる。ひとつの群れにいる右目派と左目派の数がうまく釣り合うようになっている可能性が高く、両派が片方の目で群れの他個体に目を配れば群れをひとまとまりにでき、そのとき同時に群れの外側にくる目で外敵を警戒することができる。

このような情報の処理や解析の左右非対称性は、複数の作業を同時進行させる能力の基礎になっていると考えられていて、人間の行動のさまざまな場面にも関係している。例えば言語に関係する機能の多くは、一般に人間の脳の左半球に集中する。

知性の重要な面のひとつは他個体とのかかわり合いで、これは社会的な知性と言われる。バハマで飼育されていたニシレモンザメを使って二〇一二年に行なわれた研究によれば、サメは仲間から情報を得て学習する。ユージェニー・クラークがサメで行なったのと同じように（日本の当時の皇太子に贈ったサメもそうだった）、スイッチを押せば餌がもらえることを学習させるのだが、すでに学習しているサメと同じ水槽で飼うと、まだ学習していないサメと一緒に飼うより覚えるまでの時間が短くなった。

タンガニーカ湖の雄のシクリッド類には、ほかの雄どうしが闘うのを見ているだけで、自分の社会的順位を知ることができるものがいる。英語で「バートンのハプロ」と呼ばれるシクリッドの一種〔*Astatotilapia burtoni*〕はけんかっ早い小さな魚で、縄張りを守るための闘いに生活の多くの時間を割く。二匹の雄は激しい小競り合いを繰り広げ、片方が降参するまでそれが続く。縄張りに堂々と居座る勝者は目と目のあいだを横に走る黒い筋が褪《あ》せることはないので、勝者をたやすく見分けられる。負けた方は縞模様が色褪せ、こそこそと退散していく。ローガン・グロセニックが率いるスタンフォード大学の研究者たちは、AからEまで名前をつけた「ハプロ」を二匹ずつ闘わせた。Eはどの相手にも負け、DはE以外の相手には負け、CはDとEだけには勝つという具合で、Aがいちばん強い。どれか二匹が闘うときには、透明な仕切り板でつくった水槽の区画の中で別の雄が観戦できるようにした。闘いのあとしばらく経って闘争色がふつうの体色に戻ってから、観戦していた雄は闘っていた二匹のうち好きな方に近寄るのを許された。すると観戦者は必ず負けた雄、つまり弱くて怖くない方の雄を選んだ。二匹が闘っているのを実際に見物していなくても同じことが起きた。実際に見たのはBがCを負かすところと、CがDを負かすところだけだったが、この結果からBはDを負かすこともできるだろうと推測し、BとDのどちらかを選ばせると、正しくDを選んだ。

鳥類の中にも明らかに段階的な推論を行なうものがいて、人間を含む類人猿でも四、五歳になればできるようになる。シクリッドでこのような能力が進化したのは、ほかの雄の順位を知っていれば危険をともなう闘争に巻きこまれずにすむと同時に序列を保てるからだと思われる。

多くの魚は、闘争するだけでなく協力したり互いに助け合ったりもする。サンゴ礁に目を戻すと、捕食性のハタの中にはウツボと組んで狩りをするものがいる（口絵⑱）。手助けが必要なハタはウツボが

3――脳の側性化と呼ばれる現象で、さまざまな動物群で見られ、個体によっても集団によっても種によっても、その程度は大きく異なる。

隠れている岩の上を泳ぎまわって激しいシミー・ダンスを踊る。この動きにウツボが気づいてすぐに穴から顔を出すと、一緒に狩りが始まる。二種の捕食者が組むと恐ろしいことになる。ハタが水中をうろつくと、獲物の魚は捕まらないように身をかわしながら岩場に逃げこもうとする。しかしそこにはウツボが待っている。狭い岩場の隙間でも岩のくぼみでも、細い体をくねらせて逃げこんできた魚を追いかける。獲物はウツボに捕まえられるか、ハタが待っている水中へとまた泳ぎ出すか、どちらかしか道は残されていない。[4] このようにハタとウツボが協力すれば、どちらも十分すぎるほどの餌を確保できる。やがてウツボは協働の狩りに飽き、岩場の中の迷路に入りこんで出てこなくなる。ウツボが顔を出さなくなると、ハタは狩りの相棒を奮い立たせるためにまたシミー・ダンスを踊る。

　ハタが単独で狩りをしていて獲物の魚が岩場へ逃げこんだときには別の手を使う。動きを止めてただ待つのだ。ハタは獲物が出てくるのを待っているだけでなく、協力者がやってくるのも待っている。ウツボやメガネモチノウオのような捕食者が通りかかるまで、半時間くらいなら、その場で待つ。そのような魚が通りかかるとハタはすぐに尾を上にして体を垂直に立て、頭をふって岩場の獲物が逃げこんだ地点を指し示す。ハタがこのように岩場を指し示しながら体をゆらしているのをウツボやメガネモチノウオが目にすると、たいていの魚は状況を調べるために近寄ってくる。体が大きなメガネモチノウオは岩の隙間に入っていけないが、伸び縮みする頑強な顎でサンゴを砕き、隠れている獲物を吸い出すことができる。あるいは、メガネモチノウオが獲物を岩場から吸い出せなくても、隠れ家を破壊された獲物の魚が岩場から飛び出せば、ハタはそれを捕まえる機会に恵まれる。

　何かを指し示すという行為は、人間が言葉を発達させた重要な特性のひとつだと考えられている。動物の世界を見まわしても、自分の持てる情報を発信するそのような身ぶりはほとんど見られない。チンパンジーは仲間に毛づくろいしてもらいたい箇所を示すために、そこを手でかく。カラスは、おそらく社会的な絆を築くために食べ物を見せ合う。しかし、長時間にわたるスキューバ・ダイビングで獲物の居場所を指し示して狩りをするハタが観察されるまでは、魚がこのような行動をとることは知られていなかった。

頭のよい魚を見たり調べたりするのに、時間のかかる実験をする必要はない。魚を飼っているなら、朝は水槽の片側から餌をやり、夜はもう片方の側から餌をやるだけで学習能力を調べることができる。餌をやる時間にならないうちに魚たちが水槽の正しい側に集まるようになるまでの日数を調べればよいのだ。この行動は時間空間学習（ＴＰＬ：time-place learning）と呼ばれる。グッピーにこれができるようになるのに、ふつうは一四日かかる（ラットができるようになるには、もう一週間余分にかかる）。元祖シンデレラ物語のシェ・ヒシェンを見分ける、幸運を呼ぶ金魚がいるというのも、まんざらつくりごとではないだろう。餌をやる人の顔に水をかけると餌をもらえるとテッポウウオに教えると、いくつかの顔写真の中から水をかけるべき顔を見分けることが示されている。ペットとして飼っている魚が飼い主を見分けている可能性は高い。

魚にだって脳はある

魚の認識力の研究が進むにつれて、脳や認識力の進化についての新しい視点が生まれた。人間のほか

4——ハタは時にはタコとも狩りをする。そのときもやはり岩場へ獲物を追いこむ。

数種類の大きな脳を持つ類人猿しか行なわないと以前は考えられていた行動の多くは、魚にも見られる。類人猿は複雑な社会構造の中で生活していくために必要なので大きな脳が進化したという理論が長年支持されてきたのだが、魚にもそういった行動が見られるということになれば話が違ってくる。多くの魚は複雑な社会を築いて生活し、複雑な行動を示すのに、体に比べて小さな脳しか持たない。

大きな脳を持つことが重要かどうかに固執せずに、生きざまによって動物がどのようなこだわりを持つようになり認識力が影響されるのかを問い直すことで、また別のもっと興味深い点が見えてくる。脳もほかの臓器や行動と同じように進化してきた。つまり、動物の生息地やその生息地のほかの生き物といったまわりの世界に反応して適応するために進化してきた。類縁関係が遠い動物種が同じような思考力を持っていることがあるが、それは似たような環境で育まれたのだろう。例えばシクリッドたちが一部の鳥や哺乳類と同じように、Aという個体がBを負かしてBがCを負かせば、AはCも負かすだろうという飛躍をともなう推論ができるのも、このためだと考えられる。これができれば、社会的な序列を決めるというかなりの難題を解決できる。異なる環境での生活に適応したため、近縁な種で認識力に差が出るということもありうる。ダーウィン的進化の視点から認識力を見ると、脳は脳だけで進化するのではないという誰の目にも明らかな真実にしたがう。脳は棚に並べた標本瓶の中に浮いている臓器ではなく、泳いだり、這いまわったり、飛んだり、獲物を狩ったり草を食《は》んだり、山を登ったり森をかき分けて進んだりする動物の中に収まっている臓器なのだ。

脳の働きや思考力をこのような生態学的な面から調べていくには、三万種くらいいる魚類は迫力のある実験場になる。脳や認識力がどれくらい柔軟性に富むものなのか、生活環境がどれくらい重要な役割を果すのか、魚を見ればわかるのだ。

例えば岩場の海岸に生息するハゼ類が、必要なときに素早く逃げられるようにまわりの環境を記憶する場合を考えてみよう。このまだら模様の小さな魚は満潮時には水中を泳ぎまわって目印となる地形を覚え、潮が引いたときに岩がどのような形になり、どこが潮だまりになるかを知っている。そして実際に潮が引いたときに捕食者が近くをうろついたら、ハゼは逃げるべき方向へ距離を見定めて跳ね、見えていないところにある近くの潮だまりへきっちりと飛びこむ。研究者がハゼ類を生息していた場所から移動させても、移動させた魚たちは数週間経ってももとの潮だまりの配置を覚えていた。潮だまりに生息するハゼ類は、何も障害物のない平らな砂地に生息しているハゼ類より方向感覚が優れていて、自分の位置を知る能力も優れている。これら二種類のハゼを迷路に入れて餌にたどりつく経路を学習させると、たいていは潮だまりに生息するハゼ類の方がうまく課題をこなす。

単純に脳の大きさを比較すると、砂地に生息するハゼ類の方が脳は小さいようだ。潮だまりのハゼの方が確かに空間認識に関係する終脳が大きい。しかし、なぜそうなのかを考えると、砂地のハゼの日常の生活環境に答えがあることがわかる。大きな特徴が見られない平らな場所で生活している魚は、特徴のある地形に出くわすことに慣れていないので、特徴のある地形にたよって泳ぐ方向を決めるのは単純に意味がない。潮の満ち干に合わせて浜を行ったり来たり泳いでいればよいのだ。何もない水槽よりも海藻や岩を入れた水槽で育てる方が魚の方向感覚がよくなるという研究もある。方向を決めることに関係する脳の部位が大きくなり、神経細胞のつながりも増える。常に変わり続ける生活空間は、魚が生きているあいだずっと思考力に影響を刻み続ける。

このような研究が少しずつ積み重ねられ、魚の脳の力についての科学的な解明の道筋がつけられ、これまで考えられていたより魚は賢く、洗練された生活をしていることが明らかになってきた。そうするとさらに大きな疑問がわいてくる。魚は感受性や自意識がある動物なのだろうか。

これまでこの問いは、歴史的に科学者や哲学者を苦しめてきた。感受性には、動物が喜びや苦痛などの感情を持ったり経験したりできる能力が関係する。自意識を説明するのはさらに難しい。『ブラックウェル版／自意識についての必携書（Blackwell Companion to Consciousness）』によれば、「ある時点で気づいたことすべてが自意識の一部を形成し、過去に心が経験したことは、もっともなじみ深い体験になり、かつ生活のもっとも不可思議な側面になる」。それならば動物はどのようにこれを体験するのだろうか。ごく一般的な言い方になるが、自意識のある動物には自我があり、自分の居場所について多少なりとも理解していると見なすことができる。

自意識は、高い知性や感受性があって生まれてくる特性だと一般的に考えられている。自意識があるかどうかを見分ける大事な基準のひとつとして何らかの形で調べられるのは自己認識力で、これは、自分自身を個として認識する能力になる。

これまで数十年のあいだ、自己認識力があるかどうかを調べる古くからの手法のひとつとしてミラーテストが行なわれてきた。この手法では、鏡に映る自分の姿を動物に見せると何が起きるかを調べる。多くの動物は鏡に映った像に対して、最初は他個体と対面したかのような反応を示す。魚で実験すると、鏡の像を侵入者と見なして、縄張りを守るときと同じ攻撃をしかけることが多い。動物種によっては、そのあと鏡とその背後を調べ、鏡の中に自分の姿を見ていることに気づくものがいる。チンパンジーは鏡を見ながら歯の掃除をするようになり、イルカは鏡の前で空気の泡をブクブク吹いた。

このような実験では、実験の最終段階で動物自身には直接見えない体の部位に円形の色つきシールを貼る。額《ひたい》に貼ることが多い。この実験を行なったチンパンジーの七五パーセントくらいは鏡を見ながらシールに手をのばした。人間では生後一八カ月くらいになると手をのばすようになる。これは自己認識力があるからできることだと類人猿学者たちは考えている。チンパンジーや幼い人間は、鏡で自分の姿を見ていることがわかっている。自分がどのような姿をしているか知っていて、額に貼られたシールはそこにあるべきものではないので、何が起きているのか指でさわって調べようとするのだ。

ミラーテストで合格点をもらった動物はほかには数種しか知られていない。カササギは鏡を見ながら喉に貼られた色つきシールを足で引っかいたが、黒い羽にめだたないように貼られた黒いシールは無視した。米国ニューヨーク市にあるブロンクス動物園では、「高さ二・五メートルのゾウでも使える鏡」と研究論文の著者が名づけた鏡を三頭のアジアゾウに見せた。三頭とも鏡の前で自分の像を調べているように見えた。目に見えない印を頭の横につけると、三頭ともそれを無視した。目に見える異常は何もないのだから当然のことだろう。しかし色つきの印をつけると、二頭は無視したが、ハッピーと名づけられた雌のゾウは、目の上につけられた白い×印に何度も鼻をのばして調べた。

バンドウイルカとシャチは鏡に映った自分の姿を長い時間をかけて調べ、体に色つきペンキで塗られた印をじっと見つめたので、ミラーテストに合格したことになっている（自分の体の部位にふれる手や嘴《くちばし》や鼻がないので、印にふれるという実験は行なえなかった）。二〇一六年にサウスフロリダ大学のシーラ・アリとドミニク・ダーゴスティーノは、初めて魚類でこの実験を行なった。バハマにある水族館の水槽に大きな鏡を入れ、二匹のオニイトマキエイ（マンタ）の反応を撮影した（色つきの印はつけなかった）。エイたちは鏡の前で長い時間泳ぎまわり、頭にある二つの頭鰭《とうき》（プランクトンを口に入れるためのへら状の鰭）を何度も広げたり、イルカと同じようにブクブクと泡を吹いたりした。[5]

これをアリとダーゴスティーノは、偶発的事態の点検として知られる行動だと慎重に解釈した。窓ガラスに映っているのが自分の姿かどうかを確認するために手をふってみるのと似ている。マンタの行動がそれなのだとしたら、鏡に映っているのが自分自身だとわかっていて、自分が何者であるか認識しているという考え方が裏づけられる。しかしほかの研究者はこの結果にとても批判的で、マンタは単に挨拶をしているだけで、ほかのマンタとつるんで泳ぎまわっているつもりなのだと考えている。ほかの多くのミラーテストに対しても同じような批判が起きる。海洋哺乳類のミラーテストでも批判はあるが、哺乳類の実験に対して論争が起きる度合いは、はるかに低い。おそらく、哺乳類でも特にクジラ目《もく》は賢いはずだという期待があるからで、魚は賢くないという根深い思いこみをゆるがすものではないからだろう。

魚の感受性

グッピーやキンギョからマンタやニシンまで、魚のさまざまな知的な生活がわかってきて、魚とその認識力をめぐるいちばんの問題が議論されるようになった。魚は痛みを感じるか感じないかという、これまで長年にわたって論争になってきた問題だ。

基本的に魚は痛みを感じないし、痛みで苦しむこともないと、長いあいだ考えられてきた。こう考える人たちの多くは、魚が痛みを感じるという動かしがたい証拠が見つからないかぎり、魚は痛みを感じないと見なすべきだと主張する。しかし研究が進むにつれて、まさにこの点がゆらぐようなデータが得られるようになってきた。

二〇〇三年にイギリスのエジンバラ大学ロスリン研究所の研究グループが、魚は生まれつき痛みを感じることを見出した。ニジマスには、高温、酸、ハチ毒などさまざまな不快な刺激を感じるよう特化した神経細胞の一種があることを、リン・スネドンが率いる研究チームが発見したのだ。この神経細胞は哺乳類が痛みを感知する感覚神経ととてもよく似ている。この神経細胞が発見されたことで、身に危険がおよぶような刺激や、痛みをともなう刺激に反応するための神経単位が魚にあることはもはや疑いようがなくなった（しかし今のところ真骨魚《しんこつぎょ》類だけで、板鰓《ばんさい》類には不快な刺激を感じ取るための感覚器はまだ見つかっていない）。そうすると残る問題は、魚はこの感覚器から得られた情報をどのように知覚するのか、ということだけになる。

ストレスが多く危険度の高い状況におかれた魚を観察することで手がかりが得られた。そのような状況が終わってほしいと魚が思っていることを示す行動学の研究は無数にある。

リン・スネドンの研究チームがニジマスの唇に弱い酸やハチ毒を注射すると、ニジマスは水槽の底に横たわって体を左右にゆらしたり、唇を水槽の壁にこすりつけたりした。注射されたのが無害な対照物質だったときにはこのような行動を示さなかったので、注射されたこと自体でそのような行動をとったわけではない。さらに、人間にとっては強力な痛みどめであるモルヒネを投与すると、このような行動はすぐに見られなくなった。

痛みが魚の頭を占めて、ほかの行動が見られなくなることもある（人間でも慢性的な痛みや激しい痛みがあれば、ほかのことができなくなる）。二〇〇九年にリバプール大学のポール・アシュレイが率い

5——マンタは空気呼吸をしないが、餌を濾《こ》し取るときに得られる空気を鰓《えら》の中に蓄えることができ、これで泡を発生させる。

る研究チームは、痛みをともなうと考えられる刺激を与えたときと与えなかったときに、ニジマスが捕食者から逃れようとする行動を調べた。飼育されているニジマスは、傷を負った魚の組織から放出される警報物質[6]を感じ取ると、ふつうは水槽をぐるぐる泳ぎまわって隠れ場所を探す。しかし唇に酸を注射されたニジマスは、水槽の中に危険を知らせる物質が行きわたっても隠れようとしなかった。痛みに心を奪われて警報物質を感じ取れないかのようだった。

痛みをともなうであろう刺激を感じ取ることと、それを痛みと知覚することは、両者が手を携えるように進化してきたと考える多くの生物学者にとって、こうした結果は驚きでも何でもない。両方が一緒に進化すれば、その動物が生き残るチャンスが大きくなるからだ。危険な状況を痛みと結びつけて学習すれば、痛みを避けようとすることで困難な事態に直面せずにすむ。記憶を形成するときに要となるのは痛みに対する感覚的な反応だろう。危険を察知する能力と、察知したときに不快な感情を呼び起こす能力を対《つい》にして発達させることは古い時代から受けついできた生存戦略で、脊椎動物という系統が生まれた初期に進化したと広く考えられている。

さらに、魚はストレスに苦しむことを示す研究もある。

シマヒメハヤは、ストレスがかかったり心配事があったりするだけでも体温が上がり、熱を出す。以前はこのようなことは人間にしか起きないと考えられていた（学生が試験勉強の追いこみのストレスによって、感染症と同じような生理的反応を示す）。シマヒメハヤは小さな網に入れられると、二〜四℃の体温上昇が見られる。さらに興味深いことに、養殖されているサケには必ずうつ病のような症状を示すものがいる。養殖業界では「落ちこぼれ」と呼ばれる現象で、飼育している頭数のうち多いときには四分の一で発育不良が見られ、このようなサケは水面近くを泳ぐようになってすぐに捕まえられる。二〇一六年の研究によれば、元気がなくなったサケは、ストレスがかかったときに放出されるホルモンの一種のコルチゾールの値が高かった。コルチゾールの濃度やセロトニンというホルモンの濃度を制御している仕組みが過剰に働く現象は、人間などの動物では慢性的なストレス状態や抑うつ状態と関係している。

魚が痛みを感じないとする立場をとると、観察される行動は単に無意識の反射によるもので、感覚的な苦痛はともなわないと見なす。高温のものにふれると、痛みが起きる前に熱の衝撃を感じて手をひっこめる。魚は、痛みを感じるところまで行く前に危険から身を引くタイミングを心得ているだけなのかもしれない。

こうした議論の中心には、人間の脳で痛みを知覚するのに関係していると見られる部位が魚の脳にはないということがある。哺乳類の脳の外側には大脳皮質がある。人間の脳の灰色の大脳皮質は大まかに言って四ミリほどの厚さで、特徴のある神経単位や針金のようなその末端が幾重にも層をなしている。大脳皮質には深い溝と稜が刻まれ、視覚、聴覚、学習、苦痛やストレスの探知、痛みの知覚など、人間の生活の重要な機能をつかさどる。魚の頭蓋骨の中をのぞいても、哺乳類のような大きな大脳皮質は見あたらず、小さな球状のビーズが連なったような脳が見つかるだけだ。

大脳皮質がない、だから痛みも感じない、という具合に魚が痛みを感じるかどうかの議論がこれまで進んできた。多量の情報を処理して不快な感覚を見つけ出し、自分が傷ついていると知ることができる

6――シュレックストッフと呼ばれる警報物質で、浮袋と内耳のあいだに骨のようなウェーバー器官を持つ魚はよく放出する。

人間のような複雑な神経構造が魚にはないということが前提になっている。人間以外の動物が痛みを感じるには人間と同じ仕組みを持つしかないという立場を崩さないのが、オーストラリアのクイーンズランド大学の神経学者ブライアン・キーだ。魚が痛みを感じることにきわめて懐疑的な一人なのだが、二〇一六年のアニマル・センティエンス誌の「魚はなぜ痛みを感じないのか」という記事の中で、その見解を明確に示した。学術分野からは名のある研究者がキーの記事に対する意見を掲載し、その数は四二本にのぼった。そのうちの五つはキーの見解を支持し、二つはどちらが正しいかを決める前にさらなる研究が必要だという中立的な立場をとり、残りの三五はキーの科学的な考え方にも、論理構成にも、立てた仮説にもきわめて批判的だった。

キーに批判的な神経学者たちは、人間が痛みを感じるのに大脳皮質がどれくらい重要な役割を果たしているかについては、まだ共通認識が確立していないと指摘している。ましてや、ほかの動物に大脳皮質がないことがどのような影響をおよぼしているのかもわかっていない。大脳皮質だけに着目すると、魚の脳のほかの部分が痛みの知覚に関係している可能性も排除してしまう。鳥類や、発達した大脳皮質を持たないが感受性はあるとされるさまざまな動物でも、それは同じだ。

ニューヨーク州立大学ストーニーブルック校の自然・人間学部のカール・サフィナ教授は、キーの主張に対する返答の中で、アカエイの仲間が持つ毒は魚が痛みを感じることの証拠になると述べている。アカエイ類は、ほかの毒を持つ魚種と同じように海洋哺乳類や魚類などの捕食者に対する防御として毒を持つように進化したとサフィナは指摘する。そしてここまで見てきたように、多くの毒魚は、自分たちを食べたら毒を注入される危険をおかすことになると捕食者に警告するために鮮やかな体色を進化させてきた。このような警戒色が有効に機能するためには、実際に相手に不快感を与える防御手段を持たねばならない（毒を持つ動物種にうまく擬態しているものは別にして）。キーは、捕食者がそうした毒魚を避けるようになるには必ずしも刺されて痛い思いをしなくてもよいと断言するが、サフィナはこれを否定する。「痛みを感じないのに、刺されたときの不快感を捕食者が避けようとするなど、ありえないに等しい。痛みを感じるからこそ、このような防御システムが機能する以外に論理的に考えようがない」と言う。

動物によっては自然界の毒の一刺しに耐性があるように見えるものもいるとサフィナは指摘する。ウミガメがライオンタテガミクラゲを噛み砕いているのを観察していたときにはウミガメがクラゲに刺されたようには見えなかったのと対照的に、ヨシキリザメが同じクラゲを口いっぱいに頬張ったあと頭を激しくふりながらクラゲを吐き出した様子を詳細に述べている。「サメは痛みを感じたときと同じ動きを見せたが、ウミガメはそうではなかった」とサフィナは記している。

魚にも福祉を！――アニマルウェルフェア

魚に感受性や自意識があるかどうかという問題については、先走った議論も数多く見受けられる。魚が痛みや苦しみを感じることについての（あるいはまったく感じないことについての）議論のほとんどは科学的な知見にもとづいているのに、議論されたことで、その影響が科学の領域をはるかに超えて広がっていくからだ。

これは、ほかの生き物たちに対して人間がどれくらい関心や共感を寄せるか、親近感を抱くかという境界線上の問題でもある。動物に対する人間の扱い方やかかわり方は、動物を感受性の強い賢い存在ととらえるかどうか、あるいは生活様式が単純だととらえるか複雑だと見なすかによって大きく変わってくる。結局のところ人間がいちばん気にかける動物は、姿が美しいと感じられるものや、すべてわかっているといった目つきで見つめ返してくるような、人間によく似た動物たちだろう。

一九世紀の初頭以来、特定の動物を痛めつけたり苦しめたりしないように保護する法律が多数制定されてきた。イギリスでは一八二二年に家畜の虐待禁止法が議会を通過し、ウシとヒツジの残酷な取り扱いが禁じられた。一八三五年には動物虐待禁止法が成立して、イヌやヤギの取り扱いも、違法なクマの餌づけや闘鶏も対象になった。ペットや、動物園で飼育する動物の扱い方にはじまり、食肉処理場の設計や規制、放し飼いのニワトリの卵生産や家畜の食肉生産の方法まで、西洋社会の世論は少しずつ動物の権利を擁護する方向へ動き、家畜は保護して世話をする必要がある存在だと見なされるようになってきた。

しかし、すべての動物が同じ法的あるいは倫理的基準で守られているわけではない。歴史的に見ると魚類の倫理的な扱いはほかの脊椎動物の扱いよりはるかに遅れているが、魚の認識力や感受性についての研究はほかの動物の研究にやっと追いついてきた。こうした研究によって、魚は劣った動物として扱えばよいという考え方が崩されつつある。本書で見てきたように、科学者は魚の能力を調べ、もっと身近なほかの動物と比較する手法を考案してきた。魚はそれぞれに微妙に異なる複雑で知性に富んだ生活を営んでいることが明らかになりつつあり、魚も苦しみを感じることや、恐怖や痛みを感じることを示す証拠が増えてきた。

魚の生活について現在わかっていることから考えると、魚類に対してどれくらいの共感を覚えたり、人間の倫理的な基準を当てはめたりすればよいのだろうか。人間は魚をどのように扱ったらよいのだろうか。

そうした問いに対する答えはまだ見つかっていない。魚は賢い生き物だと知ったことによって、これからどのような影響がありうるのかをやっと把握し始めたばかりなのだ。感受性や自意識、痛みや苦しみというとらえどころのない心の動きを考慮すると、さらにややこしくなる。また、陸上で生活して空気呼吸をする人間と魚ではあまりにも違いが大きすぎ、魚は人間ならほとんど誰も見ることができない未知の世界で生活しているという昔ながらの課題も残る。

魚類の扱い方についての法的な規制は国によって大きく違う。イギリスでは一九八六年にできた動物（科学的処置）法が動物の利用や科学的研究への利用を規制していて、保護対象の一覧にある動物を実験に使用するには、使用免許を保有しなければならず、飼育方法や取り扱い方法についての厳格な実務指針にしたがうよう求められる。その一覧にはすべての脊椎動物が含まれ、タコやその仲間は高い認識力を有するということで頭足類（孵化《ふか》後のもの）も含まれる。魚類も対象だが、孵化して自分で餌をとれるまでに成長したものに限られる。米国には同じような動物保護に関係する動物福祉法があるが、イギリスとは違って魚類は対象になっていない。

イギリスにはペットの魚を守る法律もある。二〇一七年に、あるイギリス人が賭けの一環でキンギョを生きたまま飲みこむ動画をフェイスブックに投稿したところ、動物を虐待したとして有罪判決を受けた。王立動物虐待防止協会（ＲＳＰＣＡ）の職員がその投稿を見つけて調査することにしたのが発端だった。その男性は、動画を撮影した女性とともに、キンギョはすでに死んでいたと主張した。しかし裁判で主張は退けられ、二人は一八週間の禁固刑ののち二〇〇時間のボランティア活動を命じられ、五年間は魚を飼ってはいけないことになった。有罪判決を受けた男性はＢＢＣニュースのウェブサイトで、

「魚を食べてこんな騒ぎになるとは思ってもいなかった」と語っている。

ドイツ動物福祉法では、「何人《なんぴと》も正当な理由なしに動物を痛めつけたり苦しみを与えたり傷つけたりしてはならない」としている。魚類も対象になる。この法律にもとづけば、釣り人が楽しみのために魚を釣ってから再放流するのは、「正当な理由」が何もないのに魚に苦痛を与えるとして禁止される。釣った魚は放流せずに持ち帰って食べなければならない（釣り人がたまたま小さすぎる魚や特別な保護対象の魚種を釣ってしまった場合はのぞく）。スイスでも似たような法律でキャッチ・アンド・リリース型の釣りを禁じている。しかしほかの国々は逆の解釈で漁業資源を保護していて、キャッチ・アンド・リリースで乱獲を防いでいる。

場面によってさまざまな対処法があるのは確かで、どこでも同じように応用できる魚の取り扱い方があるわけではない。そしてもちろん、魚の脳や知性についての研究成果が少しずつでも一般に周知されるまでには長い時間がかかる。考え方の変化が遅い背景には、既存の漁業権が強いことも関係している。魚もほかの脊椎動物と同じような扱いを受けるようにするなら、あるいはほかの脊椎動物と同じような保護法を漁業や養殖業にも適用するためには、天然の魚類を捕獲する方法や、養殖で用いられる手法を大きく変える必要が出てくる。しかし現時点で方向性を見出そうとしても、そうした産業に投入されている資材が多すぎ、産業従事者が多すぎ、損失額が大きすぎるのが実状だ。

魚の扱いをすぐに根こそぎ変えるのは非現実的だろう。それなら、魚に敬意を払い、真価を認めるよう、人々の考え方が魚に有利な方向へと変わっていくのを待てばよいかもしれない。キンギョは七秒しか記憶が続かないという神話に出てくるような話は忘れ、魚は頭の悪い生き物だという古くさい思いこみは捨て、人間はすでに一歩を踏み出した。魚には、ないとされていたさまざまな基本的能力が備わっているともわかってきた。魚も考えることができ、学ぶことも記憶することもでき、色を見分け、音を聞き分け、歌うこともできる。ほかにも興味を引く無数の思いがけない能力がある。餌をとったり目あての方向へ進むために体のまわりに電場を築き、光や色を使ってこっそりメッセージを発信し、砂に大きな模様を描き、体内に備えた磁場の羅針盤を使って大洋を行ったり来たりする。それでも、数千年にわたって人間に忠実に仕えてきたと考えられているイヌ、ウマ、ネコ、鳥といった動物とはまったく異なり、魚は劣った生き物だという見方が変わるまでには、まだ長い時間を要する。

このような状況を是正して、魚類とほかの動物のあいだに存在する架空の溝を埋める方策はいろいろある。食べる魚の魚種に注意を向けるのもひとつの手だろう。飼ってみてもよいし、その魚がどこに生息していたのか、どのように捕まえられたのか、どのように養殖されたのかを調べてみてもよい。魚の生きざまをさらに知るために、魚の生活についての研究を後押しすることもできる。そうした調査研究の成果に関心を持てば、人間の活動が魚一匹におよぼす影響、群れにおよぼす影響、魚種全体におよぼす影響を知ることができる。水中の世界へ出かけていって魚を眺める喜びを知れば、自分なりの魚との親しい関係ができて、魚のことがもっとわかるようになるだろう。

エピローグ

ある火曜日の朝、私は家を自転車で出発して市街地の向こうにある川へ魚を探しに出かけた。牛糞の臭いが漂う沼沢地の脇を抜けて、ミニチュア鉄道の鉄橋のような橋をわたった。橋を吊っているワイヤーは、クモの子が初夏の空中飛行をするときに使う糸のように細かった。木の茂みにぽつんと立っている街灯の脇も通り過ぎた。そこは八〇年前、凍えるような冬のさなかに住民がスケートを楽しみにやってきた場所だった。しかし今は氾濫した川の水が流れこまなくなり、ランの花やヨーロッパヤマカガシの楽園になっている。緑のトンネルを抜け、ウシの放牧地の柵がガタガタと音をたてるのを聞きながら進むと、川べりの広い道に出た。

赤いキャンプ用のイスに座って釣りをしている人が二人いたので、川には何か魚がいるのだろう。自転車を木に立てかけ、座ったまま川の中を見下ろせる場所を探した。水は茶色く濁り、水面には青い空と綿のような雲が映るだけで、水の中は何も見えなかった。頭上ではアジサシが川の流れに沿って行ったり来たり飛んでいる。ときおりキーキーと、イヌが噛んで遊ぶおもちゃのような声で鳴く。先のとがった翼を体の後方へなびかせ、黒い頭巾に隠れて見えない目で川を見下ろして餌を探していた。何か見つけたのだろう、急降下して水しぶきを上げながら飛びこむと、また翼を大きく羽ばたかせて何か餌を飲みこみながら空中へ舞い上がった。アジサシがねらった魚に目を凝らしていると、稚魚の一団が私のそばの引きこんだ浅瀬に逃げてきた。透明な体に黒い大きな目がある。勇敢な何匹かが先頭を泳ぎ、ほかの稚魚は群れをなしてそのあとを追いながら、岸辺の泥についた足跡の水たまりを調べてまわる。稚魚には水たまりが巨大なクレーターのように感じられるに違いない。

稚魚たちの動きは、ためらいがちでもあり、意を決したようでもあった。すいっすいっと進んだかと思うとピタッと動きを止める。すいっすいっ、ピタッ。

身を乗り出してよく見ようとすると、素早く逃げて岸辺の草のまわりに集まった。私がそこにいるのを明らかに警戒している。近くをカヤックが通り過ぎていったのに、それほど気にしなかった。魚たちにとっての大きな脅威は、水しぶきを上げながら泳ぐ動物ではなく、空中や岸から魚をねらう動物なのかもしれない。カヤックの航跡が消えて稚魚たちがまた浮かんで水面にキスをすると、同心円の波紋が広がった。

川辺を歩き、草むらを四角く焦がして手軽なバーベキューを楽しむ学生や、枝を低くのばした木の下で何も言わずに座っている水着姿の男性の脇を通り過ぎた。日光浴をしているカップルは金属製の音色の音楽を聴いている。それに合わせて雄のカワトンボがダンスを踊り、サファイア色に輝く体を見せびらかしたり、色のついた翅《はね》をチョウのように羽ばたかせたりして雌の気を引こうとしている。

濁った水に筋をつくるように流れる少し澄んだ水の中に魚の影が二つ見えた。大きさは少なくとも手のひらを広げたくらいあり、尾を下流の市街地の方へ向けていた。アザミやイラクサの茂みの隙間を縫うように歩いて岸辺に下りると、脛《すね》くらいの深さの柔らかい泥に足を取られた。川底の傾斜が急だったので、泥の深みから急いで抜け出すと、息を吸って川に飛びこんだ。水は冷たく、最初は息が止まりそうになった。水の中で見る私の白い足はウィスキー色になり、しばらく水面に浮かびながら、飲みこんだ水を吐き出したり水中マスクのガラスの曇りを取ろうと指でこすったりした。

泳ぎ慣れた海水ほど浮力が大きくないので、水中に深く沈むのは奇妙な感覚だった。視界も海ではもっと遠くまで見通せる。濁った水がマスクのガラスに押し寄せ、これでは水中で何も観察できないのではないかと危ぶんだ。川の本流に出ても、私の鼻先を通り過ぎる魚でなければ見つけることすらできない。

私のまわりにある岸の柳が飛ばした綿毛が散らばる水面を見わたして、川の向こう岸で魚を探すことにした。水草が滑らかな茂みをつくるのを眼下に見ながら泳いでいたら、その水草が足にからみついてきたので、川面に垂れ下がるように茂る木の枝につかまると、私の目と同じくらいの高さの茂みに隠れていたアカライチョウの親子を驚かせてしまった。観光客用の平底の小舟が市街地からここまではるばるやってきた。棹で小舟を操る男性は、座席にもたれてくつろいでいる乗客に「何か探し物をしながら泳いでいる人がいます」と説明していた。私は「こんにちは！」と挨拶してから、また水中探索に戻った。

柔らかい川底に足がふれると視界が悪くなるので、できるだけたくさん空気を吸いこんで水に浮いているように気をつけた。流れのないこの沼沢地では、水につかった木の枝や根のあいだにも泥がたまり、手をのばしたくらいの距離の視界しかなかった。

マダガスカル島のマングローブ林でシュノーケリングをしたときのことが思い出された。水中でも陸上でも生育できるマングローブの木は、一日二回の満潮の時間帯になると水につかり、くねりながらのびる根やごつごつと節くれだった木の幹のまわりには水中の生物がすぐに集まってくる。マダガスカルで潜るまでは、マングローブの水辺は泥水だらけで水面下を観察するなんてありえないと思っていた。しかし潜ってみたら水の透明度は高く、木々のあいだを銀色の魚が行きかい、稚魚の群れが私の脇で分裂しては、またひとまとまりになるのを見て驚いた。川では水中の視界はあまりよいとは言えず、生き物のにぎわいも熱帯の森よりはるかに少ない。しかし陸と水の境界の水辺に潜ってみると、マングローブの海に潜ったときと同じような気分になった。

何か生き物が通り過ぎるのを私は辛抱強く待ったが、ここに生息している魚はどれも私を避けているのではないかと心配になってきた。しかしやっと魚が一匹近寄ってきて、私の目の前で胸鰭《むなびれ》を波打たせて水をかきまぜながらホバリングした。体には大きな銀色の鱗《うろこ》と赤い鰭が重なり合い、尾には大きな切れこみがあった。コイの仲間のローチだった。ピレネー山脈からシベリアにいたるヨーロッパ全域に生息している。しかしそのとき私の目の前にいたローチは私だけのものだった。赤い縁どりがある目で私を見つめてきたので私も見つめ返した。追い払うことにならないように私はじっと体を動かさなかった。一緒の時間を過ごすあいだ、その魚は水を五回吸いこんだ。そしてわずかに体をくねらせて尾をほんの少し翻らせると、私の視界から消えてしまった。また私は一人ぼっちで川に浮かんでいた。

謝辞

これほどたくさんの魚を紹介する水族館のような本書を私に書かせてくれたブルームズベリー社のみなさんには厚く御礼を申し上げる。特に、ロンドンのアンナ・マクディアーミッドとジム・マーティンは、私なりのやり方で執筆を進めるのを見守りながら、助けが必要なときにはすぐに手を貸してくれた。また、私の文章の脇を泳ぎまわる素晴らしい魚を描いてくれたアーロン・ジョン・グレゴリーにも感謝する。本書は、もう一度アーロン・ジョン・グレゴリーと仕事をするために書いたようなもので、水中の生き物好きの仲間との絆を確認するものになった。

　私の魚の観察につき合ってくれ、いろいろ教えてくれたみなさんにも感謝する。モール・バレー・サブ・アクア・クラブのみなさん、特にヘレーナ・エガートンは私が魚の観察を始めるのを後押ししてくれて、アリス・エル・キラニーは、中米のベリーズ、オーストラリア、フィリピンで楽しくダイビングの手ほどきをしてくれた。

　本書でふれた私の探検旅行では、南太平洋クック諸島のラロトンガ島でのダイビングのときはジェス・クランプとキルビー・モイアハンにお世話になり、パラオではロリーとパット・コリンに魚の伝説を聞かせてもらい、米国フロリダ州ではサラ・フレイス゠トーレスにイタヤラを見に連れていってもらった。フィジー諸島ではＷＷＦパシフィックのイアン・キャンベルがマンタ・ウォッチングの旅に案内してくれて、ジェッサミー・アシュトンが滞在する場所と車を貸してくれた（私がつくった下手なカレーもおいしそうに食べてくれた）。ヘザーとダン・ボウリング、そしてヤサワ諸島のベアフット・マンタ・リゾートのみなさんも大歓迎してくれて、あの美しいマンタを見せてくれたり、輝く海へのダイビングの段どりを整えてくれたりした。またインドネシアのボルネオ島ではアンナ・ペセリックが楽しい調査助手を務めてくれた。窓のないホテルの部屋で私と一緒に過ごしたり、悪臭が漂う魚市場を一緒に調べてまわったりしたのに、それに懲りずに今でもつき合いが続いている。一緒にいると本当に愉快だ。米国フロリダ州のモウト海洋研究所のみなさんも私を歓迎してくれて、ヘイリー・ラトガーは私がユージェニー・クラークと昼食をともにする段どりを整えてくれた。

研究室に戻ってからの作業ではニコ・ミッチェル、ケン・マクナマラ、キューラム・ブラウンにお世話になった。本書の草稿を読んで、魚についての議論をしてくれたNeuwriteロンドンのみなさん、特にエマ・ブライス、ロマ・アグラワル、バネッサ・ポッター、アリス・グレゴリー、カーティス・アサンティ、クリスティン・ディクソン、グレース・リンジー、エド・ブレイシーにも感謝する。また、リアム・ドリューには、「魚か哺乳類か」というもっとおもしろいテーマを推し進めるのを踏みとどまってもらって感謝する。踏みとどまってもらわなければ、本書の多くの部分はこれほどおもしろい内容にならなかった。

最後になったが、私の家族と友人たちにも感謝する。ここ二年ほどはろくに連絡もとらなかった。最初は魚を追って姿を消し、帰ってきてからはその魚についての原稿を書くために閉じこもっていた。両親のディナイとトム・ヘンドリーは、もうかなり昔のことになるが、レスターシャー州で凍えるように冷たい水があふれる石だらけの穴の横に立って、濁った水に潜った私を見守ってくれたのを皮切りに、その後の私の水中の探検を支援してくれた。さまざまな励ましの言葉も忘れない。そして、紋切り型の謝辞になるが、最後にイヴァンにお礼を言いたい。私が本を執筆するのを、疲れを知らない読者として支えてくれ、逸話を集めてくれて、私の気分を盛り上げ、おいしいワインを探してきてくれた。この本を執筆しているあいだずっとそばにいてくれて、本書で紹介する数多くの場面では、一緒に同じ魚を観察し、同じ水域を漂い、黒子として登場している。次はどこへ一緒に行こうか？

訳者あとがき

著者のヘレン・スケールズさんとは、前著『貝と文明』（築地書館）の翻訳に携わった縁で二〇一六年に初めて東京で会い、そのとき築地市場を案内した。売られている魚を見て歩きながら、次は魚の本を書こうと思っていると嬉しそうに話してくれたのを思い出す。前著には牡蠣《かき》を食べる話が出てきたので、魚も食べる話が出てくるのかと私が尋ねると、とんでもないというような顔つきで、食べる話は書かないと言っていた。

そして、その一年半後に本書『Eye of the Shoal』を書き上げてPDFを送ってくれた。さっそくまた築地書館に内容の要約を送って翻訳出版してもらえるかどうかを打診したら、日本語の魚の本はたくさんあるけれど、こういう視点で書かれた本は見当たらないので出版しましょうと言ってくれた。

じつは魚のことはほとんど知らなかったので、うまく訳せるか一抹の不安が頭をよぎった。だが今はインターネットがあるので和名もわかったし、魚の論文は読めたし、写真をいくらでも見ることができた。しかし、そうした膨大な情報があっても、ネットに漫然とアクセスするだけでは、本書を指南ガイドにしてアクセスしたときのようなおもしろさは味わえなかったと思う。

プロローグでは、子ども時代にカリフォルニアの海でアシカが魚の群れを追いまわして遊ぶのを崖の上から眺めた話が出てくる。ラジオ番組で海の話を担当しているだけあって、魚の群れが逃げまわる様子が言葉だけで生き生きと描かれる。

第1章では、ケンブリッジ大学付属図書館の希少本室に収蔵されている古い魚類図鑑を順番に手に取りながら、ヨーロッパで魚が分類されてきた歴史が語られ、第2章では、進化の系統樹をたどりながら、魚がどう進化してきたのかを見る。

第3章は魚の色彩についての章だ。ご想像のとおり、サンゴ礁の魚たちがたくさん登場する。カラフルな魚たちの話もさることながら、水中の世界はなぜ青いのか、深海にはなぜ赤い魚が多いのか、大きな群れを作る魚はなぜ銀色が多いのかと、いろいろな角度から魚の体色が解説される。

第4章では、色彩に加えて発光でも魚は仲間を見分けている様子が描かれる。蛍のように異性に合図を送るための光、姿をくらませるための発光、体を鏡のように使って捕食者を欺く手法など、魚もずいぶん工夫を重ねているのだと感心させられた。

第5章では群れをなしている魚一匹一匹の動きが解説され、第6章では、魚を食べる話ではなく、魚が食べる話で盛り上がる。発電して餌をとる魚はデンキウナギだけではない。そして第7章は毒魚の章だ。フグは日本ではおなじみの魚だが、サメ博士のユージェニー・クラークがじつはフグの専門家でもあることは知らなかった。

第8章の魚の化石の話もおもしろい。かつてイクチオサウルスという魚竜がいた。「イクティ(ichthy)」が「魚」を意味する。イギリスのリーズ(Leeds)という人が見つけた魚竜の化石が、発見者にちなんでリーズイクティス(Leedsichthys)と名づけられた経緯が説明される。ところが、和名をネットで探すと「リードシクティス」しか見つからない。リーズの名前を分割して読んでカタカナにしてしまったようだ。和名をつける段階でありがちなことなのだろう。本書では命名の由来に忠実に「リーズイクティス」とした。

第9章は、水中の魚が音声で交信する話だ。第二次世界大戦中にアメリカの潜水艦が敵の艦船の音を水中で聞き分けようとしたら、魚のおしゃべりがうるさくて聞き取れなかったそうだ。そして魚の声の研究が始まった。耳がないのに声を出すというのも妙な話だが、耳たぶはないものの、鼓膜に相当する耳石《じせき》なるものがあるらしい。

そして最後の第10章では、魚の知性が紹介される。魚も物事を記憶したり、学習したりする。知性とは何なのか定義するのは難しいが、スーパーに並んでいるアジにも知性があるのかと思うと、もしかして商品棚は残酷なシーンなのかと思ってしまったりもする。

海辺へも川へもよく出かけるが、水の中は別の次元の世界に感じられ、理解を超えた水中を自由に動きまわる魚には、食べること以外にはほとんど関心をもたずにこれまでの人生を過ごしてきた。しかし、著者の軽妙なわかりやすい文章を訳していくうちに、魚になった気分で水中を泳ぎまわっている自分がいた。魚に関心をもつには水族館へ行くのもいいが、水の中を魚と一緒に泳ぐのがいちばんよいと著者自身は書いている。けれど、家に居ながらにしてさまざまな魚を見物するという方法もあることを知った。

日本語版では、読者のみなさんに本書をより楽しんでいただくために、原著にはないカラー口絵を掲載した。写真はすべて著者のスケールズさんにご提供いただいた。

インターネットで調べても訳語がわからない専門用語はどうしても出てくる。そういうときは、問題の単語を使って英語の論文を書いている日本人がいないかネットで探した。探し求める訳語がその人の日本語の論文に書いてある場合が多かったが、time-place learning（時間空間学習）はどうしてもわからず、京都大学の益田玲爾さんにメールで尋ねて教えていただいた。

なお、和名がない魚種名や英語でどう呼ばれているかが話題になっている場合は、「　」でくくって訳を示し、学名が特定できるものは訳注として〔　〕で補った。

橋本ひとみさんをはじめとする築地書館のみなさんには、翻訳出版できるかどうかの検討に始まり、訳文のていねいな校正、小見出しの考案、口絵の編集まで、翻訳作業以外のすべてをしていただいた。厚く御礼申し上げます。

本書が、魚好きの人にとっても、そうでない人にとっても、水中という異次元の世界を堪能する一助になることを願って。

二〇一九年一一月

林 裕美子

第 5 章

1. ウシバナトビエイの仲間 *Rhinoptera*
2. メガネモチノウオ *Cheilinus undulatus*
3. ツノダシ *Zanclus cornutus*

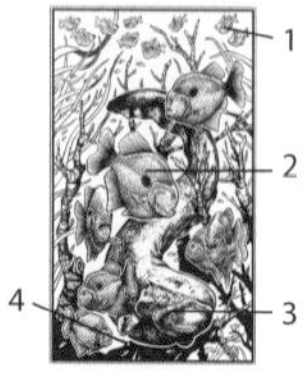

第 6 章

1. シルバーハチェット *Gasteropelecus sternicla*
2. ピラニア・ノタートス *Pygocentrus cariba*
3. デンキウナギ *Electrophorus electricus*
4. カージナルテトラ *Paracheirodon axelrodi*

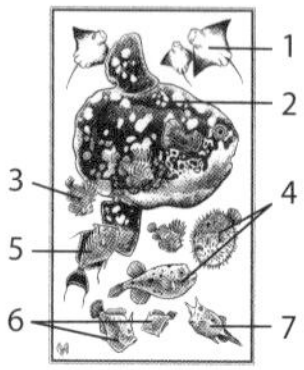

第 7 章

1. アカエイ類（Dasyatidae）
2. マンボウ *Mola mola*
3. ミノカサゴの仲間 *Pterois*
4. コクテンフグ *Arothron nigropunctatus*
5. モンガラカワハギ類（Balistidae）
6. モロコシハギの仲間 *Monacanthus ciliatus*
7. コンゴウフグの仲間 *Lactoria*

第 8 章

1. ボトリオレピス *Bothriolepis*
2. マテルピスキス *Materpiscis*
3. ドリアスピス *Doryaspis*
4. ダンクルオステウス *Dunkleosteus*
5. ハーパゴフツトア *Harpagofututor*
6. ステタカントゥス *Stethacanthus*
7. エデスタス *Edestus*
8. ヘリコプリオン *Helicoprion*
9. リーズイクティス *Leedsichthys*

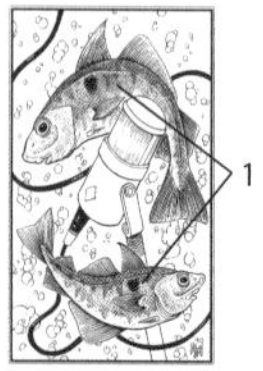

第 9 章

1. モンツキダラ *Melanogrammus aeglefinus*

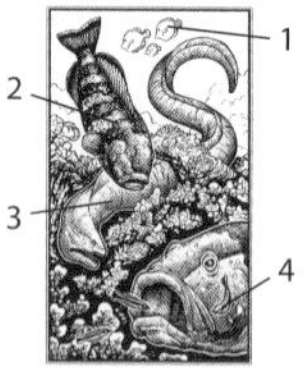

第 10 章

1. ニザダイ類（Acanthuridae）
2. スジアラの仲間 *Plectropomus pessuliferus*
3. ドクウツボ *Gymnothorax javanicus*
4. ホンソメワケベラ *Labroides dimidiatus*

章扉イラストの魚種一覧

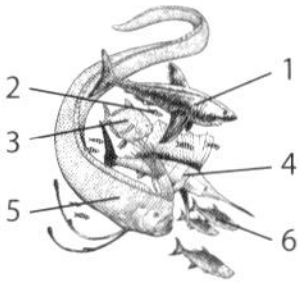

プロローグ

1. ネズミザメ *Lamna ditropis*
2. ブリモドキ *Naucrates ductor*
3. アカマンボウ *Lampris guttatus*
4. ニシバショウカジキ *Istiophorus albicans*
5. リュウグウノツカイ *Regalecus glesne*
6. ターポン *Megalops atlanticus*

第 1 章

1. ピエール・ブロンの『水生動物図解』に載っているアンコウ

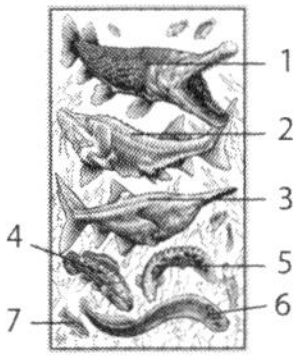

第 2 章

1. アリゲーターガー *Atractosteus spatula*
2. チョウザメ類（Acipenseridae）
3. ヘラチョウザメ *Polyodon spathula*
4. アミア・カルバ *Amia calva*
5. ポリプテルス類（Polypteridae）
6. ヤツメウナギ類（Petromyzontiformes）
7. シクリッド類（Cichlidae）

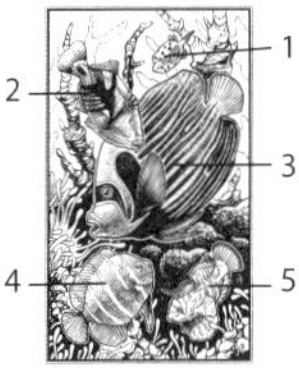

第 3 章

1. ミナミハコフグ *Ostracion cubicus*
2. ムラサメモンガラ *Rhinecanthus aculeatus*
3. タテジマキンチャクダイ *Pomacanthus imperator*
4. ペパーミント・エンゼルフィッシュ *Centropyge boylei*
5. ニシキテグリ *Synchiropus splendidus*

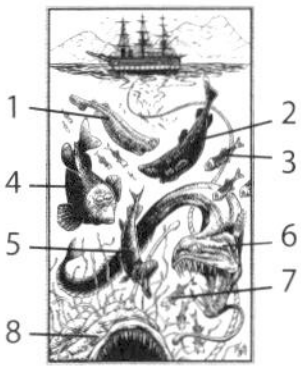

第 4 章

1. ダルマザメ *Isistius braziliensis*
2. カラスザメの仲間 *Etmopterus*
3. ハダカイワシ類（Myctophidae）
4. デメニギス *Macropinna microstoma*
5. オオクチホシエソ *Malacosteus niger*
6. ワニトカゲギス類（Stomiidae）
7. ヨコエソ類（Gonostomatidae）
8. オニアンコウの仲間 *Linophryne arborifera*

図版クレジット

P. 35: Image from the Biodiversity Heritage Library. Digitised by Harvard University, Museum of Comparative Zoology, Ernst Mayr Library, www.biodiversitylibrary.org.
P. 36: Image from the Biodiversity Heritage Library. Digitised by the Smithsonian Libraries, www.biodiversitylibrary.org.
P. 117: Image from the Biodiversity Heritage Library. Digitised by Harvard University, Museum of Comparative Zoology, Ernst Mayr Library, www.biodiversitylibrary.org.
p.55, p.113, p.261 ：Illustration by Marc Dando

用語解説

咽頭歯《いんとうし》　通常の歯とは別に、喉の奥にもう1セットある歯

浮袋　肺から適応進化した、気体をためこむ風船状の内臓器官。浮力を得るためや音を増幅させるために使う

尾鰭《おびれ》　魚の尾

ガレアスピス類　絶滅した無顎《むがく》類

棘魚類《きょくぎょ》　絶滅した棘のあるサメ。現生の軟骨魚類の祖先と考えられている

虹色素胞《こうしきそほう》　構造色を生み出す皮膚細胞で、魚の輝きを生む

交接器　雄のサメ・エイ・ギンザメ（絶滅した板皮類も）の鰭が変形した器官で、交尾中に精子の受けわたしをする

骨甲類《こっこう》　絶滅した顎のない魚

骨鰾類《こっぴょう》　浮袋で増幅した音を内耳に伝える骨がある魚類。淡水魚の60パーセントにある

コノドント　絶滅した顎のない魚類

色素細胞　色素を含む皮膚細胞

耳石《じせき》　魚の耳にある器官で、音を感知したり体の平衡を感じ取ったりする。カルシウムと炭酸塩の割合が高く密度が高い（重い）

条鰭類《じょうき》　鰭に条線がある魚（真骨魚類、アミア、ガー、ビチャー、チョウザメなど）

触鬚《しょくしゅ》　頭部付近に見られることが多い肉質の突起

真骨魚類《しんこつぎょ》　骨のある魚のうち進化系統樹でいちばん新しい時代に出現した分類群で、名前がついている魚の96パーセントを占める

脊索動物《せきさく》　動物の分類群のひとつで、魚類、ほかの脊椎動物すべて、そしてホヤ類が含まれる

背鰭《せびれ》　魚の背中にある鰭

扇鰭類《せんき》　葉状の鰓を持つ絶滅した魚の一群で、ここから四足類（四本の足の脊椎動物）が進化した

総鰭類《そうき》　ハイギョ類、シーラカンス、絶滅した扇鰭類など鰭が葉状の魚

側線《そくせん》　小孔が集まってできた魚の感覚器で、水圧の変化を感じ取る

テオドント類　すでに絶滅した顎のない魚類

軟骨魚綱《なんこつぎょこう》　サメ類、エイ類、ガンギエイ類、ギンザメ類などを含む分類群

板鰓類《ばんさい》　サメ類、エイ類、ガンギエイ類などの魚を含む分類群

板皮類《ばんぴ》　絶滅した魚の一群。最初に顎を進化させた

尾柄《びへい》　魚の尾鰭のつけ根あたりの部位

Wilson, B., Batty, R.S. & Dill, L.M. 2003. Pacifi c and Atlantic herring produce burst pulse sounds. *Proc. Roy. Soc. London* B 271: S95-S97.

海の魚がたてる音を録音したものは、Macaulay Library at the Cornell Lab of Ornithology のサイトでオンラインで聴くことができる。

第10章

Brown, C. 2016. Fish pain: an inconvenient truth. *Animal Sentience* 3(32).*

Brown, C., Laland, K. & Krause, J. 2011. *Fish cognition and behavior*. Wiley-Blackwell, Hoboken.

Grutter, A.S. 2004. Cleaner Fish Use Tactile dancing behavior as a preconflict management strategy. *Current Biology* 14: 1080-1083.*

Key, B. 2016. Why fish do not feel pain. *Animal Sentience* 3(1).*

Pinto, A., Oates, J., Grutter, A. & Bshary, R. 2011. Cleaner wrasses *Labroides dimidiatus* are more cooperative in the presence of an audience. *Current Biology* 21: 1140-1144.*

Sneddon, L.U., Braithwaite, V.A. & Gentle, M.J. 2003. Do fishes have nociceptors? Evidence for the evolution of a vertebrate sensory system. *Proc. Roy. Soc*. B 270: 1115-1121.

コラム

【海の女神セドナ】 Laugrand, F. & Oosten, J. 2009. *Sedna in Inuit shamanism and art in eastern Arctic*. The University of Alaska Press, Fairbanks, Alaska など、さまざまな出典から引用。

【ヒラメが笑顔を失ったわけ】 Morris, S. 1911. *Manx Fairy tales*. David Nutt, London から引用。

【知恵のあるサケ】 Rolleston, T.W. 1910 *The High Deeds of Finn and other Bardic Romances of Ancient Ireland*, G. G. Harrap & Co., London など、さまざまな出典から引用。

【オオナマズ】 Volker, T. 1975. *The animal in Far Eastern Art*. E.J. Brill, Leiden など、さまざまな出典から引用。

【偉大な王オシリスとエレファントフィッシュ】 このオシリス神話は、エジプト学者の Meghan Strong 博士に教えてもらった。

【もっとも強い毒を持つ魚、バツナゲッダ】 Davidsson, O. 1900. Icelandic fish folklore. *Scottish Review* 36: 312-331 から引用。

【巨大魚チプファラムフラ】 Knappert, J. 1977. *Bantu myths and other tales*. E. J. Brill, Leiden から引用

【海の医者】 Stothard, P. January 25 2005. Islam's missing scientists. *The Times Literary Supplement* digital edition など、さまざまな出典から引用。

【魚と金の靴】 Jameson, R.D. 1982. *Cinderella in China*. In *Cinderella, a case book*, Ed. Dundes, A. University of Wisconsin Press. Madison, Wisconsin から引用。

Experimental Biology 35: 156-191.*

Perry, C.T., Kench. P.S., O'Leary, M.J., Morgan, K.M. & Januchowski-Hartley, F. 2015. Linking reef ecology to island building: Parrotfish identified as major producers of island-building sediment in the Maldives. *Geology* 43: 503-506.*

Vailati, A., Zinnato, L. & Cerbino, R. 2012. How archer fish achieve a powerful impact: hydrodynamic instability of a pulsed jet in *Toxotes jaculatrix* . *PLoS ONE* 7: e47867.*

White, W. T. et al. 2017. Phylogeny of the manta and devilrays（Chondrichthyes: mobulidae）, with an updated taxonomic arrangement for the family. *Zoological Journal of the Linnean Society* 182: 50-57.

第７章

Casewell, N.R. et al. 2017. The evolution of fangs, venom, and mimicry systems in blenny fishes. *Current Biology* 27: 1-8.

Clark, E. 1953. *The lady and the spear.* Harper, New York.

Clark, E. 1969. *The lady and the sharks.* Harper & Row, New York.

Clark, E., Nelson, D.R. & Dreyer, R. 2015. Nesting sites and behavior of the deep water triggerfish *Canthidermis maculata*（Balistidae）in the Solomon Islands and Thailand. *Aqua International Journal of Ichthyology* 21: 1-38.

Inglis, D. 2010. The zombie from myth to reality: Wade Davis, academic scandal and the limits of the real. *Scripted* 7: 351-369.*

Quotes from Genie on her deep dives later in life come from her *Washington Post* obituary by Juliet Eilperin, 26 February 2015.

第８章

Benton, M. 2014. *Vertebrate palaeontology*. John Wiley & Sons, Hoboken, New Jersey.

Ferrón, H.G. & Botella, H. 2017. Squamation and ecology of thelodonts. *PLoS ONE* 12: e0172781.*

Long, J.A., Trinajstic, K., Young. G.C. & Seden, T. 2008. Live birth in the Devonian period. *Nature* 453: 650-652.

Sibert, E.C. & Norris, R.D. 2015. New Age of Fishes initiated by the Cretaceous - Paleogene mass extinction. *PNAS* 112: 8537-8542.*

第９章

Radford, C.A., Stanley, J.A., Simpon, S.A. & Jeffs, G.A. 2011. Juvenile coral reef fish use sound to locate habitats. *Coral Reefs* 30: 295-305.

Ruppé, L., Clément, G., Herrel, A., Ballesta, L., Décamps, T., Kéver, L. & Permentier, E. 2015. Environmental constraints drive the partitioning of the soundscape in fishes. *PNAS* 112: 6092-6097.*

eutrophication that curbs sexual selection. *Science* 277: 1808-1811.

第4章

Anthes, N., Theobald, J., Gerlach, T., Meadows, M. G. & Michiels, N.K. 2016. Diversity and ecological correlates of red fluorescence in marine fishes. *Frontiers in Ecology and Evolution* Volume 4: Article 126.*

Davis, M.P., Sparks, J.S. & Smith, W.L. 2016. Repeated and widespread evolution of bioluminescence in marine fishes. *PLoS ONE* 11: e0155154.*

Douglas, R.H., Partridge, J.C., Dulai, K.S., Hunt, D.M., Mullineaux, C.W. & Hynninen, P.H. 1999. Enhanced retinal longwave sensitivity using a chlorophyll-derived photosensitiser in *Malacosteus niger*, a deep-sea dragon fish with far red bioluminescence. *Vision Research* 39: 2817-2832.*

Michiels, N.K. et al. 2008. Red fluorescence in reef fish: A novel signalling mechanism? *BMC Ecology* 8:16. *

Sparks, J.S. et al. 2014. The covert world of fish biofluorescence: A phylogenetically widespread and phenotypically variable phenomenon. *PLoS ONE* 9: e83259.*

第5章

Barthem, R.B. et al. 2017. Goliath catfish spawning in the far western Amazon confirmed by the distribution of mature adults, drifting larvae and migrating juveniles. *Scientific Reports* 7: 41784.*

Doherty, P.D. et al. 2017. Long-term satellite tracking reveals variable seasonal migration strategies of basking sharks in the north-east Atlantic. *Scientific Reports* 7: 42837.*

Naisbett-Jones, L.C. et al. 2017. A magnetic map leads juvenile European Eels to the Gulf Stream. *Current Biology* 27: 1236-1240.*

Payne, N.L. et al. 2016. Great hammerhead sharks swim on their side to reduce transport costs. *Nature Communications* 7: 12889.*

Svendsen, M.B.S. et al. 2016. Maximum swimming speeds of sailfish and three other large marine predatory fish species based on muscle contraction time and stride length: a myth revisited. *Biology Open* 5: 1415-1419.*

第6章

Allgeier, J.E., Valdivia, A. Cox, C & Layman C.A. 2016. Fishing down nutrients on coral reefs. *Nature Communications* 7: 12461.*

Bellwood, D.R., Goatley, C.H.R., Bellwood, O., Delbarre, D.J. & Friedman M. 2015. The rise of jaw protrusion in spiny-rayed fishes closes the gap on elusive prey. *Current Biology* 25: 2696-2700.*

Lissmann, H.W. 1958. On the Function and Evolution of Electric Organs in Fish. *Journal of*

おもな参考文献・注釈

魚の英名、大きさ、年齢については、ウェブサイト *Fishbase* か *Encyclopedia of Life* を参照した。
* 印はインターネットで公開されている論文や無料閲覧できるもの。こうした論文のリンク先を www.helenscales.com/fishscience に示す。

プロローグ

世界の漁獲高の数値はイギリス魚類保護協会（UK fish welfare organization: fishcount.org.uk.）を参照した。

第 1 章

Jordan, D. S. 1902. The history of ichthyology. *Science* 16: 241-258.

Kusukawa, S. 2000. The Historia Piscium（1686）. *Notes Rec. R. Soc. Lond.* 54: 179-197.

Nelson, J.S., Grande, T. C. & Wilson, M.V.H. 2016. *Fishes of the World.* John Wiley & Sons, Hoboken, New Jersey.

'Destitute of feet' and 'lanky fish': アリストテレスの *History of Animals* を D'Arcy Wentworth Thompson が 1910 年に翻訳したもの。

第 2 章

Helfman, G., Collette, B.B., Facey, D.E. & Bowen, B.E. 2009. *The Diversity of Fishes: Biology, Evolution and Ecology*. John Wiley & Sons, Hoboken, New Jersey.

Nielsen, J. et al. 2016. Eye lens radiocarbon reveals centuries of longevity in the Greenland shark（*Somniosus microcephalus* ）. *Science* 353: 702-704.

Standen, E., Du T.Y. & Larsson, H.C.E. 2014. Development plasticityand the origin of tetrapods. *Nature* 513: 54-58.

Takezaki, N. & Nishihara, H. 2017. Support for lungfish as the closest relative of tetrapods by using slowly evolving ray-finned fish as the outgroup. *Genome Biology and Evolution* 9: 93-101.*

第 3 章

Endler, J.A. 1980. Natural selection on colour patterns in *Poecilia reticulata*. *Evolution* 34: 76 -91.*

Reznick, D.N., Shaw. F.H., Rodd, F.H. & Shaw, R.G. 1997. Evaluation of the rate of evolution in natural populations of guppies（*Poecilia reticulata*）. *Science* 275: 1934-1937.

Seehausen, O., van Alphen, J.J.M. & Witte, F. 1997. Cichlid fish diversity threatened by

【ヤ行】

【ラ行】

【ワ行】

【ハ行】

【ナ行】

【タ行】

【サ行】

【カ行】

索引

【ア行】

著者紹介

ヘレン・スケールズ（Helen Scales）

イギリス生まれ。海洋生物学者。

魚を観察するために数百時間を水の中で過ごしてきた。

ダイビングやサーフィンをこなし、ラジオ番組の出演者としてもサイエンス・ライターとしても活躍する。海の語り部として知られ、BBCラジオ4の番組「ザ・インフィニット・モンキー・ケージ」ではロビン・インスとブライアン・コックスとともに深い海の不思議について考え、「取っておきのもの博物館」のコレクションにタツノオトシゴの仮想水槽を寄贈した。BBCサイエンス・フォーカス誌やBBCワイルドライフ誌には毎号のように記事を執筆している。ラジオのドキュメンタリー番組では夢の水中生活を紹介し、絶滅の危機にある巻貝を追いながら世界中をめぐった。

最新の著書『Spirals in Time』（邦訳『貝と文明——螺旋の科学、新薬開発から足糸で織った絹の話まで』築地書館）は、王立協会生物部門の出版賞の最終候補に残り、エコノミスト誌、ネイチャー誌、タイムズ紙、ガーディアン紙の年間人気書籍に選ばれ、BBCラジオ4の週間ランキング入りも果たした。

訳者紹介

林 裕美子（はやし・ゆみこ）

兵庫県生まれ。小学生の2年間をアメリカで過ごし、英語教育に熱心な神戸女学院の中高等学部を卒業。信州大学理学部生物学科を卒業してから企業に就職したが、生き物とかかわっていたいと思い直して同大学院理学専攻科修士課程を修了した。主婦業のかたわら英日・日英の産業翻訳を手がけるようになり、子育てが一段落したころから森林、河川、砂浜などの環境保全活動に携わる。現在は福岡県在住。生物学や環境問題の英日出版翻訳に忙しい。

監訳書に『ダム湖の陸水学』（生物研究社）と『水の革命』（築地書館）、訳書に『砂——文明と自然』『貝と文明——螺旋の科学、新薬開発から足糸で織った絹の話まで』（以上、築地書館）、『日本の木と伝統木工芸』（海青社）、共訳書に『消えゆく砂浜を守る』（地人書館）がある。

魚の自然誌

光で交信する魚、狩りと体色変化、フグ毒とゾンビ伝説

2020年1月31日　初版発行

著者　ヘレン・スケールズ
訳者　林裕美子
発行者　土井二郎
発行所　築地書館株式会社
〒104-0045 東京都中央区築地7-4-4-201
TEL.03-3542-3731　FAX.03-3541-5799
http://www.tsukiji-shokan.co.jp/
振替 00110-5-19057
印刷・製本　中央精版印刷株式会社
デザイン　吉野愛

　ISBN978-4-8067-1594-8

築地書館の本

貝と文明

螺旋の科学、新薬開発から足糸で織った絹の話まで

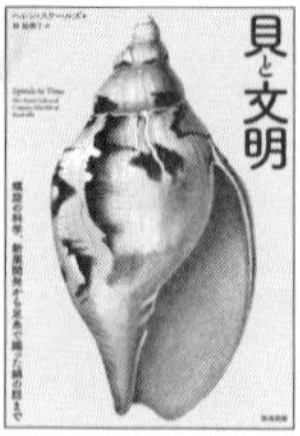

ヘレン・スケールズ［著］林裕美子［訳］
2700円+税

貝は歴史上、宝飾品、貨幣、権力と戦争、食材などに利用されてきた。気鋭の海洋生物学者が、古代から現代までの貝と人間との関わり、軟体動物の生物史、今、海の世界で起こっていることを描き出す。

海の極限生物

S. パルンビ+ A. パルンビ［著］
片岡夏実［訳］大森 信［監修］
3200円+税

4270歳のサンゴ、80℃の熱水噴出孔に尻尾を入れて暮らすポンペイ・ワーム、幼体と成体を行ったり来たり変幻自在のベニクラゲ……極限環境で暮らす生物の生存戦略を解説し、来るべき海の世界を考える。

海の寄生・共生生物図鑑

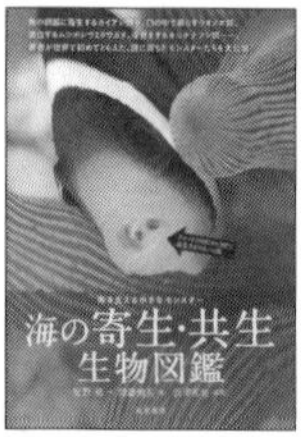

海を支える小さなモンスター

星野修+齋藤暢宏［著］長澤和也［編著］
1600円+税

著者が世界で初めてとらえた謎に満ちた海の生き物たち。年間500本の潜水観察と卓越した撮影技術によって、寄生・共生生物と特徴的な生態をもつ生物の、知られざる姿と驚きの生活ぶりを伝える。